Engineering Design of
Sustainable Municipal Wastewater
Land Application Systems

城市污水
土地可持续应用系统工程设计

段润斌　著

化学工业出版社
·北京·

本书主要包括城市污水现状与可持续应用概论、城市污水土地应用与系统分类、城市污水土地应用系统中土壤水力学、城市污水土地应用系统中的污水水质与污染物去除、城市污水土地应用系统中植物功能与选择、城市污水土地应用系统场地选择与场地调查、城市污水土地应用系统污水预处理和储存、城市污水土地应用系统污水输送与配水系统、城市污水土地应用系统工艺设计以及城市污水土地可持续应用系统设计案例分析等内容。

本书具有较强的技术性、针对性和可操作性，可供从事环境工程、市政工程、城市规划与城镇污水管网设计等领域的工程技术人员、科研人员和管理人员参考，也可供高等学校环境科学与工程、市政工程及相关专业师生参阅。

图书在版编目（CIP）数据

城市污水土地可持续应用系统工程设计/段润斌著. —北京：
化学工业出版社，2019.8
ISBN 978-7-122-34999-6

Ⅰ. ①城… Ⅱ. ①段… Ⅲ. ①城市污水处理-系统工程-
设计 Ⅳ. ①X52

中国版本图书馆 CIP 数据核字（2019）第 166298 号

责任编辑：刘兴春 刘兰妹 　　　　　　　　　　　　装帧设计：张　辉
责任校对：王素芹

出版发行：化学工业出版社（北京市东城区青年湖南街 13 号　邮政编码 100011）
印　　装：高教社（天津）印务有限公司
787mm×1092mm　1/16　印张 14½　字数 301 千字　2019 年 9 月北京第 1 版第 1 次印刷

购书咨询：010-64518888 　　　　　　　　售后服务：010-64518899
网　　址：http://www.cip.com.cn
凡购买本书，如有缺损质量问题，本社销售中心负责调换。

定　　价：85.00 元 　　　　　　　　　　　　　　　版权所有　违者必究

前　言

随着人口高速增长和城镇化进程加快，我国城市污水量持续升高，水污染日趋严重，加剧了水资源短缺的矛盾，加重了水危机，严重影响我国经济社会可持续发展。因地制宜地将城市污水传统人工处理和城市污水土地应用结合起来，加快推进城市污水资源化及循环利用，是有效缓解我国水资源供需矛盾和闭合水资源自然循环的有效途径之一。本书从解决世界水危机问题入手，明确了城市污水可持续应用的基本内涵，本着污水处理与回用技术必须实现环境友好的思想，提出了城市污水可持续处理与回用技术，论述了城市污水可持续土地应用系统工程设计新方法；另外，介绍了美国环境工程领域城市污水土地应用系统工程设计技术。从可持续性角度出发，提出了城市污水可持续土地应用系统综合质量平衡设计方法，并介绍了基于该方法设计的污水土地应用系统场地运行的工程研究成果，并论述了设计和运行中的环境与经济问题。

本书为城市污水土地应用系统的工程设计研究型专著。全书共分10章：第1章，介绍世界城市污水现状，提出城市污水可持续应用概念，阐明可持续性内涵以及可持续发展和环境之间的关系，明确了世界水危机的可持续解决方案；第2章，介绍城市污水土地应用概念，论述城市污水土地应用与水危机关系，阐述了城市污水土地应用系统的用途、优缺点及分类；第3章，介绍城市污水土地应用系统中涉及的土壤物理性质、土壤化学性质、土壤水力学特征，论述进行城市污水土地应用系统设计在土壤水力学方面的新发现；第4章，介绍城市污水土地应用系统设计中污水水质参数，论述城市污水中各类污染物的去除机理和工程设计措施；第5章，论述植物在城市污水土地应用系统中的功能，介绍工程设计中植物选择方法和管理方法；第6章，论述城市污水土地应用系统场地选择与场地调查；第7章，介绍城市污水土地应用系统污水应用前预处理设计技术与计算方法，论述预处理技术对城市污水中污染物的去除机理和工程研究结果；第8章，介绍配水系统设计计算方法和美国不同于我国的污水布水系统设计计算方法；第9章，介绍3种城市污水土地应用系统工艺设计计算方法，论述各种系统中水力负荷、作物选择、土地面积需求、储存需求、冷天气运行之间的关系；第10章，介绍城市污水土地可持续应用系统新设计方法即综合质量平衡法以及实际工程应用研究成果，论述土壤反硝化机理和土壤TKN变化机理，介绍实际工程研究中土壤反硝化和土壤TKN场地测试结果。

本书的内容主要是目前国际上实现城市污水可持续回用中所面临的工程设计技术问题的解决方案，融合了笔者在美国攻读博士学位期间、在美国进行污水可持续土地应用系统工程设计研究阶段和参与美国得克萨斯州污水土地应用设计手册撰写过程中的学术思想、工程经验和研究成果。本书具有较强的技术性和针对性，可供环境工程、市政工程、城市规划与城镇污水管网设计等领域的工程技术人员、科研人员和管理人员参考，也可供高等学校环境科学与工程、市政工程及相关专业师生参阅。

本书由太原理工大学环境科学与工程学院段润斌著。同时，在写作过程中，得到了美国得克萨斯理工大学 Dr. Clifford Fedler 教授和 Dr. John Borrelli 教授的大力支持。另外，在本书写作过程中引用了该领域部分参考文献和相关资料，在此对国内外同行和前辈在城市污水土地应用系统工程设计方面做出的贡献表示崇高的敬意。

限于著者水平及著写时间，书中不足和疏漏之处在所难免，恳请专家和读者给予指正。

著者

2019 年 4 月于太原

目 录

第1章　城市污水现状与可持续应用概论

1.1　城市污水现状

据联合国统计，世界人口 2005 年为 65.42 亿，2010 年为 69.58 亿，2015 年为 73.83 亿，2018 年为 76.32 亿。世界范围内，使用安全饮用水和安全卫生设施的人口比例见表 1-1。所有城市人口均可使用安全饮用水的地区包括中国香港、中国澳门、美国、加拿大、摩纳哥、新加坡等，而中国在 2005～2015 年期间，使用安全饮用水的城市人口比例为 91%～93%。城市人口全部可使用安全卫生设施的国家包括瑞士、新加坡、摩纳哥、安道尔等，比例高于 90% 的国家有英国、美国、沙特阿拉伯、阿联酋、瑞典、西班牙、波兰、荷兰、马耳他、卢森堡、意大利、以色列、德国、芬兰、爱沙尼亚、奥地利等，中国在 2005～2015 年期间，该比例为 38%～73%。

表 1-1　世界范围内使用安全饮用水和安全卫生设施的人口比例

年份	使用安全饮用水人口比例/%		使用安全卫生设施人口比例/%	
	城市	农村	城市	农村
2005	85	48	35	28
2010	85	56	40	31
2015	85	55	43	35

世界人口的快速增长和人们生活水平的提高，消耗大量的水资源，产生的污水量日益增加。但是联合国统计数据显示，世界各国具备污水收集系统和污水处理系统的人口比例存在巨大差异，这种差异主要体现在经济发展水平上，发达国家比不发达国家具有相对较高的比例。尽管到目前为止，因少数国家尚未提供数据，导致全球所有国家总的污水量无法统计，但是联合国粮农组织的统计结果显示了一些国家的年城市污水产量、年城市污水收集量、年城市污水处理量以及年城市污水处理后直接使用量（表 1-2）。

表 1-2　世界主要国家城市污水情况（资料来源：联合国粮农组织数据库）

单位：$10^9\,\mathrm{m}^3/\mathrm{a}$

国　　家	城市污水产量	城市污水收集量	城市污水处理量	城市污水处理后直接使用量
埃及	7.078	6.497	4.282	1.3
南非	3.542	2.769	1.919	1.61
突尼斯	0.287	0.241	0.226	0.068
阿根廷	2.458	1.596	0.29	0.0911
巴西	10.3	5.39	3.1	0.009
墨西哥	7.26	6.66	3.34	0.904
秘鲁	0.995	0.655	0.275	0.0303
美国	60.41	47.24	45.35	2.774
中国	48.51(2013 年)	31.14(2010 年)	49.31(2014 年)	3.86(2013 年)
以色列	0.5	0.48	0.45	0.4691
日本	16.93	12.02	11.56	0.195
沙特阿拉伯	1.546	1.144	1.063	1.003
新加坡	0.511	0.511	0.511	0.194
越南	1.972	0.197	0.197	0.175
法国	4	3.77	3.77	0.411
德国	5.287	5.213	5.183	0.042
荷兰	1.934	1.875	1.875	0.008
波兰	2.168	2.089	1.356	0.003
葡萄牙	0.577	0.54	0.27	0.003
英国	4.089	4.048	4.048	0.164
澳大利亚	2.094	1.828	2	0.42

　　由表 1-2 可知，城市污水收集量和处理量均和该国的经济技术发展程度相关，典型国家如越南等，城市污水处理后直接使用量比例和该国水资源量相关；干旱地区污水回用比例相对较高，如以色列等。

　　由中国国家统计局数据（表 1-3）可知，2009～2018 年期间，我国总人口、城镇人口、城市用水普及率、城市排水管道长度以及城市污水日处理能力持续增加。尽管联合国目前公布的数据在时间上有差异（表 1-2），但是也可以推测我国污水处理后直接或间接应用具有巨大潜力。

表 1-3　中国国家统计局的与我国污水现状相关数据（资料来源：中国国家统计局）

指　　标	2018 年	2017 年	2016 年	2015 年	2014 年	2013 年	2012 年	2011 年	2010 年	2009 年
年末总人口/万人	139538	139008	138271	137462	136782	136072	135404	134735	134091	133450
城镇人口/万人	83137	81347	79298	77116	74916	73111	71182	69079	66978	64512
人均水资源量/（米³/人）	2003.76	2074.53	2354.92	2039.25	1998.64	2059.69	2186.20	1730.20	2310.41	1816.18

续表

指　　标	2018 年	2017 年	2016 年	2015 年	2014 年	2013 年	2012 年	2011 年	2010 年	2009 年
用水总量/亿米^3	6110	6043.4	6040.2	6103.2	6094.86	6183.45	6131.2	6107.2	6021.99	5965.15
农业用水总量/亿米^3		3766.4	3768	3852.2	3868.98	3921.52	3902.5	3743.6	3689.14	3723.11
工业用水总量/亿米^3		1277	1308	1334.8	1356.1	1406.4	1380.7	1461.8	1447.3	1390.9
生活用水总量/亿米^3		838.1	821.6	793.5	766.58	750.1	739.7	789.9	765.83	748.17
生态用水总量/亿米^3		161.9	142.6	122.7	103.2	105.38	108.3	111.9	119.77	102.96
人均用水量/(米^3/人)		435.91	438.12	445.09	446.75	455.54	453.9	454.4	450.17	448.04
城市用水普及率/%		98.3	98.4	98.1	97.6	97.6	97.2	97	96.7	96.1
城市排水管道长度/万千米		63	57.7	54	51.1	46.5	43.9	41.4	37	34.4
城市污水日处理能力/万米^3		17037	16779	16065	15124	14653	13693	13304	13393	12184
废水排放总量/万吨		6996610	7110954	7353227	7161751	6954433	6847612	6591922	6172562	5890877
化学需氧量排放量/万吨		1021.97	1046.53	2223.5	2294.6	2352.7	2424	2499.86	1238.1	1277.5
氨氮排放量/万吨		139.51	141.78	229.91	238.53	245.66	253.59	260.44	120.29	122.61
总氮排放量/万吨		216.46	212.11	461.33	456.14	448.1	451.37	447.08		
总磷排放量/万吨		11.84	13.94	54.68	53.45	48.73	48.88	55.37		
城市排水建设投资额/亿元		1727.52	1485.48	1248.5	1196.1	1055	934.08	971.63	1172.69	1035.54
治理废水项目完成投资/万元		763760	1082395	1184138	1152473	1248822	1403448	1577471	1295519	1494606

中国是伟大而传奇的国家，用全球 7% 的耕地养活全球 22% 的人口。中国已经意识到突破经济发展瓶颈措施之一为尽快解决水危机问题。早在 2011 年，中央政府就开始加大投资进行水资源保护。随着全球范围内"可持续性"概念的深入发展，联合国已经制定了水可持续应用目标，督促世界各国污水处理与回用都要求考虑"可持续性"。中国城市污水收集、处理和回用都应考虑总体"可持续性"，进行可持续性设计，这样中国才会在未来充满更大的发展空间，人们生活水平才会进一步提高。

1.2　城市污水可持续应用概论

1.2.1　可持续性概念、可持续发展与环境

可持续性，英文为 sustainability，本意是指在一定水平上维持尽可能长的过程或者状态。随着社会的发展，新时代赋予了可持续性新的含义，即人类期望能够在地球上生

存相当长的时间，或者是人类尽可能存在于无限的未来之中。因此，可持续性首先在文字上指的是维持人类存在。可持续性包含了未特殊指定的长期概念，同时也必须接受数学上的事实，即在适当的时间范围内稳步增长实现巨大数量。正因如此，可持续增长暗含了无穷尽地增加，在数量上趋向于无界。有限的资源、生态系统、环境以及地球形成了可持续性的基本事实。

20 世纪 80 年代，随着电子化新闻媒介的发展，人们越来越意识到全球性问题如人口过量、干旱、饥荒以及环境恶化等，特定术语"可持续性"快速成为全球关注的话题。对可持续性的进一步扩大的意识源于联合国世界环境与发展委员会发表的《我们共同的未来》报告。该报告引发了"可持续性"全球性关注，影响广泛。随即"可持续性"也成为全世界各国各地区规划和发展中重要的原则和首要考虑因素。

理解"可持续性"，需要理解术语"承载能力"。长期以来，"承载能力"被生态学家广泛接受，近年来又广为流行，它指的是地球在长时间范围内能够承载的不会破坏环境的人口数量极限。讨论该术语的中心就是人口增长。有学者提出几乎不可能确定地球能承载多少人。显然，承载能力取决于期望的平均生活水平。人类活动已经引起了全球环境巨大变化。尽管人类无法计算地球的承载能力，但是可以明确地说，世界人口已经超过了地球的承载能力。

1987 年联合国世界环境与发展委员会发表的报告《我们共同的未来》，在全球范围内首次提出了"可持续性"这一术语，该术语的提出是人类首次认识到人类对全球环境的影响。"可持续发展"伴随着"可持续性"提出被全球各国广泛关注并列入各国发展规划中。该报告指出可持续发展是指"既能满足当代人的需要，又不对后代人满足其需要的能力构成危害的发展"。

为阻止全球发展不持续趋势，联合国世界环境与发展委员会于 1987 年推荐了七条关键行动，旨在确保全球人类维持好的生活质量。这七条推荐行动如下：

① 复苏增长；

② 提高增长质量；

③ 满足就业、粮食、能源、水和卫生方面基本需求和愿望；

④ 确保可持续性的人口水平；

⑤ 保护和提高资源基础；

⑥ 调整技术和管理风险；

⑦ 在决策中纳入环境和经济因素，并考虑二者之间的综合。

同时，1987 年的联合国世界环境与发展委员会的报告交替使用了"可持续发展""可持续性的""可持续性" 3 个术语，强调了社会公平、经济生产力和环境质量之间的关联。

因此可持续性包含了三个维度或者三个要素，即经济可持续性、环境可持续性和社会可持续性（包括社会政治方面）（图 1-1）。经济方面包括与经济活动相关的个人知识、技能、能力和其他属性，决定了经济决策、金融资本流动、商业便利等框架。环境方面承认生物系统多样性和各种生物系统之间的相互依存，全球各种生态系统提供的物品和服务，以及人类废物的影响。社会政治是指机构或者公司与人之间的相互作用，表达人类价值观、愿望和福祉职能，伦理问题，以及依靠集体行动进行决策。由图 1-1 可知，社会和经济要素交互作用形成社会公平，环境和社会要素交互作用形成可承受性，而经济和环境要素交互作用形成可行性。

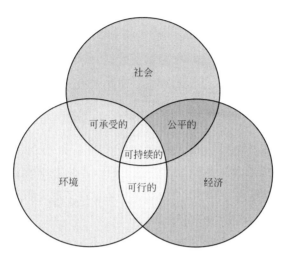

图 1-1　可持续性三要素与三要素重叠主题

　　1992 年在巴西里约热内卢召开的 "联合国环境与发展大会"，又称地球峰会，所通过的《二十一世纪议程》拟定了 27 个支持可持续发展的原则。与会的 180 个国家和地区的代表签署了一系列关于全球气候、生物多样性以及森林保护方面文件，也一致同意全球化的行动纲领文件《二十一世纪议程》；该文件诠释了可持续发展模式并推荐了全球所有国家在未来制定各自全国性可持续发展策略。

　　美国国家环境保护署对可持续性和可持续发展进行了区分。按照该区分，可持续性指激励公众和私营组织更好地保护环境、促进经济增长和实现社会目标的思想、愿望和价值观；可持续发展指环境保护不妨碍经济发展，经济发展必须在当前和未来在生态方面是可行的。该区分实际上强调了可持续性的环境和经济要素，弱化了社会政治要素。而事实上，只有当三个要素一起交互作用，同时满足三要素要求，这样的发展才可以被称作可持续性发展（图 1-1）。

　　事实上，可持续发展概念一直在持续完善当中。有学者将其定义为 "物理发展和环境影响的能力"，另有学者将其定义为 "通过有效使用自然资源，维持地球上人类和其他本地物种长期生存，为人类发展提供环境安全和生态适宜的物质发展机会，为后代改善人类生存状况提供平等机会"。

　　多种力量一起作用形成了可持续性概念，包括社会问题、经济关注、资源分配、环境破坏、人口增长、饮用水获取、健康问题、能源使用等。有一些原因和影响似乎注定要使可持续发展成为新世界议程中优先事项，首要原因就是人口增长，其次是城镇化，再次是能源使用增加。其影响为环境破坏、城市变化和城市基础设施变化。城市变化表现为显著的热岛效应，由于全球变暖导致海平面上升而迫使一些城市迁址，有的失去低洼地块和沼泽地块，如美国路易斯安那州的一些城镇。环境破坏导致一些城市原有地区无法居住。城市基础设施必须为应对日益增加的人口和人们对资源和服务的需求而进行不断地升级和改造。

早在 21 世纪初，人类已经在全球范围内注意到了相互依存的经济、环境和社会系统正遭受严重压力的迹象。人口数量持续增长，世界人口从 1980 年的 44 亿增长到 2000 年的 60 亿，预计 2025 年世界人口数量将到达 80 亿。联合国环境规划署在 2002 年就指出，过度消费和贫困给环境持续施加了巨大压力，环境也变得更加脆弱和恶劣。尽管在局部发达国家或地区，空气质量和地表水水质有显著提高，但是总体而言，环境质量呈现稳定的下降趋势，尤其在发展中国家或地区。早在 2002 年，联合国就列举了大量数据警示全球各国和地区，这些事实包括：

① 人类活动已经导致大约 20 亿公顷的土地退化，此面积相当于地球土地面积的 15%，大于美国和墨西哥两国面积之和。全球大约 1/6 的土地，面积约 3.05 亿公顷属于"严重退化"或者"极度退化"等级。极度退化的土地已经遭受严重破坏且无法恢复。

② 全球大约 1/2 的河流已经严重枯竭和污染。

③ 全球大约 24%（1130 种）的哺乳动物和 12%（1183 种）的鸟类受到威胁。

④ 保护生命免受紫外线损害的臭氧层耗减已经达到前所未有的水平。2000 年 9 月，南极洲上空的臭氧空洞达到了 2800 多万平方千米。

⑤ 大气中与全球变暖相关的主要温室气体二氧化碳浓度达到了 367×10^{-6}，比 150 年前高出 25%。其他温室气体，如甲烷等的浓度也在持续上升。

⑥ 到 20 世纪 90 年代中期，约有 80 个国家（主要是亚洲和非洲国家，占世界人口的 40%）严重缺水。大约 11 亿人仍然无法获得安全饮用水，24 亿人的卫生设施仍无法得到改善。

⑦ 全球有 28 亿人每天生活费不足 2 美元，其中 12 亿人生活在生存边缘线上，勉强维持生计，每天生活费不足 1 美元。

⑧ 每年约有 1100 万儿童死于可预防的疾病，这些死亡往往是由于贫困儿童或者产妇缺乏营养、卫生、医疗保健和教育等方面的基础保障。

大量事实证明，全球范围内的发展是不可持续的。日益增长的和较高的稀缺资源消耗以及由此造成的污染，再加上人口快速增长，以及不同国家之间日益严重的发展不平衡，对地区、国家和整个人类构成了不可承担的风险。显然，忽视环境和社会影响的经济发展可能带来意外和不受欢迎的后果，气候变化的威胁、淡水资源的过度使用、生物多样性的丧失和不平等现象的加剧就是明证。可持续发展的概念是对这些不利趋势的关注而产生的。从本质上讲，这是一种发展方针，其重点是将经济活动、环境保护、社会关注有机地结合起来。

联合国环境规划署在 2015 年年度报告中明确提出了《2030 年可持续发展议程》，列出了十七个可持续发展目标（SDGs），旨在消除贫困、保护地球并确保世界和平和繁荣。其中多数可持续发展目标直接和环境相关或者强调自然资源可持续性，包括贫困、健康、粮食和农业、水和卫生、人类居住、能源、气候变化、可持续消费和生产、海洋和陆地生态系统等方面。该报告指出可持续发展的环境维度或者环境要素是需要多方面考虑的，包括国家规划、系统问题、贸易、技术、政策一致性、金融、合作以及能力建设等，实现健康的生态系统、提高土壤和水质量、保卫海洋、管理环境、减少污染和废物、提升再生能源、提高资源利用效率、抗击气候变化以及实现可持续生存与繁荣。

1.2.2　可持续水资源管理

历史上，尽管联合国和欧美等国家对可持续性和可持续发展进行了诠释，但是对之深入、具体甚至彻底的争论仍在进行当中，还需要在全球范围内逐渐被公众认可。当前，联合国可持续发展目标 6（SDGs 6）要求全球所有人能够享有水资源和适当的卫生条件，并确保水资源的可持续管理。在水资源管理领域，当前一致认可的"可持续性"定义为"优化当前系统利益同时不削弱未来类似于当前利益的能力的原则"。因此，可持续水资源发展和管理的目标是通过设计综合性的适应性强的系统，优化提高用水效率，并持续努力致力于自然生态系统的维护和恢复，满足当前人类和未来后代用水可靠性和公平性。该目标仍然体现了可持续性的三个要素，自然系统的维护和恢复体现了环境可持续性，水系统或者水资源系统本身是制约经济可持续发展的要素之一，在此满足用水"公平性"是该目标社会可持续性的简要体现。

传统意义上，水资源管理宗旨是为人类活动提供水，也即通过技术不断更新来满足人类对水质和水量日益提高的要求。以往水资源开发是基于人为改变水文循环，目标是为适应区域人口增长、城镇化等方面的社会和经济背景，满足该区域用水要求。今后，联合国可持续发展目标 6（SDGs 6）要求水资源管理实现可持续性，无疑将水资源管理提升到可持续性高度，水资源管理势必要面临技术层面、经济方面和社会可持续发展方面的挑战。技术的提高是可以提升人类活动生产效率，但是只有人口增长率和资源消耗率下降，技术提高才有可能抵消人类发展带来的负效应。

早在 1998 年，美国土木工程师学会将可持续水资源系统定义为"指那些经设计和管理以充分促进当前和未来社会目标完成的水资源系统，同时维持生态、环境和水文完整性"。传统水资源管理方法是通过建造大坝和水库改变水流动和存储方式，设计水输送系统确保用水安全。近年来由于气候变化、人口增长和城镇化加速，大量发展中国家的局部地区出现不同程度缺水，制约着经济和社会可持续发展。建造大坝和水库会严重影响当地生态系统和社会环境，且伴随着巨大的安全方面风险。在新形势下，可持续水资源管理原则要求保护水资源，因此水回用作为实现水可持续性策略得到广泛认可。

1.2.3　世界水危机与可持续解决方案

众所周知，地球上超过 2/3 的面积被水覆盖，但是可以供给人类的淡水不到世界供水量的 1%。这些可获得的淡水主要存在于河流、湖泊、湿地以及含水层中。这些淡水资源为人类和数目庞大的多种其他生物提供支持。地球上几乎 98％的水存在于海洋或者盐水体系中，同时大部分淡水存在于冰川和雪山。

由于世界人口快速增长，人类对水在饮用、卫生、农业和能源生产等方面的需求量达到了历史水平并且会持续增长；同时，人类活动和气候变化正在破坏原有的自然水循环，使淡水生态系统面临巨大压力。极化气候现象频发（如洪涝灾害和严重高温干旱）、水污染和水质恶化、资源过度开发，以及应对快速城镇化导致的基础设施建设都给世界淡水资源使用带来巨大挑战。

淡水作为可再生资源在全球水文循环中的总量超过了可以维持当前全球人口水需求量的几倍。事实上，由于可再生水存在巨大的地理和季节的变化，每年只有约 31％的可再生水可供人类使用。在全球范围内，每年人类使用的淡水有超过 65％是用于农业灌溉，约 20％为工业用水，而市政用水仅为 10％。世界上最缺水的国家和地区为北非、中东地区、中国西北地区；而淡水资源丰富的国家为冰岛、苏里南、圭亚那、巴布亚新几内亚、加蓬、加拿大和新西兰等。

国际上公认的"水短缺"定义为：如果一个国家或者地区年人均可再生淡水供应量不足 1000 m^3，则为"水短缺"国家或者地区，这些国家或者地区可能会经历长期和普遍的水资源短缺，导致社会发展和居民福祉提高受到严重阻碍，因为缺水会导致一系列危机，例如粮食短缺、区域水冲突、有限的经济发展和环境退化。因此，淡水供应缺乏是这些国家和地区几十年来实现可持续发展一直面临的难题。缺水国家或者地区可以分为两类：一类是实际缺水国家或者地区，这些国家或者地区即使能实现最高的可行的水使用效率或者水使用生产率，在将来也不会有充足的水来满足未来农业、家用、工业和环境需求；另一类为经济缺水国家或者地区，这些国家或者地区本身水资源充足但缺乏获取或使用这些水资源所需的货币资源，或面临严重的财政问题和发展能力问题。这些国家需要通过额外增加投资建设淡水储存和水转运设施才能在 30 年内将供水水平提高 25％以上。按照此定义和分类分析，北非和中东国家、巴基斯坦、印度和中国北部地区预计在未来将面临严重缺水。

水资源分布不仅在全球范围内存在巨大差别，即使在同一国家或者地区不同区域，或流域尺度上也存在巨大差别。例如，在中国，大约一半人口生活在南方湿润地区，如长江流域，水资源充足，而另约一半人口生活在干旱的北方，如黄河流域等，水供应明显不足。印度是另外一个例子，印度约有 50％的人口生活在干旱的西北部和东南部，其余的人生活在相当潮湿的水资源丰富的地区。在未来几十年，美国西部地区面临着长期供水问题。在许多国家，由于缺乏建造、运营和维护所需转运水的基础设施的资金和技术，再加上现有水源与人口中心之间的距离太远，所以无法将水资源从水源地转运到所需地区而为这些居住区提供安全可靠的水供应。此外，这些国家或地区可能存在环境、社会和经济方面的制约因素，限制了水运输的总体可行性。因此，这些国家或者地区需要更加重视水资源管理，以确保整个 21 世纪都能获得可持续供水。

水危机指的是全球水供应情形，在许多地区，人们无法获得充足水量或者合格的水质，或者两者均不能达到。人们无法获得充足水量，即为上述提到的"水短缺"，也被称作"供水压力"。一般来说，在降水量很低的地区（主要为沙漠地区）或人口密度很大的地区（如印度部分地区）水供应压力最大。未来世界全球变暖可能会引发水危机恶化，因为降水样式会发生改变，降水会从潮湿地区向其他地区转移，或者由于冰川融化水会大量补给下游河流。冰川融化也将导致海平面上升，导致海面一侧水压增大，陆地面地下水抽吸严重，海水一侧水压大于附近陆地地下水压力，加剧海水大幅度入侵靠近海洋海岸线的淡水含水层，致使陆地一侧地下水甚至地表水水质盐分增大而无法使用。使水危机加剧的潜在问题是社会不公正问题，穷人与富人无法实现平等获得清洁的和足够使用的水供应，因为穷人获得清洁水的机会通常比富人少，而且通常为清洁水要付出更多的费用或者是支付清洁水供应的花费在收入中比例较大，这样会无法维护可持续发展的社会维度。据联合国 2006 年报道称，2005 年，全球有 7 亿人口，占当时全球 11％的人口生活在供水压力之下，年人均水供应小于 1.7m³。这些人口主要分布在中东地区以及北非。到 2025 年，预计 30 亿人口，占预计世界总人口的 2/5 将生活在供水压力下。这些大幅增加的人口主要来自中国和印度。水危机将会影响粮食生产而难以满足快速增长的人口的需求。可以预计，未来全球水供应局势紧张，地区之间冲突将与水资源短缺和水污染有关。历史上和未来可能发生水供应冲突的地区包括中东地区（在土耳其、叙利亚和伊拉克之间的关于幼发拉底河和底格里斯河的供水冲突；以色列、黎巴嫩、约旦和巴勒斯坦之间关于约旦河水的冲突）、非洲（埃及、埃塞俄比亚和苏丹之间对尼罗河供水冲突）、中亚（哈萨克斯坦、乌兹别克斯坦、土库曼斯坦、塔吉克斯坦和吉尔吉斯斯坦之间对咸海水供应冲突）、南亚（印度和巴基斯坦之间因恒河水供应的冲突）、中国和印度以及中国和东南亚国家之间对水供应的冲突。即使在水资源总量相对丰富的美国，也存在各州之间对流经境内河流因水供应和水污染产生的冲突；另外美国历史上现代农业灌溉用水和印第安部落之间也出现过许多因水供应产生的矛盾。

全球性水危机也包括水污染。因为农业灌溉粮食生产用水和人们生活日常用水水质都需要高于相应的水质标准。世界卫生组织报告称，2008 年全世界约有 8.8 亿人（占世界人口的 13％）无法获得改善的或者安全的饮用水；与此同时，约有 26 亿人（占世界人口的 40％）卫生条件没有得到应有改善，按照联合国标准，这些人无法使用公共排水系统、化粪池，甚至简单的坑厕。全球每年约有 170 万人死于饮用水不安全、卫生设施不足和卫生条件差相关的腹泻疾病。几乎所有这些因不安全水供应导致的死亡都发生在发展中国家，死亡人群中约 90％为 5 岁以下儿童。与水量缺乏引发的水危机一样，水污染同样是社会公平问题，与类似地区的富人相比，更多穷人缺乏清洁水和卫生设施，水污染同样会阻碍全球社会的可持续发展。在全球范围内，改善水质、卫生设施和个人卫生可以预防超过 9％的疾病和减少 6％的死亡。除了全球性的水传播疾病危机外，来自农业、工业、城市和采矿的化学污染也威胁着全球的水质。一些化学污染物会引起严重的健康问题，但是许多人对这些化学污染物对人体健康的慢性负面影响知之甚少。

9

在美国，按照美国国家环保署定义，有超过 40000 个自然水体水质属于使用有缺陷水体，这就意味着这些水体要么无法维护健康的水生态，要么无法满足用水水质标准。在过去进行的民意调查中，美国人一直把水污染和供水安全作为首要环境问题，明显位居空气污染、森林砍伐、物种灭绝和全球变暖等问题之上。

水体中污染物来源有点源和非点源两种：点源污染易鉴定且发生在相对面积小的位置；非点源污染源面积范围相对大且分散。污染源包括饲养数量大密度大的动物养殖场，如养殖肉牛和奶牛、生猪和鸡鸭等养殖场，工厂排污和污水处理厂排水等。合流制排水管道收集家庭排水、工厂排水和来自街道的雨水径流，将水排放至污水处理厂处理，也是水体污染的重要的污染点源。在降雨期间，雨水径流量在短期内有可能超过排水管道的接纳量，导致未经处理的雨污水流入地表水中，甚至在许多国家的排水管道系统中设置了截流井，在雨水高峰期间，将污水处理厂无法处理的部分雨污水直接排入就近河流，导致地表水体污染。在大部分发展中国家，雨水径流未经处理就直接排入河流，也导致河流污染。非点源污染包括农田、城市和废弃矿区。雨水流经农田、城市和废弃矿山，从农田和草坪上带走大量的除草剂、杀虫剂和化肥等污染物，从城市街道带走汽油、防冻剂、汽车洗涤剂、动物粪便和道路防冻盐，从废弃矿山带走酸性化学物质和有毒元素，经地面流动或者经土壤下渗将污染物带入地表水体或者地下水。非点源污染是造成美国水污染的主要原因，但由于其浓度低、来源多、水量大，控制成本往往比点源污染高得多。水中污染物主要有耗氧污染物、过量植物所需的营养物（如氮磷等）、致病微生物、石油类污染物、有毒化学物质如重金属离子等。

全球水供应面临诸多巨大问题，主要问题为水资源耗减，大量地下水被抽吸，导致全球各地地下水位大幅度下降，形成巨大的下降漏斗。导致水井深度大幅度增加，开采地下水成本大幅度增加，遇到的高盐地下水更多。地下水大幅度开采会导致地下水水位无法恢复，但在绝大多数情况下，人类给予地下水的补给率是微小的，甚至可以忽略不计。因此在人类的时间尺度上，地下水水位是很难得到恢复的。由于地下水补给区域有限，封闭含水层更容易受到地下水开采影响。城镇化和城镇快速发展，加大了对水的需求，致使地下水开采情况恶化，因为这些城镇所处地区的地下水自然补给率随着不透水路面、建筑物和道路大量扩建而大幅下降，也衍生了这些城镇的洪涝风险。例如，美国芝加哥地区超量抽采地下水，已经形成了一个巨大的含水层漏斗区，地下水水位已经下降到250m 左右。为避免潜在的地质灾害和维护合理的地下水水位，芝加哥城市供水不得不转向地表水水源，所幸的是芝加哥有丰富的地表水资源。中国经济的快速发展已经导致许多地方也出现严重的地下水层漏斗区，如中国华北平原就是另外一个典型例子。但是在许多干旱地区没有这样丰富的地表水资源，例如美国中部高原大平原地区，由于农业灌溉过度抽采地下水，已经导致世界著名的最大的地下蓄水层之一——奥嘎拉地下蓄水层（Ogallala aquifer）水位大幅度下降至警戒线，该地下含水层覆盖面积达45万平方千米，覆盖南达科他州、内布拉斯加州、怀俄明州、科罗拉多州、堪萨斯州、俄克拉荷马州、新墨西哥州和得克萨斯州的全部或者部分地区，但是由于区域气候为干旱或者半干旱气候，人类活动严重扰乱了自然水文循环，地下水补给不足，同时地表水资源缺乏，对可持续水资源管理带来了严重考验。另外类似的情况是美国西南荒漠地区、墨西哥、中东国家、印度部分地区和中国北部地区，地表水资源都严重缺乏。另一巨大的水资源问题是与地下水开采有关的盐水（海水）入侵，在海洋海岸线附近，淡水含水层的过度抽水导致咸水进入淡水区，致使抽采的地下水含盐量过高而无法正常使用。在美国许多沿海地区，例如纽约长岛、马萨诸塞州海岸线、东南沿海州和海湾沿岸州，盐水入侵已经成为可持续水资源管理的一个重要难题。在地下水含水层漏斗区附近地下水水位的下降会改变区域地下水的流动方向，导致附近的污染物移动至抽水井，而不是远离抽水井，会导致抽水井出水水质下降甚至无法使用。由于地下水水位的下降，可能会出现大面积地面逐渐下沉或者局部地面在小面积上迅速下沉出现天坑。尤其在地质构造为喀斯特地区，如美国佛罗里达中南部，经常会出现不同尺寸的天坑现象（图 1-2），有报道称，一些不幸的居民在睡梦中死于地面沉降，部分或者房屋整体跌落于天坑中。中国煤矿区大量采煤，导致大量含水层地下水流失，上层地质构造失去地下水支撑力而在

(a)

(b)

图 1-2　美国佛罗里达州中部出现的天坑

地面出现大量天坑，采煤不仅导致地下水流失、地下水水质污染，而且导致了地面地貌变化，改变了原有的地表水流向并造成存储损害。

中国是人均水资源严重缺乏的国家。到 20 世纪末，全国 600 多座城市中，2/3 的城市供水不足，严重缺水城市达 1/6。全国降水时空分布极不平衡，南方水多洪涝灾害频发，北方水少干旱持续时间长；北方部分地区按照国际上关于水短缺定义属于严重水缺乏地区；城市污水排放量大而且处理率低，致使地表水与地下水呈现不同程度污染；工业用水浪费严重，农业灌溉水利用率低；水土资源过度开发，水生态环境破坏严重，水污染已经达到极为严重的程度。水资源短缺、水污染加重、洪涝灾害、大面积干旱为特征的中国水危机已成为可持续发展重要制约因素。

应对上述提到当前和未来的供水量不足危机需要采取多种办法，实现淡水供应量增加，水资源管理需要逐步向可持续性方向发展。历史悠久的传统方法包括建造水坝和引水渠道。在河流适当断面上建造水坝形成水库，在丰水期收集并储存水，供枯水期使用。水库也可以作为市民家庭用水水源。纽约市在 200km 范围内拥有大量的水库和人工控制湖泊，可以满足该市数量巨大人口用水需求。水坝和水库的其他益处包括水力发电、洪水控制和水上娱乐；缺点是气候干旱时水库水蒸发损失增大、下游河道侵蚀以及对生态系统的影响，该影响包括生态系统从河流生态系统向湖泊生态系统转变，以及对鱼类迁徙和产卵的影响。引水渠道可以把水从充足的地方输送到需要的地方，如中国的"南水北调"工程；南加州有一个大型而有争议的输水管道系统，该系统将加州北部内华达山脉、加州北部和中部山谷，以及科罗拉多河中的水输送至加州东部。长距离输水管渠工程会引起大量争议，实现也很困难。长距离输水工程缺点是输水和配水会引起被引水区域气候干旱，同时也造成大量的社会伦理问题和生态危害。例如，加州中部欧文斯湖和莫诺湖入流被截流转运至洛杉矶输水管道后开始消失。欧文斯湖至今几乎完全干涸，通过法律干预，莫诺湖湖水水量才得到明显改善。

科罗拉多河可能是美国开发使用最多的河流。科罗拉多河上建造有许多水坝、大型水库和几条大型输水管渠，可以向美国西南部 7 个干旱州和墨西哥提供大量淡水供应。这部分淡水首要用于几个大城市（内华达州拉斯维加斯、亚利桑那州凤凰城和亚利桑那州图桑市）居民用水和农业灌溉。科罗拉多河水的分配受到严格管制。科罗拉多河的河水由于沿途蒸发使河水盐分增大，迫使美国在美国和墨西哥边境处建造河水淡化厂，以便用于居民饮用和农业灌溉。科罗拉多河三角洲处湿地及其相关生态系统因上游过度用水而严重退化；在一些年份，甚至都没有河水从科罗拉多河流入海洋。

在实践中，一种可以增加地球上淡水供应的方法是海水淡化或者苦咸水脱盐，即去除海水或盐分高的地下水中所溶解的盐而获得淡水。海水淡化或者苦咸水脱盐方法包括加热沸腾、过滤、电渗析和冷冻等。所有这些处理工艺建造和运行费用中等或者昂贵，需要大量能量输入，结果导致经这些工艺生产出的淡水比传统来源淡水费用高。此外，这些工艺产生高盐废水，必须进行深度处理。海水淡化在中东最为普遍，该地区石油资源丰富，但水资源缺乏。

另外一个解决策略是节约用水，提高用水效率。在家庭用水方面，节水措施包括工程措施，如高效节水洗衣机、低流量淋浴喷头和马桶，以及表现在家庭生活方面的措施，例如在沙漠气候中的花园里种植不需要经常灌溉的本地植物，刷牙时候把水龙头关上，及时修理漏水水龙头等。家庭用水增加雨水收集措施，在雨水到达地面之前捕获雨水并储存，供需要用水时再用。家庭花园和草坪灌溉需要采用高效灌溉措施，因为灌溉用水比家庭用水需水量大得多。农业节水策略包括种植自然降雨能够满足用水需求的本地农作物、高效灌溉系统，例如采用滴灌系统减少水量蒸发，免耕耕作减少土壤水蒸发损失，以及污水处理厂处理后污水回用于农业生产。污水处理厂处理后污水在满足地下水补充所需水质后也可用于补给地下水含水层。解决水危机的可持续方法必须采用多种方法，但是这些方法应优先考虑节约用水。

应对由水污染导致的水危机同样需要采取多种方法，提高淡水质量，促使水资源管理向可持续方向发展。水污染最致命的污染物是致病微生物，水中致病微生物会引起严重的传播性疾病，每年在欠发达国家造成近 200 万人死亡。解决这一问题的最佳策略是污水处理。未经处理的污水不仅是致病主要原因，而且也是其他污染物的主要来源。在城市，污水由污水处理厂进行处理；在农村，污水处理由化粪池系统完成。

污水处理厂的主要目标是去除有机物污染物，主要是耗氧量大的污染物，并进行消毒，此外采用特殊工艺去除氮磷等植物营养污染物和其他污染物。传统污水处理厂工艺包括预处理（格栅去除体积大的固体和沉砂池去除砂石等）、初级处理（沉淀池或气浮池利用密度梯度去除有机固体物、脂肪和油脂等）、二级处理（好氧厌氧工艺组合去除有机污染物和氮磷等污染物）、三级处理（植物营养物质氮磷进一步去除以及过滤前端未去除的或者新生成的悬浮污染物）、消毒（方法有加氯消毒、臭氧法、紫外线消毒等）。处理后的污水出路包括直接排放到地表水（通常为本地河流），或者回用如农田或者园林灌溉用水、水生态栖息地保护和人工补给地下水含水层。初级处理和二级处理过程中产生大量污泥。污泥处理和处置包括经脱水后，进行土地填埋、焚烧、用作肥料和厌氧分解。污泥厌氧分解产生甲烷气体，可作为能源。分流制排水系统要远比合流制排水系统在降低水污染方面优势明显。一些城市，如美国的芝加哥，建造了大型地下排水管廊系统，同时也充分使用废弃的采石场，在降雨高峰期临时储存高峰雨水径流，在非降雨期间，雨污水再排入污水处理厂进行处理。

化粪池系统是单独的污水处理系统，适用于农村甚至一些城市里排水无法进入市政污水排水系统的家庭。化粪池系统基本组成部分包括来自住宅的下水管道、化粪池（固液分离，固体污染物沉降至底部进行厌氧分解），以及排水场地（通常于该场地下面埋设穿孔管系统，经化粪池处理后的出水重力作用流至该排水场地，经穿孔管渗入土壤或者以土壤为基础的混合填料，进一步进行微生物处理和物化处理）。该系统的弱点是一旦化粪池发生故障，就会产生水污染问题，这种故障通常发生在土壤选择不合理（如黏土为主的土壤）的排水场地中或者维护管理不善。

大部分发展中国家需要大量经济援助建造充足的污水处理设施。据世界卫生组织估计，提供清洁水和改善卫生设施的每 1 美元投资可以节省 3～34 美元花费。节省的费用用于医疗保健、提高工作产出和学校教育质量以及阻止提前死亡等。简单而廉价的家庭用水处理技术包括氯消毒、过滤消毒和太阳能消毒。另一种技术是使用人工湿地技术，也即人工建造沼泽地处理污水。该技术比传统的污水处理厂技术更简单、更节约投资和运行费用。

尽管瓶装水在美国和其他发达国家受欢迎程度呈指数增长，但是瓶装水并不是解决水危机问题的可持续方案。在美国，瓶装水不一定比公共市政供水安全可靠，其平均生产成本大约是公共自来水的 700 倍，而且每年消耗大约 2000 亿个塑料瓶和玻璃瓶，而且塑料瓶和玻璃瓶的回收率相对较低。与公共自来水相比，瓶装水生产消耗更多的能源，能源消耗主要用于塑料瓶和玻璃瓶制造以及瓶装水长途运输。因此在美国，相关部门出于水危机问题和可持续水资源管理考虑，建议公民尽可能多地饮用公共自来水。

解决水污染危机的其他可持续办法包括通过立法削减点源污染。美国于 1972 年立法通过了《清洁水法》，经过历年不断修正，使美国的供水水质得到了重大改善。非点源水污染（例如农业污水径流和城市雨水径流）的空间范围大，污染物种类复杂，难以管控。有多种建造和农业实践方法可以有效减少非点源污染，包括免耕农业和沉积物捕获井的使用。人工爆气和机械混合是湖水中氧气耗减的补救措施。减少城市雨水径流污染措施包括：及时清除车道、人行道和街道上的土壤、树叶和草屑；严禁将用过的机油、防冻剂、涂料、杀虫剂或任何家用危险化学品直接倒入雨水管渠或污水管道；回收使用机动车机油；参与并实施社区制定的危险废物处置计划；进行家庭有机废物堆肥处理；草坪和花园尽量不使用化肥和除草剂；厕所马桶冲走宠物粪便等。

许多情况下，地下水在土壤中慢速流动可以得到自然净水。因为水中一些污染物，如磷、农药和重金属，通过化学吸附在土壤颗粒和土壤中铁氧化物表面上而得到净化。有些污染物不易被土壤颗粒直接去除，如硝酸氮、道路施用盐、汽油燃料、部分除草剂、四氯乙烯（一种用于干洗行业的致癌性清洁溶剂）和氯乙烯等。在设计合理管理适当的系统中，地下水慢速通过土壤流动可以促使微生物分解有机物和某些杀虫剂。还有多种其他方法修复被污染的地下水。最好的解决方法是关停污染源，并允许自然清洁。具体处理方法和技术选择取决于地质和水文条件及具体的污染物属性，因为有些密度小的污染物在地下水上部移动，而另一些污染物经水溶解与地下水一起流动，而密度大的污染物则可能在地下水的下部沉积。常见的地下水处理方法为泵出处理，即将抽出的受污染的地下水，通过化学氧化、过滤或生物法进行处理后再补给地下含水层。有些情况下，必须挖空受污染土壤将其运往土地填埋系统进行处理。原位处理方法包括添加化学物质来固定重金属，与金属铁形成可以破坏有机溶剂的可渗透反应区，或通过爆气或微生物营养物促进微生物生长对受污染土壤进行生物修复。

1.2.4　城市污水可持续应用

在中国历史上，北方干旱地区的人们已经熟练掌握了利用"水窖"技术收集存储雨水供农业灌溉和家用来应对水资源缺乏，同时水再用早已根植百姓生活当中，利用水在排放至自然界之前多次利用来提高用水效率。

可持续水资源管理中两个及其重要的概念为：水再生和水回用。这两个概念实质上是城市污水可持续应用。英文当中，"水再生"为"water reclamation"，英文原意为"treatment or processing of wastewater to make it reusable with definable treatment reliability and meeting appropriate water quality criteria"，也即"污水处理或污水处置过程，使污水能够被再次使用，具有明确的处理可靠性，并符合适当的水质标准"。"水回用"英文为"water reuse"，英文定义为"the use of treated wastewater for a beneficial use，such as agricultural irrigation and industrial cooling"，也即"处理后的污水再次有利使用，如将处理后的污水再次使用于农业灌溉和工业冷却等"。当代国际水资源管理领域，已经明确规定今后术语"reclaimed water（再生水）"就等同于"recycled water（循环水）"。

水再生回用已经成为解决水危机问题的一项重要策略，原因为：

① 在许多情形下再生水可以替代公共供水，实现用水目标；

② 使用再生水实质上是增加了水的来源，提供了替代水源，有助于满足当前和未来用水需求；

③ 再生水回用会减少由于污水排入而进入自然水体的污染物总量，从而能保护水生生态系统；

④ 再生水回用可以控制并减少水的建筑结构的需求；

⑤ 再生水回用本身就是通过有效管理水消费和污水排放，遵守和实施环境法规的措施。

水再生回用在水资源缺乏或者当前供水无法满足社会发展需求的地区战略地位尤其重要。相比于农业回流水、雨水径流以及工业排放水，城市污水处理厂处理后的水是相对更为可靠和重要的再生水来源，而且该部分水水量稳定，但是推广应用方面由于市民难以接受甚至抵制存在社会方面的困难。尽管在美国和世界发达国家再生水是经过严格水质控制确保无毒无健康危害，但是再生水由于源自污水本身具有潜在风险。因此再生水回用系统规划和实施必须严格关注健康和安全风险。经验表明，世界许多地区的水再生回用的成功取决于供水危机带来的水回用紧迫性和必然性以及开发水回用系统的机会。

水再生回用的合理性在于：

① 世界淡水资源有限，随人口增长、生活水平不断提高和经济高速发展，全球淡水资源供水紧张；

② 水循环使用历史悠久，水再生回用只会应用范围更广，技术更强；

③ 再生水水质完全满足非饮用水标准，再生水技术上完全可以用于农业灌溉、工业冷却用水、园林用水、道路抑尘、清洁用水等，作为补充性水源，再生水回用可以使水回用更有效果，效率更高；

④ 再生水回用可以通过高效率用水实现水资源可持续性；

⑤ 再生水回用根据终端用户对水质的要求调整污水处理程度进而高效使用能源和自然资源；

⑥ 通过减少处理后污水进入受纳自然水体的水量，水再生回用可以实现保护环境的目的。

水再生回用潜在益处：

① 节约淡水资源；

② 有效管理植物营养物氮磷对自然水体的污染，阻止富营养化发生，有助于内陆航运业、水上娱乐业、水上旅游业以及渔业的发展；

③ 减少污水排入自然水体，保护和提高敏感水生环境质量；

④ 减少补充性水源需求以及相关基础设施建造和运行费用；再生水回用可以在城市开发中得到及时应用；

⑤ 再生水用于农业灌溉、园林草坪以及花园灌溉时可以提供大量氮磷从而取代化肥或者减少化肥施用量，从而保护环境。

促进水再生回用进一步实施的因素有以下多种。

① 就近性：再生水在城市以及城市周边是现成的，在这些地区通常水资源需求量大，价格高。

② 可靠性：再生水是可靠的水源，即使城市气候处在干旱期间，这部分水量供应也几乎是持续稳定的。

③ 多样性：技术上经济上可以满足不同非饮用水使用需求，水质可以根据这些需求在处理工艺上进行调整。

④ 安全性：再生水回用在美国和其他世界上发达国家实施运行了超过 40 年的历史，目前为止没有文件表明发生对公共健康安全造成影响的事件。

⑤ 对水资源的竞争需求：人口增长和农业需求逐步加大了现有水资源的压力。

⑥ 财政责任：水和废水管理人员逐步认识到再生水回用的经济效益和环境效益。

⑦ 公众兴趣：公众对过度使用公共供水产生的环境后果意识增强，社区居民对水再生回用概念的热情高涨。

⑧ 传统水资源管理方法的环境和经济影响：水坝和水库等解决水短缺问题的工程设施的环境和经济成本高，认可度增加。

⑨ 已证实的可追溯的记录表明世界各地水再生回用成功案例数量在增大。

⑩ 更准确的水成本分析：一些发达国家水费账单中包含了详细的水费计算和具体收费项目，该水费账单能更准确地向消费者提供各自家庭用水的全部成本包括水输送费用等，这种账单方式应用越来越多。

⑪ 更严格的水质标准：升级污水处理设施以满足更高污水排放水质标准的费用增加。

⑫ 水再生回用的必要性和机遇：干旱、缺水、防止海水入侵和限制污水排放等因素均促进水再生回用，经济、政治和技术条件也有利于水再生回用的工程实施。

当前水再生回用的分类包括以下多种。

① 农业灌溉：农作物灌溉和商业苗圃用水。

② 园林景观灌溉：公园、校园、高速路隔离缓冲带、高尔夫球场、墓地、绿化带、住宅草坪与花园。

③ 工业水循环与回用：冷却水、锅炉房补水、工艺用水、大型建造工程。

④ 地下水补给：地下水补充水、海水或苦咸水入侵控制、地表沉降控制。

⑤ 娱乐用水或环境使用：湖水和池塘水、沼泽地生态系统提高、河流流量补充、渔业、人工造雪。

⑥ 城市非饮用使用：消防、空调用水、卫生间马桶冲洗。

⑦ 可饮用水回用：与供水蓄水池混合、与地下水混合、直接利用管道输送至公共供水系统。

尽管水再生回用广泛使用的驱动因素在世界各地不同，但是其总体目标是在局部范围内实现闭式水文循环。经适当处理后污水转变成了现成的宝贵的水资源。在许多情况下，水再生回用是迫于客观条件与政治或经济方面局限性而无法获取其他水源，同时进一步减少水消费不可行的条件下采取的可持续性措施。在水资源可持续管理的发展变化过程中，引入水再生回用概念和措施，满足日益增长的水资源需求，是实现水资源可持续发展的重大突破。水再生回用在技术上经济上具有挑战性，因为再生水处理前水质相对较差。因此，在许多发达国家，污水回用前要进行大量处理，处理后的污水质量远远高于用户的用水水质需求。主要目的是消除污水对健康安全的潜在隐患，帮助公众接受水再生与回用。这样也导致水再生回用的高成本（如需要高级处理工艺和建造独立的输配水管道系统），也在某些情况下限制了水再生回用的广泛使用。

参 考 文 献

[1] 崔建国，张峰，陈启斌等 . 城市水资源高效利用技术 [M]. 北京：化学工业出版社，2015.

[2] 郝晓地 . 可持续污水-废物处理技术 [M]. 北京：中国建筑工业出版社，2006.

[3] 中国国家统计局 . 中国统计年鉴 . http：//www. stats. gov. cn/tjsj/ndsj/.

[4] American Society of Civil Engineers. Sustainability Criteria for Water Resources Systems [S]. USA：The Task Committee on Sustainability Criteria，Water Resources Planning and Management Division，American Society of Civil Engineers and the Working Group of UNESCO/IHP IV Project M-4. 3，Reston，VA，1998.

[5] Adisa Azapagic，Slobodan Perdan and Roland Clift. Sustainable Development in Practice：Case Studies for Engineers and Scientists [M]. USA：John Wiley & Sons，Ltd，2004.

[6] Food and Agriculture Organization of the United Nations. AQUASTAT-FAO's Global Information System on Water and Agriculture. http：//www. fao. org/aquastat/en.

［7］ Marco Keiner. The Future of Sustainability ［M］. Netherlands：Springer，2010.

［8］ Runbin Duan，Clifford Fedler，George Huchmuth. Tuning to Water Sustainability：Future Opportunity for China ［J］. Environmental Science and Technology，2012，46（11）：5662-5663.

［9］ Stephen A Roosa. Sustainable Development Handbook ［M］. USA：The Fairmont Press，Inc.，2007.

［10］ Takashi Asano. Wastewater Reclamation and Reuse ［M］. USA：CRC Press，1998.

［11］ Takashi Asano，Franklin Burton，Harold Leverenz，Ryujiro Tsuchihashi，George Tchobanoglous. Water Reuse：Issues，Technologies，and Applications ［M］. USA：McGraw-Hill，2007.

［12］ Tom Theis，Jonathan Tomkin. Sustainability：A Comprehensive Foundation ［M］. USA：Connexions，2012.

［13］ United Nations. United Nations Statistics Division，Environment Statistics. https：//unstats. un. org/unsd/ envstats/qindicators. cshtml.

［14］ United Nations Development Programme. Human Development Report 2002：Deepening Democracy in a Fragmented World ［M］. UK：Oxford University Press，2002.

［15］ United Nations Environment Programme. Global Environment Outlook 2002 ［M］. UK：Earthscan Publications，2002.

［16］ United Nations Environment Programme. Sustainable Development Goals ［R］. United Nations Environment Programme：Annual Report，2015.

［17］ William M Adams. The Future of Sustainability：Re-thinking Environment and Development in the Twenty-first Century ［R］. Report of the International Union for the Conservation of Nature Renowned Thinkers Meeting，2006.

［18］ World Commission on Environment and Development. Our common future ［M］. UK：Oxford University Press，1987.

第2章　城市污水土地应用与系统分类

2.1　城市污水土地应用介绍

2.1.1　城市污水土地应用概念

正如第1章所述，城市污水土地应用实质上为污水可持续应用技术。污水土地应用（wastewater land application）是指将处理过的污水或者未经处理过的污水应用于由植物、土壤和水组成的土地系统中。该技术在早些时候，常被称作污水土地处理（wastewater land treatment）。污水土地处理是指将未经处理或者部分处理过的污水按照设计的水力负荷率应用于土地系统中。污水土地应用和污水土地处理在污水进入土地系统后都会对污水进行处理，二者均为水经使用后最终排放至自然界的一种方法。概念上，前者更强调该技术在工程上实现水回用并扮演部分恢复水循环角色，大部分情况下，在污水处理方法上可视作污水三级处理技术之一，是污水返回自然界前经历的最后一次处理。后者更多时候强调污水处理，把土地系统作为污水处理的手段和实施场所。在本书中，这两个概念未加强调时将互为通用。

污水土地应用或者处理技术属于污水自然处理法。污水土地应用中污水处理完全是通过自然土壤生态环境中的物理、化学和生物等过程处理水中污染物质，该工程技术相比于传统污水机械处理方法，如集中式生物污水处理技术，能量消耗相当少，人工需求少，基本不需要化学药剂，整个过程处理成本极低，温室气体释放低，处理过程中植物会消耗大量二氧化碳温室气体，属于可持续性污水处理技术，符合可持续发展需要，也是污水自然处理法中一种极其重要的方法。随着全球水危机加重以及气候变化引起极端气候频发，可持续性理念深入人心，近年来该技术又被世界各国高度重视，被世界发达国家推荐采用。

污水土地应用目标是充分利用污水，提高环境质量，并以成本效益高的方式实现污水环境友好处理和处置。在许多情况下，污水土地应用过程中农作物或者能源植物的生产和销售至少可以抵消部分污水处理费用。更为重要的是在干旱和半干旱地区，该技术是将处理后的污水回用于农业灌溉，减少当地水资源压力，保护有限的当地淡水资源。

历史上，将土地系统作为污水处置和遗弃场所是全球范围内的一种公认做法。人类农业生产和近代研究都充分证明土壤系统可以完全稳定和同化吸收人类排泄物，并且在人类或者动物低密度地区均未产生负面问题。据历史记载，在人口高密度居住区污水土地应用发生过问题，其原因为污水土地应用未加控制，技术不成熟不完善，人为随意在土地上排放未经处理的污水和丢弃各种废物。因此，在人口居住密集地区污水土地应用需要专业规划设计以及管理技术对该污水处理方法加以管控。历史上，文献记载最早的污水土地应用项目始于 1531 年德国的本兹劳。被当时社会公众认可接受的项目始于1650 年苏格兰的爱丁堡附近，在该污水灌溉项目中，污水主要是用作蔬菜和其他农作物生产肥料。中国从古代开始，生活污水（主要为旱厕人类排泄物）一直被用作农田肥料，历史悠久。20 世纪全球范围内，污水土地应用面积从 1961 年的 1.4 亿公顷逐步增长到 1999 年的 2.7 亿公顷，目前仍在持续增长当中。

2.1.2　城市污水土地应用与水危机

如第 1 章所述，当前全球面临着水危机。水危机状况无法维持当前人均粮食生产需求。农业水使用是保证粮食安全的关键。农业生产是水资源最大的消费者，消耗全球70% 以上的淡水资源。国际粮农组织报道，全球有 30%～40% 的粮食生产来自灌溉农业，但是土地面积仅仅占耕地的 17%，由此可见农业灌溉用水对全球粮食生产作用巨大。但是农业用水又面临来自家庭生活水和工业用水的巨大挑战。全球进行农水灌溉的国家有 45 个，这些国家的人口，在 1995 年，占全球人口的 83%，到 2025 年，这些国家人口增长预计为 22%，这无疑将对这些国家的农业灌溉用水提出新的挑战，带来巨大压力。

在发达国家和发展中国家，面对日益加剧的水危机，能满足农业灌溉用水安全的策略为节约用水，提高用水效率，优化管理，政策改革。在此背景下，污水土地应用就成为保证国际农业生产关键性替代性水源和可持续水资源管理中极为关键的要素之一。因此必须开发污水土地应用技术，并将之纳入全球水循环范畴当中。

就农业用水而言，水的来源包括如下两类。

（1）自然来源

雨水为农业用水重要部分，但是其在温带地区分布不均匀，规模相对较小。地表水在温带和干旱地区的农业用水中作用巨大，但是其可获取性有限。使用这部分水往往需要兴建大坝和水库，这会引起大量的环境问题。另外一部分自然水源为地下水，但是抽吸地下水会使地下水位逐渐降低，也会引起大量的地质问题。

（2）可替代性来源

海水淡化水在农业灌溉中重要性低，原因为生产成本过高，只能在小规模小范围内使用，而且只能在沿海或者岛屿地区使用。城市市政污水和农田灌溉排水是成本上具有优势的替代性水源，在小型和大型规模农业上及各种气候条件下均可使用。农田灌溉排水回用技术在美国加利福尼亚州等干旱和半干旱地区普遍使用，即在农田中超过植物根区的土壤中埋设排水收集管道系统，收集灌溉后的下渗水，经处理后再次用于农业灌溉。

因此，对于一些目前淡水储量正处于或即将达到临界极限的国家来说，城市污水是用于农业、工业和城市非饮用水用途的唯一重要的低成本替代资源。水的再利用满足了以色列 25% 的用水需求。在澳大利亚、美国的加利福尼亚州和突尼斯，水再利用的贡献预计将在未来达到水需求的 10%～13%。在约旦，预计在不久的将来，再生水的数量将增加 3 倍以上。埃及预计到 2025 年再循环用水量将增加 10 倍以上。

许多国家将水再利用作为水资源规划的一个重要方面（例如澳大利亚、约旦、以色列、沙特阿拉伯、突尼斯、美国）。美国的加利福尼亚州和佛罗里达州每天循环利用的水超过 $170×10^4 m^3$，主要用于灌溉农作物和美化环境。在中国、印度和墨西哥，数百万公顷的农田用污水灌溉，在许多情况下，这些土地的灌溉污水并没有得到充分处理。值得注意的是，未经处理的污水灌溉会导致细菌和病毒疾病以及蠕虫疾病感染。因此，选择适当的污水处理方法及推行完善的污水土地应用措施，是保障公众健康的主要措施。

污水土地应用的优点已经被广泛接受，但是另一方面，利用污水进行灌溉还可能对公共健康和环境产生不利影响，具体不利影响取决于污水处理水平和应用方法。但是，可以利用现有的科学知识和实际经验，通过合理规划设计和有效管理进行污水土地应用，降低污水回用风险。

2.1.3 城市污水土地应用用途

在全球范围内，大部分污水土地应用工程项目目的是将污水用于农业灌溉用水。在干旱和半干旱国家或者地区，处理过的污水实现了污水资源化，分担了大部分农业灌溉用水，提高了当地农业生产效率，提高了当地健康安全水平，减少了对化肥的依赖，减少了淡水资源压力，甚至稳定了当地农业人口和农业结构。有成功实践经验的国家包括美国、以色列、约旦、澳大利亚以及部分欧洲国家。近年来，美国《科学》杂志大量篇幅报道了加利福尼亚州的水危机问题，其中解决该州水危机的策略之一即为将更多的污水回用于农业和景观园林。污水土地应用于农业灌溉主要用途包括农田使用如牧场、饲料作物、纤维作物、种子作物、果树、坚果类作物、葡萄、蔬菜类作物等灌溉，此外还包括苗圃、温室、社区蔬菜花园、商业生产木材林地、商业生产生物质能植物、挡风植物带、过量灌溉补给地下水等。污水土地应用于景观园林包括社区公园和操场、校园和运动场地、高尔夫球场及设施、其他体育场地草坪、墓地和教堂绿化带、高速路景观和街道中间绿化带、普通景观、商业建筑景观、工业景观、住宅区景观、开放地带、林地、河流和干河岸边、过量灌溉补给地下水等。

据报道，污水土地应用能够成功提高 10%～30% 作物产量，成功关键要充分考虑污水特征、土地系统特征、工程设计和管理策略、土壤特征、气候条件以及农艺学具体实践等。污水水质决定了适宜灌溉的作物，因污水中病原体含量、盐度、碱度、特殊离子毒性、微量元素含量和植物营养物等存在差异，因此污水土地应用必须具体情况具体分析，也必须进行特殊设计、管理和运行。例如，污水未经彻底消毒，应用时可以考虑滴灌方式，大幅度降低人体直接接触病原体的可能性，也可以节约用水。

污水土地应用首要关注是人类健康保护。必须通过立法，针对不同作物特征制定严格标准和规范，尤其要对人类直接消费的蔬菜进行污水土地应用制定最严格的标准和规范。近十年间，美国加利福尼亚州某蔬菜农场就发生过 $E.Coli$ 污染，人直接食用该农场菠菜后出现几例儿童和老人死亡事件，致使该农场最终破产。尽管该事件主要原因是蔬菜在上市前进行清洗时发生污染，但是引起了人们对直接消费类蔬菜用水情况的高度关注。因此在污水土地应用于蔬菜时，不同国家已经陆续制定了不同标准规范。例如，南非要求在灌溉直接消费类蔬菜时，污水水质要达到可饮用水标准，而美国加利福尼亚州则要求污水必须彻底消毒方可灌溉蔬菜。污水土地应用其次要关注潜在的环境危害，如高盐污水可能导致作物减产，破坏土壤结构，高硝酸氮污水会导致地下水氮污染引起婴儿疾病等。

2.1.4　城市污水土地应用优点、缺点与局限性

（1）污水土地应用优点

污水土地应用的优点主要有以下几点。

1）替代性水源　一方面，由于全球气候变暖，极化气候频发，许多人类居住的地区正在变得干旱；另一方面，全球经济和人口正在蓬勃发展，因此对水的需求急剧增加。当前，这一突出问题对世界许多地区现有的自然淡水资源造成了极大压力。澳大利亚珀斯在这方面就是一个典型例子，因为公共供水需求和农业灌溉增加，该地主要淡水供应水源地下水含水层正在枯竭。沙特阿拉伯是另一个因农业灌溉对地下水需求增加而面临水危机的国家。即使在美国，部分地区也面临同样问题，如阿肯色州东南部水稻种植区，因该地水稻种植需要大量淡水进行漫灌，致使地下含水层水位大幅下降，为维持水稻产量，农民被迫继续向下打井，也导致抽采地下水成本增加，使当地农场主的水稻种植在可持续方面面临巨大压力。因此，许多国家必须要比以前更有效地管理水资源，以解决它们面临的水危机问题。在水资源遭受重大压力考验下，城市污水再生回用水是有效的农业灌溉用水水源，具有鲜明的节约用水和提高用水效率特征，也是日益缺乏的淡水资源的重要替代水资源。污水土地应用是减轻对现有淡水资源过度消耗和淡水资源供水压力的一种工程解决方案；该技术应用中污水能替代其他水源需求，且为可靠、安全、抗旱性水源，许多情况下比淡水供应使用快速简单，同时又独立于目前的淡水输送。

2）节约用水　在水文循环中，可以闭合被人类打破的水循环，节省高质量可饮用淡水，用水效率更高。

3）健康和管理　提高公共健康，提高政策制定高度，可以与水供应、污水处理政策和管理匹配。

4）经济价值　污水中剩余的植物营养物如氮、磷等，可为农作物和园林或草坪提

供营养物质，减少甚至消除商业化肥使用；避免淡水新水源开发、输送和泵使用投资花费；为下游用户降低水处理花费，为农业生产与污水销售带来收益，干旱气候条件下为工业界和用户带来第二级别经济回报，在干旱地区增加旅游活动；增加土地和财产价值，尤其在干旱地区作用显著，污水土地应用还可通过降低污水高级处理和最终处置的成本，增加土地价值，以及从销售再生回用水和附带的农产品生产中获得额外财政收入，提供经济效益，增加就业人口数量。污水土地应用可以提高当地的粮食产量，这对世界上干旱、半干旱和经济欠发达地区的人民和社区尤为重要。国际上，许多发达国家已经在进行大量工程研究，将污水土地应用和生物质能有机结合起来，在进一步处理和应用污水的同时，种植生产产量高的植物用于生产生物能。

5）环境价值　城市污水土地应用在大幅减少或完全消除城市污水对湖泊、河流和沿海海岸附近等水体潜在污染方面发挥着重要作用，因为该系统中污水是在陆地上进一步处理和应用的，而不是直接排放到受纳水体当中，因此减少了污染物直接排放至受纳地表水体，提高了河道水库等娱乐价值，避免发展新淡水资源影响，可解决污水排放至地表水许可问题，有效利用污水中营养物提高作物产量，降低化肥使用，在与地下水混合稀释之前通过土地系统进行第三级污水处理，提供乡村和城市环境利益共享。

6）可持续发展　作为额外水源促进干旱地区可持续发展，振兴农业生产、工业生产和旅游业；增加粮食生产，尤其在干旱地区作用显著；提高水产业产量。

（2）污水土地应用缺点和局限性

污水土地应用的缺点和局限性主要如下。

1）健康和管理　污水土地应用系统设计不当或者管理不当，可能会导致污水中病原体或者某些化学污染物成分污染地下水或者地表水，导致人类健康问题。

2）社会与法律关注　污水土地应用可接受性；社会经济以及农民种植样式变化；作物市场化可能减少。

3）经济关注　污水土地应用基础设施建设、运行和管理；收益和支出平衡困难；污水季节性变化和应用量变化需要大量储存容量；不合理的水价；市场变化影响；可饮用水收益影响；需要适应性强的经济手段。

4）环境和农业关注　如果污水土地应用系统设计和管理不当，会存在一定的潜在环境风险。这些潜在环境风险包括地下水氮污染、土壤中盐分积累和土壤盐碱化、地下水的化学物和微生物污染和潜在的土壤退化问题。近年来，该系统的关注还包括医用药品及个人护理品（PPCPs）对地下水的微污染。

5）技术关注　运行可靠性；处理技术适当设计和选择。

必须强调的是，并非所有的污水土地应用都能得到立竿见影的效果。此外，污水土地应用还应考虑到一些其他制约因素。成功的污水土地应用需要其优势与负面影响或其他制约因素平衡。

国际上一些专家指出，污水土地应用于景观的优点是多方面的，可能比应用于农业生产效益更大。国际上许多污水土地应用规划者更倾向于将污水土地应用于景观，而不是农业灌溉，特别是粮食作物灌溉。原因如下：

① 大部分草坪位于城市内或郊区，因此污水输水成本较低。关于该点，著名学术期刊《Science》曾多次以美国加利福尼亚州为例对此进行讨论。

② 城市污水是持续产生的，根据气候的不同，草坪"作物"是可以连续生长的，即污水土地应用于草坪不像应用于粮食生产那样受种植、播种或收获干扰，所有这些粮食生产实践都意味着在相当长时期内会停止污水土地应用，增加储存池空间。

③ 草坪作物吸收的氮和其他营养物质相对较多。这一特性可以大幅降低地下水被污染的可能性。

④ 取决于污水水质，污水土地应用于草坪在潜在健康问题方面要比应用于粮食作物时要少得多。

⑤ 由于使用污水而产生的与土壤有关的问题，在种植草皮的土地上，其社会和经济影响比种植粮食作物的土地上小。

2.1.5　国际城市污水土地应用简介

污水在土地表面对农作物进行灌溉可能是处理和排放污水的最古老方法之一，该方法和技术在全球人类社会发展中起到了积极的推动作用。在全球，污水土地应用系统已经被污水处理系统设计人员、水管理人员以及政府环保部门广泛接受，并将其作为可持续水资源管理的一种首要策略，也是污水处理后再次深度处理和排放至自然界的一种重要的优先考虑的工程技术。

在欧洲，污水土地应用的发展是由对替代性水资源需求加剧和严格管控污水直接排放至地表水体背景下共同推动发展起来的。在地中海区域，水资源供应与需求之间的不平衡是污水土地应用大量增加使用的主要原因。结果导致，在人口稠密的北欧国家，如比利时、英国和德国，以及沿海旅游地区和西欧与南欧岛屿上，污水土地应用范围正在稳步增长。作为一项规则，污水土地应用于农业灌溉已在水短缺的大多数地中海地区实行。即使在南欧国家，尽管平均可用水量超过 3000 米^3/(年·人)，但是由于夏季旅游季节一度发生干旱和需水量持续升高，许多区域长期缺水，导致污水土地应用大幅使用。

几个世纪以来，欧洲和地中海地区进行了城市污水土地应用工程实践。以色列、约旦和突尼斯在地中海地区污水土地应用于农业方面处于领先地位，污水回用分别占总需水量的 20%、10% 和 1.3%。该地区另一个新兴领导者是西班牙，22% 的污水土地应用于农业生产，其总量达到 3.4 亿米^3/年。在意大利，超过 4000hm^2 的农作物是用污水灌溉的。

以色列是世界上污水土地应用领先者，70% 以上的污水被应用于农业。一典型工程为污水生物处理厂的二级出水通过渗滤盆地渗滤到区域地下水含水层，作为多年用蓄水系统。这种经过土壤含水层处理产生的高质量污水，可不受限制地灌溉所有作物，包括直接可生吃蔬菜。另一典型工程为污水经活性污泥生物处理和滴滤后储存在大型季节性水库中，供夏季干旱时农业灌溉使用。

对地中海区域污水土地应用分析表明，污水土地应用是可靠的替代农业灌溉淡水来源的重要工程措施。此外，污水土地应用是防止收集性地表水体和环境退化的一种重要预防措施。污水土地应用项目不仅在干旱和半干旱地区取得了成功，而且在气候温和的地区也取得了成功。污水土地应用在保护水敏感经济、扩大娱乐活动和保护敏感区域应对水危机方面做出了突出贡献。在一些地中海国家，污水已经被认为是唯一重要的低成本灌溉用淡水的可替代性水资源。

在美国，城市污水应用于 1872 年才引入美国并得到广泛应用。直到 19 世纪中叶，污水或废物土地应用都被当时技术专家和政府管理人员认为是最安全的和最可靠的处理方法。但是，后来人们认识到人类疾病和水污染有关，尽管无法查明和理解人类疾病和水污染的关系，但是只要可能，人们都尽可能避免向供水水源排放污水或废物。1894～1899 年期间，美国国家地理调查部门的乔治·拉夫特对美国污水处理进行了史上首次全面调查。在调查报告中，他总结了美国和欧洲污水处理现状。报告称，截至 1899 年，美国和加拿大共有 143 座污水处理设施中大部分采用了土地应用或处理系统。

通过调查，拉夫特在当时总结道："污水土地应用可能是最有效的污水净化方法；如果管理适当，污水土地回用于农田，不会对健康造成严重影响；在任何地方，只要全年最冷月份年平均气温不低于−7～−4℃，污水均可回用于农业灌溉，污水都可以在全年实现净化处理；综合考虑其他国家经验，可以清楚地得出结论，美国可以成功地在农场利用污水种植美国任何一种常见农作物，对于每一种农作物，都要适当考虑其特殊生长条件；污水利用应与污水净化协同考虑。当污水土地应用在考虑所有必需条件运行时，可同时达到污水净化目标和污水回用目的；为达到污水农业灌溉目的，适当的污水土地应用方法与其他国家几个世纪以来一直运行的普通农业灌溉方法并无本质差别，只是细节上有所不同"。

拉夫特完成污水处理调查后不久，美国的污水土地应用开始减少，截至 20 世纪 60 年代，污水土地应用的概念很少被人提起。

到 20 世纪 70 年代初，人们再次开始重新认识和讨论污水土地应用技术，拉夫特污水处理调查结果也成为污水处理行业激烈辩论和争论的主题。有学者追溯了污水土地应用的历史和长期应用以及短期弃用的原因。短期弃用的原因主要为土地非农业使用增多，对污水土地应用技术和理解欠缺，疾病传播细菌理论发展，氯消毒技术发展使得处理后污水消毒后可以"安全地"直接排入自然水体而不需要土地系统对污水进一步处理。

20 世纪 20 年代初，污水处理技术关注点已经转移到"现代污水处理方法"上，滴滤、活性污泥法和其他污水处理技术的设计标准应运而生。在过去几十年内，污水处理行业付出相当大努力去提高"现代污水处理方法"效率，但多少年来，这些"现代污水处理方法"设计标准基础基本没有发生变化。20 世纪 60 年代后期，人们认识到水污染不只是 BOD 和 TSS 问题，因此决定要求强化联邦政府环境治理角色并大幅增加经费投入对全美河道污染进行彻底处理。1972 年，联邦政府立法通过了"清洁水行动"法，首次提出了"零排放"目标并敦促鼓励污水回用和水污染修复。污水土地应用是当时唯一实现该法律规定目标的工程措施，因此污水土地应用概念获得重生。

但是，污水土地应用在当时并没有得到业界和管理部门认可，因此，此后研究人员开始对污水土地应用系统进行了大量非常重要的研究和开发工作，以重新确认拉夫特调查结论，并为污水土地应用系统开发可靠的和成本效益高的设计、建造和运行管理标准。近几十年来，随着研究深入和对该系统设计技术成熟，污水土地应用技术已经得到美国国家环保局认可，也成为污水处理可选方法和最为普通的污水处置方法。例如，在美国，即使在水资源充足的佛罗里达州，处理后的污水都需要通过土地应用才可以排入自然界。污水土地应用系统不仅是一个处理单元，而且是一个处理后污水最终处置区。该工艺具有处理效果满意、成本低、操作简单等优点，因此该工艺技术在美国大部分地区得到广泛应用，大部分州环保部门在 20 世纪 70 年代中期陆续强制要求污水处理系统设计在规划新处理设施时考虑污水土地应用。这些工作使污水土地应用重新被确定为一种可被广泛接受的废物管理技术，到目前为止，污水土地应用已被污水处理业界在污水处理规划和工程设计中广为应用。

在拉夫特时代，常见污水土地处理系统通常位于较大较复杂的大都市中心，特殊的地理位置又导致城市污水无法直接排入海洋等水体。除特殊情况外，当今大城市污水处理不可能将污水土地应用作为唯一的污水处理和处置方法。通常，开发非常大的单一污水处理系统在经费投资和管辖权等问题上又面临诸多困难，且难以解决。但是污水土地处理系统在技术上对处理规模并无限制。如本书其余章节所述，对于工业界、商业界、小城镇、中等大城市和大城市的部分行政区域等来说，污水土地应用都是可行的，而且是污水处理技术中属于最具有低成本高效益的技术。土地处理系统的设计方法本质上是经验性的，其基础是通过观察成功案例，然后推导出预测污水处理实现预定目标的设计标准和数学模型。

在美国，污水土地应用发展有许多因素，包括部分地区长期和短期缺水、城市化地区快速增长的用水需求、更严格的污水排放标准、调配新水资源费用增加以及环境限制。美国正在推动污水土地应用技术，以扩大现有水资源，并提供环境友好的污水处理与处置技术。

美国最大的淡水消费是农业灌溉，农业灌溉占总用水量的 42%。在佛罗里达州和加利福尼亚州，分别有 60% 和 44% 的可饮用水用于室外，主要用途为灌溉草坪和花园。美国污水土地应用主要分布在亚利桑那州、加利福尼亚州、佛罗里达州、内华达州、得克萨斯州以及夏威夷州。其他州局部地区也在进行污水土地应用系统建设。

在中美洲，污水土地应用典型案例为墨西哥城，几乎所有收集到的原污水都被直接应用于灌溉 85000hm² 以上的各种作物。这种污水再利用方式为该国最具生产力的农业灌区发展提供了机会。但是，由于是使用未经处理污水，健康问题应该值得关注。由于水缺乏严重，阿根廷西部干旱地区建立了该国最大的污水土地应用系统。污水在该地区灌溉森林、葡萄园、橄榄树园、牧草、果树以及其他作物，稳定了当地农业生产。

在亚洲，日本有大约 23％的污水用于农业灌溉。澳大利亚从 20 世纪 90 年代开始极力推行污水土地应用。中国污水土地应用历史悠久，具体污水土地应用发展和实施情况可以参考由孙铁珩和李宪法主编的《城市污水自然生态处理与资源化利用技术》一书。

目前，由于人们对可持续发展、气候变化、温室气体排放和水危机的高度关注，城市污水土地应用又被赋予了新的历史使命。环境工程领域全球顶级学术期刊《Environmental Science and Technology》前主编 Dr. Jerald L. Schnoor 先生曾在国际学术会议上指出，解决全球水危机问题的最终措施只有"污水回用和海水淡化"，而污水土地应用同时被确认为最具有可持续性的污水处理和处置方法。

2.2　城市污水土地应用系统分类

当前世界范围内，污水土地应用系统中大部分污水是指处理过的污水。将未经处理过的污水直接应用于土地系统越来越少，目前世界上只有少数发展中国家或者地区出于经济能力和技术条件限制还在应用未经处理的污水。目前，在美国等发达国家，城市污水土地处理或应用系统主要是大范围城市污水土地应用系统和就地污水处理设施（On-Site Sewage Facilities，OSSFs）。

城市污水土地应用目标为实现水的可持续应用。其系统分类主要包括：

① 慢速渗滤系统（Slow Rate system，SR）。

② 地表漫流系统（Overland Flow system，OF）。

③ 快速渗滤系统（Rapid Infiltration system，RI），也称作土壤含水层处理系统（Soil Aquifer Treatment system，SAT）。

污水土地应用系统分类术语名称反映了污水流动速度快慢和污水应用处理工艺中污水流动路径。除此之外，污水土地应用系统还包括组合系统、OSSFs 等。OSSFs 是美国得克萨斯州污水处理领域的一个技术术语，它实际上是一种针对单体建筑和建筑群，特别是农村地区家庭居住建筑单体、居住建筑群、单体别墅或别墅群的污水处理和处置系统。美国国家环保署（EPA）将就地污水处理设施（OSSFs）称为就地污水处理系统（On-site Wastewater Treatment Systems，OWTS）。由于美国政治体制为联邦制，包括环境管理方面，各州有各自独立的环境管理系统和法律规范体系，因此该系统的术语各州有所不同。在美国，大约有 1/4 的家庭使用 OSSFs。美国得克萨斯州环境质量委员会将 OSSFs 分为标准就地污水处理设施、非标准就地污水处理设施和专有就地污水处理设施。标准就地污水处理设施通常包括化粪池和某些类型的排水场地，这些排水场地又分为吸附型排水场地、蒸散型排水场地以及抽吸型排水场地。非标准就地污水处理设施主要有两种工艺流程：一种为化粪池组合低压排水至吸附性土壤和土壤替代介质；另外一种为污水经化粪池后进行二级处理、过滤，最后经土地表面应用至自然界中。专有就地污水处理设施包括带淋滤室的化粪池、无砾石支撑管道，或具有好氧功能的终端处置系统。

三种主要的城市污水土地应用系统污水应用均为间歇式，污水应用时间范围为几十分钟到几天，干湿时间是系统设计关键要素，涉及土壤好氧条件、BOD 和 NH_3-N 的氧化，以及土壤入渗率恢复等。

常见污水土地应用系统场地特征见表 2-1。该表所列数据总结自美国的一些成功工程案例，仅供参考。由于污水土地应用系统规划设计与运行基于复杂土壤系统和气候条件，设计参数多，因此具体场地特征需要具体分析。

表 2-1　常见污水土地应用系统场地特征

场地条件	慢速渗滤	快速渗滤	地表漫流
气候条件	冷天气需要储存	不重要	冷天气需要储存
地面坡度	$0\sim20\%$	不重要	$2\%\sim8\%$
土壤渗透性	慢速至中等	快速	无渗透至慢速
地下水水位	$0.6\sim3m$	应用期间：1m 干燥期间：$1.5\sim3m$	不重要

3 种污水土地应用系统的典型工艺特征比较见表 2-2。表中数据代表美国本土不同地点成功经验值范围。具体特殊站点工艺需要参考后续章节所述进行规划设计并进行详细开发。

表 2-2　3 种污水土地应用系统的典型工艺特征

工艺特征	慢速渗滤	快速渗滤	地表漫流
植物	需要	无要求	需耐水性草本植物
污水预处理要求	至少一级处理	至少一级处理	粗格栅和细格栅
污水应用方式	地面灌溉或者喷灌	常用地表灌溉	地面灌溉或者喷灌
主要污水去向	蒸发蒸腾与下渗	蒸发蒸腾与下渗	蒸发蒸腾与地表径流
年污水水力负荷范围/（m/a）	$0.5\sim6$	$6\sim125$	$3\sim20$
常见年污水水力负荷/（m/a）	1.5	30	10

3 种基本污水土地应用系统预期出水水质见表 2-3，表中列举了最常见的水质参数。后续章节将讨论金属离子、微量元素、盐分和较复杂有机化合物的运移与去除。表 2-3 中的平均值是基于污水中污染物在植物-土壤系统内的直接处理结果，并不考虑与地下水混合、在地下水中的扩散或稀释效果，也不考虑污染物在深度超过植物根区底土中的运移。例如，在快速渗滤系统中，P 在土壤中继续向下运移至少可以降低一个数量级的浓度。该表中水质数据为水力负荷率在中低范围内测量所得：慢速渗滤系统出水为污水下渗通过 1.5m 不饱和土壤的水；地表漫流系统出水是指在坡长为 $30\sim36m$ 处理坡底部收集渠中的水；快速渗滤系统出水指污水通过 4.5m 不饱和土壤的下渗水，TP 和粪大肠杆菌数量随深度增加大幅降低。TN 浓度取决于水力负荷率、碳氮比、植物摄取吸

28

收等；地表漫流系统在中等冷天气条件下或者以高水力负荷率应用二级污水出流时，系统出水中总氮浓度会高。

表 2-3　3 种基本污水土地应用系统预期出水水质

水质参数	慢速渗滤	快速渗滤	地表漫流
TSS/(mg/L)	<1	<2	<10
BOD_5/(mg/L)	<2	<5	<10
TN/(mg/L)	<3	<10	<5
NH_3-N/(mg/L)	<0.5	<0.5	<4
TP/(mg/L)	<0.1	<1	<4
粪大肠杆菌/(个/100mL)	1	<10	<200

2.2.1　慢速渗滤系统

慢速渗滤系统（SR）即将污水应用于种植植物的土壤表面，是城市污水土地应用系统的主要类型，技术上与农业灌溉相似，其应用在全球最为广泛，可以用于任何可接受污水的土壤类型和适应各种土壤对水的渗透特征。典型应用速率一般控制在每周几厘米范围内。设计水流流动路径依赖于土壤入渗和土壤中水下渗。在某些系统设计中，需要处理后的水在土壤中横向流动至处理场地边界外的地表水中。

污水处理主要发生在土壤表面，如悬浮固体去除，以及随污水下渗通过植物根区的土壤层中，污水生化处理主要发生在土壤中的植物根区之内。应用的部分污水供植物使用以及蒸发蒸腾散失，部分水下渗至地下水，也可以在低于植物根区土壤中埋设收集管将部分下渗水回收用于其他有益用途。系统设计中通过控制污水应用速率，可以避免形成地表径流流出场地之外。系统中应用的污水水力路径包括：

① 满足作物生长需要，同时增加渗滤水量以淋洗土壤盐分；

② 应用的污水部分为植物使用，同时大部分污水在土壤中下渗处理（主要水力路径）；

③ 污水下渗至土壤中收集和排水系统或者至排水井，实现水回收回用；

④ 污水下渗至地下水或者污水在土壤剖面内侧向流动至附近地表水中。

污水土地应用可以通过田间脊沟进行表面灌溉，也可以使用固定式喷灌系统或者移动式喷灌系统进行喷洒灌溉。当前新兴应用污水的方式为滴灌技术，该技术大幅降低了场地工作人员暴露于污水的机会，进而降低了健康风险。污水土地应用方法的选择取决于场地条件和工艺目标，土壤表面作物是所有慢速渗滤污水土地应用系统的重要组成部分。后续章节将对该系统规划、场地选择、设计细节和管理标准进行阐述。

慢速渗滤系统可以实现以下目标：

① 进一步处理应用的污水，包括不同程度或者不同工艺处理过的污水；

② 利用污水和其中的植物营养物生产农作物，产生经济收益；

③ 在干旱或者半干旱地区，使用污水替代淡水进行农业灌溉，节约淡水资源；

④ 开发和保护开放空间和绿化带。

这些目标并不相互排斥，但不太可能在同一系统内使所有目标达到最佳水平。一般来说，城市和工业系统的最大成本效益可以通过在尽可能小的土地面积上应用尽可能多的污水来实现；这反过来又会限制作物的适当选择，并可能限制作物的市场价值。在美国较为潮湿的地区，优化污水处理配置通常是污水土地应用系统的主要目标。在美国和世界上的其他干旱和半干旱地区，优化农业生产潜力或保护水资源通常更为重要。

优化污水处理配置通常会导致选择种植多年生草本作物，因为与其他农作物相比，多年生草本作物生长季节更长，水力负荷更大，氮去除能力更强，也要求污水土地应用场地水力容量更大。但是也可以设计作物种植计划，避免种植多年生草本作物。

值得一提的是，在慢速渗滤系统中，作物种植可以选择森林系统。与典型的农作物相比，森林系统可以实现污水较长时间应用，可以应用较高的污水水力负荷，但是其除氮能力相对多年生草本作物较弱。森林系统除氮能力依赖于树木类型、生长阶段和场地条件。美国宾夕法尼亚州立大学率先通过全方位研究，确定了污水土地应用于森林系统的基本标准。随后佐治亚州、密歇根州和华盛顿州的后续工作进一步完善了各自地区基于森林树木物种差异的污水土地应用标准。美国最大的污水土地处理系统是位于佐治亚州道尔顿的 8000 英亩（1 英亩＝4046.86 米²）森林系统。

2.2.2 快速渗滤系统

快速渗滤系统是通过控制污水应用速率，将污水应用于渗透性高的土壤中，使污水快速向下渗滤，实现污水处理目标，通常设计下渗速度为 6～125m/a。某种意义上讲，在该系统中，土壤完全被用作类似污水过滤处理法中的填料，因此尽管慢速渗滤系统和快速渗滤系统都是利用土壤介质对入渗进入土壤的污水在下渗至地下水过程中对污水进行处理，但地面种植的植物在污水土地应用慢速渗滤系统中起着重要作用，而地面植物通常不是快速渗滤系统的一个组件，或者说至少不是一个重要组件。两种污水土地应用系统的主要差异之一是处理负荷，慢速污水土地应用系统的处理负荷一般为 0.5～6m/a，其处理负荷要比快速渗滤法污水土地应用系统低很多。该系统的污水处理通常由土壤中的物理、化学和生物作用完成，靠近土壤表面的土壤层为处理活性最强区。如表 2-2 所列，快速渗滤系统污水水力负荷率通常比慢速渗滤系统至少快一个数量级。由于其水力负荷高，任何地表作物在污水处理方面的作用都不显著。但是在该系统中许多情况下，地表作物在稳定地表土壤和维护合理土壤渗滤率方面作用至关重要。由于该系统土壤表面积水多，所以一旦选择种植作物，就必须选用对水忍耐性强的植物。

设计水流路径包括表面渗透、土壤底层渗滤和土壤中横向流动出应用场地。典型系统运行模式为，一个漫灌期结束后场地要干燥几天到几周再进行漫灌。这种应用方法使得土壤入渗表面能及时恢复好氧条件，同时排空土壤中的渗滤水，及时恢复土壤渗滤速率。系统设计重点考虑场地地质水文特征，土壤底层条件和本地地下水情况。

快速渗滤系统目标主要为对污水进一步处理，处理后的污水出路包括：

① 补充地下水；

② 处理污水，进行回用或者排放至地表水体；

③ 补充周边地表溪流；

④ 将处理后的污水储存于场地地下含水层，供农业生产需要时使用。

在干旱或半干旱地区，快速渗滤系统出流再用尤其重要。美国亚利桑那州、加利福尼亚州以及以色列的研究表明处理后的水适用于任何类型农作物无限制性灌溉。系统出流补充地下水一旦涉及饮用水含水层时，需要高度注意系统出水中的氮浓度，因为典型的快速渗滤市政污水系统出水中硝酸氮含量一般高于 10mg/L，不符合饮用水硝酸氮标准。

2.2.3 地表漫流系统

地表漫流系统是将污水应用于设计适当且种植植物的处理坡面，然后在坡底收集经处理后的污水。土壤表面和土壤表面的植被在污水处理过程中都承担重要处理任务。该系统是以污水处理为主，将污水应用于处理斜坡上，处理坡土壤渗透性低，通常种植作物。其污水水力负荷率通常是每周几厘米，但是高于大部分慢速渗滤系统。污水处理费用和水力负荷率直接相关，地表漫流系统在处理同样污水实现同样处理目标时，其投资效益要高于慢速渗滤系统。由多年生草本植物组成的植被是地表漫流系统中重要组成部分，植被对边坡稳定、土壤侵蚀保护以及污染物去除都起重要作用。

系统设计水流路径主要是应用的污水以薄层流方式沿着种植作物的土壤表面沿处理坡面向下流动，并在每个坡底处的沟渠或排水沟中收集径流。处理是通过应用的污水与土壤、植被和土壤表面的生物生长相互作用进行。许多处理反应类似于污水滴滤处理工艺和其他附着生长处理工艺。污水应用通常来自坡顶阀门控制的管道或喷嘴，或者来自坡面上设置的喷头。工业废水和固体含量较高的污水通常采用后一种方法。处理过程中，极少部分应用的污水可能会因进入土壤层渗滤流失，同时植物用水地表蒸腾蒸发也会损失较大一部分水，但大部分处理后的水是在坡底的沟渠当中收集，并通过管渠排放到附近地表水中或者输送至回用场所。慢速渗滤和快速渗滤工艺可能包括渗滤液的回收和排放，但是地表漫流工艺几乎只包括水沿坡面进行地表排放，在美国该工艺中处理后的污水排放需要环境管理部门许可。地表漫流工艺目标是使污水处理实现低成本高效益。地面种植的农作物收获和销售会提供一些额外经济收入，有助于抵消污水处理运营成本，但该系统主要目标是处理污水。美国最大的市政污水地表漫流土地应用系统案例之一是位于加利福尼亚州戴维斯的污水地表漫流系统，该系统设计日污水处理量接近 20000m³。

2.2.4 系统限制性设计参数

所有污水自然处理系统设计均基于限制性设计参数（Limiting Design Parameter，LDP）概念。这些自然处理系统主要有污水土地应用系统、湿地系统、自然塘系统等。

在本书中，限制性设计参数是指控制着特定系统设计、决定着系统规模大小以及处理负荷的因素或者参数。如果一系统严格按照限制性设计参数要求设计，则该系统在其他方面就会成功运行。随后章节将会详细讨论污水土地应用系统中系统运行影响因素之间的相互关系。工程实践经验表明，当对典型市政污水进行土地应用时，明显依赖于土壤入渗的污水处理系统，如慢速渗滤系统和快速渗滤系统，其限制性设计参数要么是土壤水力容量，要么是将氮处理到目标浓度水平的去除能力。这两个参数中处理污水土地面积需求最大的参数则为限制性设计参数，只要满足该限制性设计参数要求，系统在所有其他运行表现方面就会满足要求。地表漫流作为污水排放系统，其限制性设计参数取决于场地排放限制，以及需要最大污水处理土地面积的参数。

参 考 文 献

[1] 孙铁珩，李宪法等．城市污水自然生态处理与资源化利用技术 [M]．北京：化学工业出版社，2006．

[2] Clifford Fedler，John Borrelli，Runbin Duan. Manual for Designing Surface Application of OSSF Wastewater Effluent [R]. USA：Texas Commission on Environmental Quality（TCEQ），Austin，Texas，USA，2009.

[3] Clifford Fedler，Runbin Duan. Design and Operation of Land Application Systems from a Water，Nitrogen，and Salt Balance Approach [R]. Texas Commission on Environmental Quality（TCEQ），Austin，Texas，USA，2009.

[4] Despo Fatta Kassinos，Dionysios D Dionysiou，Klaus Kümmerer. Advanced Treatment Technologies for Urban Wastewater Reuse [M]. Switzerland：Springer International Publishing，2016.

[5] Eliot Epstein. Land Application of Sewage Sludge and Biosolids [M]. USA：Lewis Publishers，2003.

[6] Nikolaos V Paranychianakis，Andreas N Angelakis. Treatment of Wastewater with Slow Rate Systems：A Review of Treatment Processes and Plant Functions [J]. Critical Reviews in Environmental Science and Technology，2006，36：187-259.

[7] Ronald W Crites. Land Treatment Systems for Municipal and Industrial Wastes [M]. USA：McGraw-Hill Professional，2000.

[8] Ronald W Crites，Joe Middlebrooks，Sherwood C Reed. Natural Wastewater Treatment Systems [M]. USA：Taylor and Francis，2006.

[9] Runbin Duan，Clifford Fedler. Nitrogen mass balance for sustainable nitrogen management at a wastewater land application site [J]. ASABE International Annual Meeting Paper：2011，Paper Number：1110649.

[10] Runbin Duan，Clifford Fedler. Quality and Quantity of Leachate in Land Application Systems [J]. ASABE International Annual Meeting Paper：2007，Paper Number：074079.

[11] Takashi Asano，Franklin Burton，Harold Leverenz，Ryujiro Tsuchihashi，George Tchobanoglous. Water Reuse：Issues，Technologies，and Applications [M]. USA：McGraw-Hill，2007.

[12] Meachum T R. 2002 Wastewater Land Application Site Performance Reports for the Idaho National Engineering and Environmental Laboratory [R]. USA：Idaho National Engineering and Environmental Laboratory，2003.

[13] United States Environmental Protection Agency. Land Treatment of Municipal Wastewater Effluents [M]. USA：United States Environmental Protection Agency，2006.

[14] Valentina Lazarova，Akiça Bahri. Water Reuse for Irrigation：Agriculture，Landscapes，and Turf Grass [M]. USA：CRC Press，2005.

第3章 城市污水土地应用系统中土壤水力学

3.1 土壤性质

土壤系统的水力学特性是由土壤的物理和化学性质所决定。城市污水土地应用系统设计中涉及的主要土壤物理性质包括质地、土壤结构和土壤深度，涉及的主要化学特性包括 pH 值及酸碱缓冲容量、土壤氧化还原反应潜力、有机物成分、阳离子交换容量（CEC）、可交换钠百分比（ESP）以及土壤中植物营养污染物背景水平。

美国等发达国家已经建立了完善的土壤调查数据库，且绘制有不同比例的土壤地图，土壤地图用土壤表面质地直观描述了各系列土壤的表观边界。每个土壤系列提供了土壤物理性质、化学性质、工程应用方面解释性信息和土壤管理信息，甚至还包括地面坡度、土壤排水、受侵蚀可能性和对特定地区种植的大多数农作物的普遍适用性等方面信息。设计工程师在规划与设计前可根据土壤地图初步确定场地土壤性质。随后在初步设计中，可从当地政府机构、公立大学和农业推广服务中心获取关于场地土壤性质的补充资料和土壤调查资料。在设计后期，还需进行现场场地调查以完善设计。

3.1.1 土壤物理性质

土壤物理性质和土壤固体颗粒粒径以及颗粒聚结方式相关。土壤质地和结构方面的物理性质对土壤水力特性有着重要影响。土壤质地等级是根据砂粒、粉土和黏土这三类土壤颗粒的相对百分比确定的。美国的土壤质地分类为：砂粒粒径范围为 2.0～0.05mm；粉粒粒径范围为 0.05～0.002mm；粒径范围小于 0.002mm 的土壤为黏土。根据粒径分布，可以使用如图 3-1 所示的质地三角形来确定土壤质地类别。

本书中设计方法介绍主要基于美国的方法，因此下文中土壤质地分类按照美国的标准方法进行。土壤取样后，在实验室分析砂粒、粉粒和黏粒的百分比，在图 3-1 中查找土壤质地所属分类即可。

表 3-1 列举了美国土壤质地分类名称。但是，中国在土壤质地分类名称使用中，与美国有所不同。中国的土壤质地分类为：砂粒粒径范围为 2.0～0.05mm；粉粒粒径范围为 0.05～0.005mm；粒径小于 0.005mm 的土壤为黏土。而且中国的土壤质地分类采

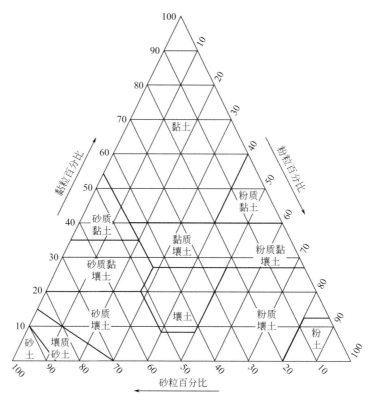

图 3-1　美国土壤质地分类（单位：%）

用过国际制的、英美制的、苏联制的和近期中国制的分类标准。在使用中需要根据土壤颗粒粒径范围和百分比进行鉴别对应使用。

表 3-1　美国土壤质地分类名称

一般术语		基本土壤质地分类名称
通用名称	质地	
砂质土壤	粗质	砂土
	中度粗质	壤质砂土
		砂质壤土
		细砂质壤土
壤质土壤	中度质地	较细砂质壤土
		壤土
		粉质壤土
		粉土
	中度细质	黏质壤土
		砂性黏质壤土
		粉性黏质壤土
黏质土壤	细质	砂质黏土
		粉质黏土
		黏土

颗粒细的土壤不易排水，水分在土壤中保持时间较长，在农水管理中难度比颗粒较粗土壤大。这类土壤更适合地表漫流系统。中等粒径颗粒土壤在污水土地应用系统中最为适当，可以满足持水时间需求和易排水的要求，在二者要求之间达到平衡。壤土（中等颗粒）通常最适合慢速渗滤系统。质地粗糙的土壤（砂土）可以在短时间接受大量来水，水在土壤中保持时间较短，这一特性对于无法忍受较长时间淹水或根区土壤水饱和时间较长的农作物最为重要。

土壤结构是指单个土壤颗粒之间的结聚程度以及其形状。如果土壤颗粒团聚体在土壤湿度高时或者耕作时能抵抗分散，这种土壤结构属于良好结构。结构良好的土壤中的大中孔隙可以传导水和空气，适宜水入渗。

污水土地应用系统需要有足够的土壤深度才能使污水成分停留在土壤颗粒上，促进植物根系发育和微生物活动。污水水质成分在土壤中的停留时间取决于污水在土壤中的停留时间。污水在土壤中的停留时间又取决于单位时间内应用于土壤中的水量以及土壤渗透性。

土地应用工艺类型决定最低可接受的土壤深度。慢速渗滤系统需要的最小土壤深度为 0.6~1.5m，具体深度要求同时又取决于土壤质地和农作物类型。例如，土壤深度为 0.3~0.6m 可支持草坪或草本植物，而深根作物则需要最小土壤深度为 1.2~1.5m。不同植物需要不同的最小土壤深度满足其根系发育，这在污水土地应用系统设计中选择合适植物时需要慎重考虑。

快速渗滤土地系统要求土壤深度至少为 1.5m，最佳土壤深度范围为 1.5~3m。地表漫流系统则需要有足够的土壤深度形成均匀斜坡，并保持植被覆盖。工程应用中使用的处理斜坡上土壤厚度至少要有 0.15~0.3m。

3.1.2　土壤化学性质

土壤化学性质影响植物生长和污水处理，也影响土壤水力传导能力。土壤 pH 值影响植物生长、细菌生长和化学元素如磷和金属离子在土壤中的停留。土壤有机物质能改善土壤结构，从而提高土壤水力传导能力。钠离子可以分散黏土颗粒和破坏土壤中的水运动结构，降低土壤导水能力。土壤中含有过量可交换钠时，该土壤则被称为"钠性"或者"碱性"土。如果钠离子占总阳离子交换容量百分比，即可交换钠离子百分比（ESP），超过 15% 时，则该类土壤即为碱性土。对于细质土壤，当 $ESP > 10\%$ 时，其水力特性就会受到影响，但对于粗质土壤；当 ESP 达到 20% 及以上时才会影响土壤的水力传导能力。土壤氧化还原反应潜力（E_h）影响土壤对污水中污染物的氧化和还原能力和反应速率。土壤化学性质需要在系统设计之前进行现场实验分析，以确定土壤维护植物生长和污水处理能力。阳离子交换容量（CEC）在某些程度上决定着土壤对金属离子、磷、铵离子等吸附交换的能力。

土壤 pH 值是土壤最重要的化学性质之一，影响土壤化学、生物以及物理性质。土壤 pH 值受许多因素影响，包括降水、灌溉水、碳酸离解、有机物质、矿物质风化、生物摄取和释放、氢氧化铝聚合物以及氮肥等。土壤 pH 值对多种化合物的溶解、微生物新陈代谢和离子交换有影响。土壤 pH 值对植物吸收营养物质和金属离子有影响。土壤 pH 值影响化学溶解度、微生物对污染物降解能力和土壤颗粒吸附能力，因此也影响污染物在土壤中的运移能力。土壤 pH 值通过影响黏土颗粒分散和土壤颗粒团聚而影响土壤物理性质。土壤对酸碱度的缓冲容量可以阻止土壤酸碱度突然快速波动对植物和土壤微生物造成的危害。大部分缓冲能力通过阳离子交换或者黏土颗粒和腐殖质颗粒上氢离子得失来完成。酸碱度缓冲容量大的土壤中有机物质高或黏土颗粒电荷多。土壤有机物上含大量活性点位进行氢离子得失反应。黏土颗粒和腐殖质颗粒表面也可以进行氢离子得失反应。因此，土壤颗粒表面阳离子交换容量影响土壤酸碱度缓冲能力。

土壤氧化还原反应潜力（E_h）是测量土壤中化学元素氧化还原状态影响土壤氧化能力的参数。它的大小取决于氧化剂和土壤 pH 值。化学物的电子活性在土壤中可以表达为 pE，为无量纲参数，与 E_h 的关系可见式(3-1)。

$$E_h = \frac{2.3RT}{F} pE \qquad (3\text{-}1)$$

式中　E_h——氧化还原潜力，V；

　　　R——通用气体常数，$8.314 \text{J}/(\text{mol} \cdot \text{K})$；

　　　T——绝对温度，K；

　　　F——法拉第常数，$96500 \text{C}/\text{mol}$；

　　　pE——假定电子活性。

式(3-1) 中，$2.3RT/F$ 在温度为 25℃时为 0.059V。

土壤氧化还原潜力对化学物和微生物的影响很大程度上决定土壤中化学成分的运移和污水处理效率，土壤 pE 通过影响微生物活动间接影响土壤结构。

土壤氧化条件好，则土壤中氧化态物质占优，如 Fe^{3+} 和 NO_3^-；反之，则还原态物质占优，如 Fe^{2+} 和 NH_4^+。低 pE 值响应于高还原物质，反之响应于高氧化物质。土壤中最大的 pE 值略小于 +13.0，最小值接近 -6.0。受土壤氧化还原潜力影响大的元素有碳、氧、氮、硫、锰和铁。当土壤 pE 值低于 11.0 时，氧就可能被还原为水；当该值小于 5.0 时，氧则可以被好氧微生物呼吸过程消耗。在无氧存在的情况下，NO_3^- 会被微生物用作电子受体。一般来讲，反硝化菌的 pE 工作范围为 10～0 之间；当土壤中 pE 值降至 7～5 之间，铁锰则会被还原，通常当氧和硝酸根未被耗尽之前，铁还原不会发生；当土壤中 pE 值低至 2.0 以下时，土壤则变得缺氧。硫还原在 pE 值 <0 时可以发生，通常由厌氧微生物催化进行；当土壤 pE 值高于 2.0 时，一般硫还原菌不会生长。

土壤中有机物质含量按重量计占 0.5%～5% 甚至更高。有机物质含量影响土壤结构和土壤团聚体形成。当土壤中有机物质含量高时，可以增加入渗率和持水能力。有机物质为微生物新陈代谢提供了能源底质，帮助土壤颗粒团聚体形成。腐烂性有机物质如腐殖质与硅酸黏土颗粒以及铁氧化物反应可以在土壤颗粒之间起到桥架作用。土壤有机物质也影响土壤 pH 值和酸碱缓冲能力。

土壤有机物质比表面积高，会增加土壤阳离子交换容量。土壤有机物质存在的大量可交换点位，是植物营养物、金属离子和有机化学污染物的重要吸附剂。植物对营养物的摄取吸收很大程度上受土壤有机物质含量影响。有机物质也可以与多价离子如 Fe^{3+}、Cu^{2+}、Ca^{2+}、Mn^{2+} 与 Zn^{2+} 形成稳定的络合物，减少植物对金属离子的摄取吸收和金属离子在土壤中的移动。

3.2　水在土壤中的运动

对污水土地应用系统场地土壤水力特性的估计在系统设计中至关重要。土壤水力能力对设计快速渗滤系统中接受水和转运水容量非常重要，也经常是慢速渗滤系统限制性设计参数或因素。水在土壤中的运动分为饱和流动和不饱和流动。

（1）土壤入渗率

土壤入渗率指水分进入土壤表面的速率，单位为 mm/h。通常土壤入渗率在接收布水的起始时间内高于其后时间段。入渗速率与土壤中连通孔隙空间大小有关。大孔隙粗质土壤的入渗速率高于细质土壤或土壤孔隙小的土壤入渗率。

对于特定土壤，初始入渗率可能差异较大。初始入渗率取决于土壤初始含水量。干土比湿土具有更高的初始入渗速率，因为干土中有更多的空隙空间供水进入。土壤层越深越干，在土壤中湿端与下层土之间水力梯度越大，因此土壤入渗速率越快。土壤入渗速率的短期下降主要是由于黏土颗粒吸收水分和膨胀时土壤结构的变化以及大孔隙被水填充所致。因此，在进行现场测试时必须有足够时间来达到稳定的土壤摄水速率。

土壤入渗速率受土壤水分的离子组成、植被类型和土壤表层耕作方式等因素影响。导致土壤入渗速率降低的因素包括污水中悬浮固体对土壤空隙堵塞、细质土壤颗粒分散、生物生长造成土壤空隙堵塞、土壤微生物产生的气体占据土壤空隙、土壤胶体膨胀，以及土壤进水过程中被困空气占据土壤空隙等。污水土地应用系统运行中都会遇到这些影响因素。在场地中，这些影响因素的综合效果是在系统运行过程中限制了土地应用系统的水力负荷。系统实际运行时水的土壤入渗速率可能远低于基于稳态入渗模型计算出的预测值，这就要求系统运行时依靠现场调查清洁水土壤入渗率与系统全规模运行时污水土壤入渗率之间的相关性。应当承认，土地应用系统土壤管理相当重要，良好的土壤管理可维持甚至提高污水土壤入渗率，而不良管理可能会导致系统污水处理能力大幅下降。

土壤入渗是土壤科学、水文学、灌溉、农学、土木工程以及环境科学与工程领域的重要机理。土壤入渗不仅控制着地面水进入土壤的比例、水在土壤中的分布、水在土壤中下渗，同时也控制着地面水发生径流的时间和径流量。在灌溉科学中，它影响地面灌溉和喷淋灌溉的一致性和灌溉效率，除此之外，在城市污水土地应用系统中，甚至控制着污水处理能力和效果，是城市污水土地应用系统设计、污水应用制度制定以及系统优化和管理中必须考虑的因素。常见土壤入渗模型有 Philip 模型、Kostiakov 模型、Mezencev 模型、the United States Department of Agriculture Natural Resources Conservation Service 模型（简称 NRCS 模型）、Horton 模型。美国得克萨斯理工大学的 Drs. Runbin Duan，Clifford Fedler，John Borrelli 研究了这些模型在不同草坪土壤中的预测能力，结果表明 Mezencev 模型对不同土壤类型水入渗能力优于其他模型。

Mezencev 模型如下：

$$i(t) = i_f + \alpha t^{-\beta} \tag{3-2}$$

$$I(t) = i_f t + \frac{\alpha}{1-\beta} t^{1-\beta} \tag{3-3}$$

式中　$i(t)$——时间为 t（$t \neq 0$）时的土壤入渗率；

$I(t)$——时间为 t（$t \neq 0$）时的土壤累积入渗；

i_f——水土壤入渗达稳定态后的最终土壤入渗速率；

α、β——常数；

t——入渗时间。

（2）土壤摄水率

土壤摄水率原指农田脊沟中水进入土壤的速率。在灌溉科学教科书的术语方面，通常将土壤基础摄水率等同于土壤入渗率。在脊沟灌溉中，土壤摄水速率受脊沟大小和形状影响。因此，当土壤表面形状影响水的土壤入渗速率时应使用土壤摄水速率术语，而不是土壤入渗速率。

（3）渗透率

渗透率或水力传导率（在本书中可互换使用）是由单位水力梯度引起的流速。渗透率不受坡度的影响，这是渗透和入渗之间的主要区别。垂直渗透率也称为渗流。横向流动是水力梯度和水平渗透率的函数（一般与渗流速率不同）。渗透性主要受土壤物理性质影响。水温变化对渗透率影响很小。

（4）透过率

含水层的透过率是渗透率 K 和含水层厚度的乘积。它是水在单位水力梯度下通过单位宽度含水层时的透水速率。

（5）特定产水量

特定产水量指在重力作用和内在土壤张力作用下，从体积已知的饱和土壤中释放出水的体积。特定产水量也称为储存系数和可排水孔隙。该概念的主要用途是含水层计算，如排水和水丘高度分析。对于粗质土壤且地下水位较深情况，通常认为特定产水量为常数。由于计算对特定产水量值的微小变化并不十分敏感，通常该值的计算由其他土

壤性质来估算或者水力特性来进行估算。一般可以假定，特定持水量等于土壤孔隙水量
减去特定产水量。

对于细质地土壤，尤其当地下水水位升高至土壤剖面时，由于毛细现象的存在，特
定产水量不是一个恒定的值。降低特定产水量增加水位高度的效果可能导致水丘高度分
析相当困难。

（6）土壤持水容量

土壤水分为吸湿水、毛细水和重力水。吸湿水存在于土壤颗粒表面，不能被重力或
毛细管力去除。毛细水是指土壤孔隙中能与重力相抗衡的水分。重力水是指如果排水条
件适当，就会由重力排出的水。

土壤水也可根据植物根系对水获取的难易进行分类。如图 3-2 所示，植物的最大可
用水出现在土壤水饱和时（点①），当所有孔隙空间都充满水时，即为土壤水饱和。当
土壤水分下降到第③点时，只剩下吸湿水，此时植物无法从土壤中获得水。

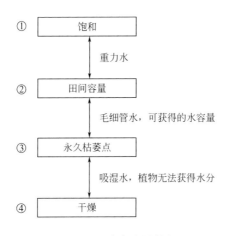

图 3-2　土壤水含量特征

（7）田间容量

当土壤中重力水被排空或者用尽时，土壤含水量被称为田间容量。在这种条件下，
土壤剖面表层大空隙水已经排空，空隙被空气充满。

在实际应用中，田间容量的测定是在土壤接收布水 2d 后进行，其范围为细砂土的
3％水分到黏土的 40％水分。

表 3-2 列出了不同土壤类型可获得的土壤水分范围。

表 3-2　美国国家环保署总结的不同土壤类型可获得的土壤水分范围

土壤类型	土壤水分/％		单位土壤深度中可用水深度/（mm/m）
	田间容量	永久枯萎点	
细砂土	3～5	1～3	25～42
砂质壤土	5～15	3～8	42～108

土壤类型	土壤水分/%		单位土壤深度中可用水深度/(mm/m)
	田间容量	永久枯萎点	
粉质壤土	12~18	6~10	58~133
黏质壤土	15~30	7~16	100~183
黏土	25~40	12~20	167~292

注：该表引自美国国家环保署，Land Treatment of Municipal Wastewater Effluents，2006。

土壤水分条件为田间容量时，土壤持有最大量的植物可使用水分。但是额外的水会占据土壤大空隙，降低土壤好氧潜力。在田间容量条件下，充足的空隙充满空气，此时使好氧微生物处于最佳好氧条件。

实际上，这种水分条件很少长时间存在。水会在重力作用下继续向下排出到不可渗透边界。但是在粗质土壤中，排水速率在2d内会快速下降。细质土壤不会像粗质土壤一样发生排水速率快速下降，术语田间容量意义不如粗质土壤。

（8）永久枯萎点

植物因缺水而枯萎时土壤含水量被称为永久枯萎点。植物有效含水量一般被定义为田间容量与永久枯萎点之间的差值。该值代表了可以储存在土壤中供植物使用的水分。对于排水不良土壤上的慢速渗滤污水应用处理系统来说，有效含水量对系统设计确定系统水力负荷是非常重要的。大部分土壤的永久枯萎点近似等于田间容量的1/2。对于含粉质颗粒高的土壤，永久枯萎点为田间容量除以2.4。

3.3　饱和水力传导率

一般情况下，水在土壤或多孔介质中流动符合达西方程描述：

$$q = \frac{Q}{A} = K \frac{dh}{dl} \tag{3-4}$$

式中　q——水流过单位横截面的水量，长度/时间；

Q——流量，体积/时间；

K——水力传导率或者渗透率，长度/时间；

dh/dl——水力梯度。

总水头 H 可假定为土壤水压头 h 与重力头 Z 之和，即 $H=h+Z$。水力梯度是总水头 dH 随路径长度 dl 的变化。

水力传导率定义为比例常数 K。水力传导率 K 不是一个真实的常数，而是一个快速变化的含水量函数。即使在含水量恒定的情况下，如饱和状态，K 也会随着时间的变化而变化，因为黏土颗粒膨胀增加，土壤颗粒分散导致土壤孔径分布变化，以及土壤水化学性质发生变化。但是，在大多数工程实际情况下，饱和水力传导率 K 在设定的土壤中，通常可以被认为是常数。垂直方向流动的 K 值不一定等于水平方向的 K 值，这种情况被称为各向异性。在层状土和结构单元大的土壤中尤为明显。对土壤各向异性条件，可参考表 3-3。

表 3-3　美国国家环保署总结的不同工程场地中水平与垂直水力传导率比率和测量值

场地	水平水力传导率 K_h/(m/d)	K_h/K_v	备　　注
1	42	2.0	粉质,多淤泥
2	75	2.0	
3	56	4.4	
4	100	7.0	多碎石
5	72	20.0	靠近终端冰碛层
6	72	10.0	不规则的砂砾层交替(实地 K 值测量)
6	86	16.0	不规则的砂砾层交替(补给流系统分析)

注：两个 6 场地结果。实测值和模型分析结果不同。

K 值大小取决于土壤或含水层材料中孔隙大小和数量。典型土壤的垂直水力传导率（K_v，cm/d）的数量级为：

黏土（表面）：0.9～1.8；深层黏土层　9×10^{-7}～0.9。

黏土，砂土，砂砾混合物（翻耕）：0.09～0.9。

壤土（表面）：9～91；细砂　91～488；中砂　488～2011；粗砂　2011～9144。

砂粒和砾石混合：488～10058；砂砾　10058～100580。

土壤水饱和时水力传导率是重要的参数，因为经常要利用达西方程估计地下水水流样式。水力传导率经常可以根据土壤其他物理性质进行估计，但是需要大量经验，而且在设计中该方法通常不够准确。例如，水力传导率较大程度上由土壤质地控制，粗质土壤内水力传导率高，但是在许多情况下，土壤结构也同等重要，结构好的细质土壤往往比结构不好的粗质土壤水力传导率高。此外，对某特定土壤，水力传导率也许受除了土壤粒径、结构与孔径分布之外的多种因素影响。温度、水的离子组成以及有无封存的空气等也可能改变土壤中水传导能力。

饱和水力传导率的直接测量耗时长，人工投入多，花费大，因此美国一些专家常推荐简单的估计方法，这些方法主要有 Campbell 模型和 Smettem and Bristow 模型预测法。美国得克萨斯理工大学的 Drs. Runbin Duan，Clifford Fedler，John Borrelli 在得克萨斯州不同草坪土壤中，研究了这些模型对竖向饱和水力传导率的预测能力，结果表明 Campbell 模型预测结果满意。由于这些草坪土壤在草坪建造过程中发生过扰动，同时使用过程中土壤表层也常会受到人类各种活动干扰，相比于农业土壤，稳定性差，因此研究结果普适性强，可用于城市污水土地应用系统场地规划。Campbell 模型如下：

$$K_S = C \exp[-0.025 - 3.63(\% silt) - 6.9(\% clay)] \tag{3-5}$$

式中　K_S——土壤饱和水力传导率，mm/h；

　　　C——常数，一般为 144；

　　$\% silt$——土壤样品中粉土颗粒的含量百分比；

　　$\% clay$——土壤样品中黏土颗粒的含量百分比。

在估计前，只需要应用简单的标准土壤质地测量方法，测得土壤中黏土和粉土含量，即可初步估计土壤的竖向饱和水力传导率。

3.4 非饱和水力传导率

达西定律也适用于土壤水非饱和流。随土壤水分降低，尽管水流动的横截面积随之减小，但是土壤中非饱和流条件下，水力传导率也会减小。

当土壤含水量低于饱和时，土壤的水力传导率也会迅速变化。由于空气相的存在，水流流道会发生根本变化，流道由不规则的固体边界和气水界面组成。随着水分含量降低，流动路径变得越来越曲折，大孔隙变空，流动仅局限于小孔隙中。当流动发生在离固体颗粒表面越来越近的时候，产生的额外摩擦力就会抵消流动截面积减小对水力传导率的影响效果。土壤水饱和时，砂土水力传导率尽管比壤土高得多，但随着土壤饱和程度的降低，砂土水力传导率下降比壤土水力传导率更快，在大多数情况下，砂土水力传导率最终会低于较细颗粒土壤。这种关系解释了为什么在灌溉停止后，湿润面在砂土中的移动要比在中等或细质土壤中更慢，以及为什么灌溉后砂土中的水分几乎没有水平扩散。

3.5 渗滤能力

渗滤能力是慢速渗滤土地应用系统和快速渗滤土地应用系统规划、设计和运行的关键参数之一。渗滤能力在一给定场地内变化，并可能随着时间、季节和管理不同而变化。出于规划目的，入渗能力可以根据有关部门指定的垂直渗透速率来估计。

3.5.1 设计渗滤率

为确定布水或者灌溉之间所需的干燥时间、某场地内土壤实际渗透性的变化，以及土壤实际渗透性随时间潜在降低的规律，设计渗滤率计算为较小百分数与垂直渗透率的乘积。该百分比范围为饱和垂直渗透率的 $4\% \sim 10\%$。

3.5.2 垂向渗透率计算

水在土壤中的渗透速率取决于土壤剖面中平均饱和渗透率 K。如果土是均匀的，则假定 K 在所有深度中相等，为一常数。因此，K 的测量值的任何差异都是由于测量技术的正常变化而引起。因此，平均 K 可以计算为 n 次测量的算术平均数：

$$K_{am} = \frac{K_1 + K_2 + K_3 + \cdots + K_n}{n} \tag{3-6}$$

式中 K_{am}——算术平均垂向水力传导率。

许多土层剖面近似于具有明显不同 K 值的层状均匀土组成，且 K 值随深度增加而减小。这种情况下，可以看出，平均 K 值是用来自每一层 K 值的调和平均值表示 [式(3-7)]：

$$K_{hm} = \cfrac{D}{\cfrac{d_1}{K_1} + \cfrac{d_2}{K_2} + \cdots + \cfrac{d_n}{K_n}} \tag{3-7}$$

式中　D——土壤剖面深度；

　　　d_n——第 n 层土壤深度；

　　　K_{hm}——调和平均水力传导率。

如果现场测量结果统计分析中未指明对某一 K 值出现偏差或偏好，则必须假定某一层或某一土壤区域内 K 值为随机分布。在这种情况下，几何平均数 K_{gm}（几何平均水力传导率）是对 K 的真实值的最佳和最保守的估计：

$$K_{gm} = (K_1 \cdot K_2 \cdot K_3 \cdot \cdots \cdot K_n)^{1/n} \tag{3-8}$$

3.5.3　土壤剖面排水

对于慢速渗滤系统和快速渗滤系统而言，土壤剖面中在灌溉间隔期间必须排水使系统中土壤重新充气。剖面排水所需时间对于系统设计非常重要，时间长短随着土壤质地和土壤限制层（如地质板、地质黏土盘和硬质盘）的存在而变化。在没有垂向限制的砂土中，土壤剖面可以以 $1 \sim 2d$ 内将水排出。在黏性土中，排水可能需要 $5d$ 或更长时间。灌溉间隔时间同时也依赖于土壤水蒸发速度。

参 考 文 献

［1］　郭元裕. 农田水利学（第三版）［M］. 北京：中国水利水电出版社，1997.

［2］　孙铁珩，李宪法等. 城市污水自然生态处理与资源化利用技术［M］. 北京：化学工业出版社，2006.

［3］　Alfred R. Conklin. Introduction to Soil Chemistry［M］. USA：John Wiley and Sons, Inc., 2004.

［4］　Clifford Fedler, John Borrelli, Runbin Duan. Manual for Designing Surface Application of OSSF Wastewater Effluent［R］. USA：Texas Commission on Environmental Quality（TCEQ），Austin，Texas，USA，2009.

［5］　Clifford Fedler, Runbin Duan. Design and Operation of Land Application Systems from a Water, Nitrogen, and Salt Balance Approach［R］. Texas Commission on Environmental Quality（TCEQ），Austin，Texas，USA，2009.

［6］　Daniel Hillel. Environmental Soil Physics［M］. USA：Academic Press，1998.

［7］　Daniel Hillel. Introduction to Environmental Soil Physics［M］. USA：Academic Press，2004.

［8］　Eliot Epstein. Land Application of Sewage Sludge and Biosolids［M］. USA：Lewis Publishers，2003.

［9］　Campbell G S. Soil Physics with BASIC—Transport Models for Soil-Plant Systems［M］. USA：Elsevier Science New York，1985.

［10］　Saxton K E，Rawls W J. Soil water characteristic estimates by texture and organic matter for hydrologic solutions ［J］. Soil Sci. Soc. Am. J.，2006，70（5）：1569-1578.

［11］　Saxton K E，Rawls W J，Romberger J S，Papendick R I. Estimating generalized soil-water characteristics from texture［J］. Soil Sci. Soc. Am. J.，1986，50：1031-1036.

［12］　Smettem K R J，Bristow K L. Obtaining soil hydraulic properties for water balance and leaching models from survey data. 2. Hydraulic conductivity [J]. Aust. J. Agric. Res. ，1999，50（7）：1259-1262.

[13] Smettem K R J，Oliver Y M，Heng L K，Bristow K L，Ford E J. Obtaining soil hydraulic properties for water balance and leaching models from survey data. 1. Water retention [J]. Aust. J. Agric. Res. ，1999，50（2）：283-289.

[14] Kirkham M B. Principles of Soil and Plant Water Relations [M]. USA：Elsevier Academic Press，2005.

[15] Ray R Weil，Nyle C Brady. The nature and Properties of Soils [M]. England：Pearson Education Limited，2017.

[16] Ronald W Crites. Land Treatment Systems for Municipal and Industrial Wastes [M]. USA：McGraw-Hill Professional，2000.

[17] Ronald W Crites，Joe Middlebrooks，Sherwood C Reed. Natural Wastewater Treatment Systems [M]. USA：Taylor and Francis，2006.

[18] Runbin Duan，Clifford Fedler，John Borrelli. Field evaluation of infiltration models in lawn soils [J]. Irrigation Science，2011，29（5）：379-389.

[19] Runbin Duan，Clifford Fedler，John Borrelli. Comparison of Methods to Estimate Saturated Hydraulic Conductivity in Texas Soils with Grass [J]. Journal of Irrigation and Drainage Engineering，2012，138（4）：322-327.

[20] Patel S V，Golakiya B A，Savalia S G，Gajera H P. A Glossary of Soil Sciences [M]. India：International Book Distributing Co. ，2008.

[21] Tsuyoshi Miyazaki. Water Flow in Soils [M]. USA：Taylor & Francis Group，2005.

[22] United States Department of Agriculture Nature Resources Conservation Service. Soil Taxonomy：A Basic System of Soil Classification for Making and Interpreting Soil Surveys [M]. USA：United States Department of Agriculture，1999.

[23] United States Environmental Protection Agency. Land Treatment of Municipal Wastewater Effluents [M]. USA：United States Environmental Protection Agency，2006.

第4章 城市污水土地应用系统中的污水水质与污染物去除

4.1 城市污水土地应用系统中污水水质介绍

污水水质是污水土地应用设计中最重要的因素。污水水质决定了在特定气候条件下某一特定场地进行土地应用的适宜性和安全性，而二者又是由健康、安全、经济技术和社会心理（公众接受程度）等标准确定的。任何污水土地应用系统的设计方法均基于限制性设计参数（因素或因子）。限制性设计参数可包括土壤性质以及土壤对某些特殊污染物达到水质标准的处理能力，如土壤处理水的能力，受土壤物理性质影响可能是土壤处理污水量的能力，受土壤化学性质影响也可能是土壤处理污水中特殊污染物的能力。因为污水土地应用系统对一些污染物的去除机理主要是吸附、过滤和截留，所以会导致一些污染物如重金属离子的长期累积，累积的结果可能会限制场地的使用寿命或者影响作物的正常种植。

理解污水中污染物的去除机理，对于确定特定场地限制性设计参数至关重要。污水中污染物在污水土地应用系统中去除机理大致相同，但是在不同应用系统中关注点不同，在系统设计考虑上需要具体分析应用。

污水土地应用系统设计中污水水质标准分三类。

1) 第一类 公共健康保护类，主要考虑微生物水质标准，避免短期人类和生物风险，以及化学成分导致的长期生物毒性。

2) 第二类 环境与农艺方面影响，环境方面考虑对地下水含水层、土壤、植物群落、动物群落以及微生物群落等的不良影响；农艺方面考虑对作物和土壤性质的影响。

3) 第三类 其他关注，技术限制方面包括污水应用系统（实质为灌溉系统，为和农业灌溉区分，本书使用"应用"这一术语）、处理工艺顺序和污水储存与输送分配；政治和经济方面的压力包括公众接受程度、技术使用安全性以及美学方面等。

与传统污水生物处理工艺类似，污水土地应用系统设计考虑的水质评价参数见表4-1。主要水质参数的意义作用和去除效果将在本章后续章节进行解释。

表 4-1 污水土地应用系统设计水质评价参数（主要考虑参数见加粗部分）

基本水质参数	微生物类	有机物	无机离子
pH 值	细菌类：	**BOD_5/（mgO_2/L）**	CO_3^{2-}
色度	**总大肠杆菌数**	COD/（mgO_2/L）	HCO_3^-
浊度	**粪大肠杆菌数**	有机氮	**NO_3^-**
电导率/（dS/m）	病毒	有机磷	**PO_4^{3-}**
硬度/（$mEqCaCO_3$/L）	寄生虫	其他有机物：	SO_4^{2-}
总悬浮性固体/（mg/L）	原生动物	杀虫剂	Cl^-
总溶解性固体/（mg/L）	病原体	**石油类有机物**	F^-
温度	沙门氏菌	**油脂类有机物**	**Ca^{2+}**
钠吸附比（SAR）	军团菌	个人护理品和药物类	**Mg^{2+}**
			Na^+
			K^+
			NH_4^+

表 4-1 中，钠吸附比（SAR）计算涉及 Ca^{2+}、Mg^{2+} 和 Na^+，该值在慢速渗滤系统设计必须考虑，甚至是限制性设计参数。

污水土地应用系统的出水水质标准基本上都需要满足饮用水标准，联合国世界卫生组织、美国国家环境保护署、中国环境保护部、欧盟均制定了相关标准，这些标准均在不断修改完善中，因此污水土地应用系统出水水质目标值均应符合最新标准规范。本书将不对此专门进行分类列举。

4.1.1　公共健康保护类污水水质参数

污水土地应用系统设计首先必须要考虑与公共健康保护相关的污水水质参数。这类污水水质参数直接影响污水土地应用的成败以及社会可接受程度，也是评价污水土地应用技术可持续发展概念中社会可持续性维度方面必须考虑的因素。近年来，随着化学分析技术的高度发展和对化学物质毒性的进一步理解，该类污水水质参数包含的内容逐渐增多。同时必须要意识到一些污水水质参数过高会直接导致健康危害，但是另外一些污水水质参数对健康的危害属于慢性范畴，在人体中长期累积会引起不可逆转的健康风险。

（1）化学污染物

国际上，一般城市市政污水或者农村生活污水中的工业废水含量有限。在中国，由于历史原因，城市市政污水中工业废水含量较高，但是近年来由中国制定并严格执行的工业废水管理方面的政策法律法规，限制了工业废水排入市政污水管道，必须实现工业废水零排放目标，未来几年内中国城市市政污水中工业废水比例会大幅度降低。在污水经过初级处理和二级处理后，大部分化学有毒物质会被降低到可进行污水土地应用的水平范围内。如常见有毒化学物质如 As、Cu、Hg、Pb、Cr、Cd 等在原市政污水中的浓度一般低于污水土地应用污水水质标准。

通常，国际经验是工业废水含量低的市政污水应用于土地系统时，有机和无机化学污染物的健康风险较小，甚至不需要考虑。但是国际经验表明，工业废水土地应用系统有可能出现由化学污染物引起的健康风险，为安全起见，污水土地应用中需要重点考虑的涉及健康的化学污染物质为有可能污染作物和地下水的化学污染物。这些化学污染物包括微量元素的累积毒性，如重金属离子、致癌性有机化学污染物、药物和个人护理品类（PPCPs），以及有可能影响甚至破坏人体内分泌系统类有机物，如荷尔蒙类有机污染物等。需要注意的是，大部分植物摄取的这类物质含量水平极低。近年来，随着分析化学技术水平提高，国内外学者更多地关注污水中和人类与动物内分泌系统、生殖系统及免疫系统相关的化学污染物，更多研究热点集中在污水中这些污染物的生物化学处理和土地系统处理机理和技术。因此在污水土地应用系统设计中一定要高度关注这类污染物去除方面的研究进展和技术发展，并在系统设计中加以考虑。

（2）病原体

污水土地应用系统设计必须考虑污水中的病原体。由于技术上和经济上很难对所有病原体做出具体规定，因此常用指示微生物，如总大肠杆菌数和粪大肠杆菌数，定量考虑污水中病原体含量的土地应用适宜性，建立水质是否存在病原体风险危害的标准。

到目前为止，国际上尚未建立污水土地应用方面流行病学的标准。也没有证据表明正常运行的城市市政污水处理厂和污水土地应用场地附近的居民比其他场所人群受到更多的病原体危害。发生健康影响的案例均来源于原污水的不当使用。通常，欧美发达国家和中国的污水处理后均要进行消毒工艺才可以进行污水土地应用或者污水再生回用。国外研究表明，污水土地应用系统中，可直接食用植物表面的病原体量低于人体受感染水平。在自然界中，作物对病原体有屏蔽作用。植物根与叶的细胞壁会过滤病原体，微生物很难通过健康细胞壁进入植物体内并存活，干燥天气和太阳光辐射会灭活植物表面的病原体，这些作用会进一步灭活污水中残留的病原体。但是在污水土地应用系统设计中，一定要注意考虑某些病原体可能在系统中的作物上快速繁殖到达可感染人的水平，管理中注意避免感染传染病的工作人员直接接触系统中可直接食用的作物，特殊新出现的流行性疾病可能无法通过污水生物处理厂彻底处理。尽管这些情况发生的概率极低，但是在实际系统运行中仍要格外注意。

4.1.2　环境与农艺影响类污水水质参数

污水土地应用系统设计要考虑大量与环境保护和作物生产相关的污水水质参数。在干旱和半干旱地区，由于空气湿度低、蒸发蒸腾水损失量相对高以及土壤水分相对低，盐分极易浓缩，系统设计需要着重考虑土壤中盐分积累以及土壤盐碱化问题，也必须考虑污水土地应用可能导致的土壤结构破坏和土壤渗透能力下降等问题。另外，在潮湿地区要着重考虑污水土地应用引起的水体富营养化等问题。

此类水质参数主要包括污水盐度（主要由污水中可溶解性固体组成）、有毒离子、钠吸附比、微量元素、pH 值、CO_3^{2-}、HCO_3^-、植物营养物氮磷钾和余氯等。

4.1.3 其他关注的污水水质参数

这类水质参数主要为总悬浮固体。在污水土地应用系统运行中受关注的问题是总悬浮固体含量,如果含量高或者在系统、分配管以及喷头中累积量过高会导致堵塞问题。尤其是在慢速渗滤系统中,如果采用滴灌技术,要高度注意堵塞问题。另外,和美学相关的水质参数是色度和浊度。

4.2 城市污水土地应用系统污水中污染物去除

理解污水中污染物在土地系统中的运移、去除以及归属是确定各种污水土地应用系统限制性设计参数(LDP)的重要基础。上节中根据污水土地应用系统中的关注点介绍了污水水质参数分类,本节主要介绍确定系统限制性设计参数时,需要掌握的污染物存在、运移、去除与归属方面的基本知识。

4.2.1 总悬浮固体(TSS)

污水中总悬浮固体过高可能会导致污水呈现不同的色度或者浊度。总悬浮固体(TSS)一般情况下不是污水土地应用系统设计的限制性设计参数,原因为土地应用系统对 TSS 的去除效率都非常高。在慢速渗滤系统和快速渗滤系统中,总悬浮固体的去除机理主要是污水进入土地系统后流经土壤剖面时的过滤机理。地表漫流系统对 TSS 的去除依赖于沉降机理和植被层或者土壤表面黏质层的捕获机理,该系统对 TSS 的去除效率通常低于另外两种土地处理系统。但是,和传统污水生物处理工艺相比,当污水经过一级处理甚至即使只经过格栅处理后,地表漫流土地处理系统对总悬浮固体的去除能力仍优于二级处理出水。在一些自然污水处理组合工艺处理系统中,当污水土地应用系统接收的污水来自兼性自然塘时,地表漫流土地处理系统对 TSS 的去除能力有可能并不总是高效,系统管理人员需要高度注意这一特定情况。导致地表漫流系统总悬浮固体去除效率波动大的原因为兼性自然塘中由于季节变化再加上管理不善可能会出现大量藻类生长,藻类种属以及生长变化大,出水至地表漫流系统中总悬浮固体含藻类多且含量变化大,这种情况下,这类污水在处理坡面上的水力停留时间相对较短,导致坡底排水系统中出水总悬浮固体含量变化大且有可能相对较高。美国加利福尼亚州戴维斯的地表漫流土地处理系统中,处理后的污水中总悬浮固体随季节变化大就是这方面的一个典型工程案例。

尽管污水中部分悬浮固体为有机物,但是对于大部分城市市政污水,这部分有机物属于可降解有机物,也是污水中总有机物负荷中的组成部分,土地应用系统对之分解能力和氧化能力更强。国际上污水土地系统运行经验表明,即使对于最小可能的经预处理的污水出流,土地应用系统也能实现对总悬浮固体的最佳去除效果。

在实际设计运行中需要高度注意,在地表漫流系统中去除总悬浮固体时,由于处理坡面上悬浮固体沉降不一致，导致去除总体效果下降；在慢速渗滤系统中采用漫灌方式布水时也会发生类似问题。主要问题发生在靠重力或者低压布水时，大部分悬浮物沉积在污水总布水处之后的前 $3 \sim 4.5m$ 范围内。这种情况造成前端总悬浮固体负荷大，后端负荷小。但是在进入土地应用系统时，污水经过合理去除总悬浮固体时，这类布水方式属于最具成本效益的布水系统，因而在处理城市二级污水土地应用系统中经常推荐采用。

当污水中工业废水含量相对高时，悬浮固体中的有机物成分可能强度高、难降解或者应用的污水中藻类含量高，此时布水方式一般应采用高压布水方式，通常为喷灌。同时，在地表漫流系统的处理坡面上和慢速渗滤系统的接收污水土地表面上使用高压喷淋装置时，也应确保布水均匀，避免难降解有机物累积产生令人厌恶的厌氧条件（如产生难闻气味）。同时此类悬浮固体在土壤表面累积也会导致土壤入渗堵塞和渗水能力下降的问题。在污水含难降解有机固体或者藻类相对过高的情况下，系统工程设计时，限制性设计参数很有可能为悬浮固体负荷而不是水力负荷或者其他污水成分。

4.2.2　生化需氧量（BOD_5）

污水中可生物降解的有机物通常由 BOD_5 表示，和传统污水处理工艺相同，BOD_5 是由在微生物作用下 $5d$ 内的氧气消耗量测定。快速估计可以由化学需氧量（COD）或者总有机碳（TOC）代替，但是污水中化学需氧量通常高于生化需氧量，而总有机碳在未处理的污水中通常高于生化需氧量，在处理过的污水中低于生化需氧量。可生物降解的有机物大部分包含氮磷等元素。污水土地应用系统中，BOD_5 的负荷率可以定义为某一干湿布水周期内，单位时间（每日）单位土地面积（hm^2）上所应用的污水中 BOD_5 质量（kg）。

所有污水土地应用系统去除生物可降解有机物的效率都很高。在污水应用、系统排水以及系统中停留过程中，这类有机物都有不同程度去除。去除机理包括过滤、吸附和生物氧化与还原。但是在不同污水土地应用系统中，主要或者首要去除机理略有不同。维护土壤好氧条件非常重要，系统设计时需要在某一干湿布水周期内，这类有机物负荷率小于系统能保证的去除能力。好氧去除能力由土壤条件，污水应用量（通常由布水厚度或者深度表示）以及干湿周期好氧条件恢复时间决定。具体系统去除可生化降解有机物的能力需要根据相应模型进行预测。

在慢速渗滤系统和快速渗滤系统中对这类有机物的去除活动大多发生在土壤表层或靠近土壤表层微生物活性强的土壤层中，对于慢速渗滤系统，主要是土壤表面和植物根区内。

在地表漫流系统中，对 BOD_5 去除活动绝大多数发生在土壤表面或者土壤表面植物杂质和微生物材料层中。在该系统中，当污水沿坡面向坡底以薄层流或者类似页面流的形式向下流动过程中，污水中大多数颗粒物质会迅速沉降。但是悬浮藻类例外，因为污水在处理坡面上停留时间通常不足，因此无法通过物理沉降将悬浮藻类全部去除。该系统中，处理坡面上微生物生长和黏质物形成对 BOD_5 的最终去除起主要作用。处理坡面上微生物生长与其他微生物固定膜工艺（如滴滤）中的生长相似，通常会导致坡面上出现距离相近的好氧区和厌氧区或微生物处理微型区。在地表漫流系统中，对 BOD_5 去除活动主要发生在处理坡面的前端 1/3 内的面积上。当系统设计时，采纳合理的水力负荷，系统管理维护良好，则系统中好氧区占优，但是系统中仍有大量的厌氧场所或者微型厌氧区，这些厌氧区有助于分解难降解有机物并有利于反硝化脱氮进程。当污水中悬浮可生化降解有机物固体含量高时，应根据方案比选尽量采用喷淋布水且布水尽量均匀。

3 种污水土地应用系统必须采用干湿循环布水或者间歇性布水，主要原因是允许土壤中好氧条件以及土壤表面水入渗以及土壤剖面中水下渗能力有充足时间得到及时恢复。BOD_5 在 3 种土地应用系统中最终被去除的机理是微生物氧化还原去除。只要所设计的水力负荷率和污水应用干湿周期能保证系统中好氧条件得到及时恢复，3 种污水土地应用系统就都具备持续可再生的高效的 BOD_5 去除能力。国内外有关土壤研究表明将 BOD_5 去除至类似土壤背景水平，并不依赖于污水预处理程度和土壤类型，尤其不依赖于土壤渗滤率。这些 BOD_5 去除研究验证了美国等发达国家工程的实践结果，同时也再次证明污水土地应用系统中实现高效的 BOD_5 去除率并不需要高水平的预处理。美国国家环保署工程运行调查表明，污水土地应用系统具有非常高的可降解有机物去除能力。当快速渗滤系统污水中的有机物负荷比慢速渗滤系统高一个数量级时，两种系统出流中有机物含量相当。

即使对于比普通城市市政污水厂二级出流 BOD_5 高很多的其他工业污水来说，污水土地应用系统对 BOD_5 的去除效率也相当高。例如，美国爱达荷州 5 个土豆清洗污水慢速渗滤土地应用系统研究表明，有机物的去除能达到 98% 以上。美国蒙大拿州造纸厂污水经部分处理后，应用于快速渗滤土地系统中，当水力负荷率为 6cm/d 时可去除的 BOD_5 浓度可达 600mg/L。国外工程经验表明污水土地应用系统可以成功处理的 BOD_5 浓度可达 1000mg/L 甚至更高。国外工程实践表明，对于 BOD_5 浓度为 $200\sim300$mg/L 的市政污水，土地应用系统 BOD_5 处理能力毋庸置疑，因此，土地处理系统设计中，BOD_5 或者 COD 都不是限制性设计参数。据美国国家环保署的资料表明，当前污水土地应用系统中，典型的有机物负荷为：慢速渗滤系统，$50\sim500$kg $BOD_5/(hm^2 \cdot d)$；快速渗滤系统，$145\sim1000$kg $BOD_5/(hm^2 \cdot d)$；地表漫流系统，$40\sim110$kg $BOD_5/(hm^2 \cdot d)$。

4.2.3 石油与油脂类

石油和油脂类，也即脂肪、油类和油脂类物质。通常，城市市政污水土地应用系统设计中，此类污染物都不是限制性设计参数或者因素（因子）。原因为该类污染物很难进入一般城市市政排水管道中，例外情况是街道上某处发生该类污染物渗漏，但是这种事故概率很低，因此城市市政污水土地应用系统污水预处理也不会专门为该类污染事故设计处理单元。美国等发达国家对此类污染事故应对措施为，一旦发生原油或者石油泄漏等事故，可启动相应污染物封堵和清理标准程序。但是由于近年来在美国墨西哥湾发生了海上石油钻井平台爆炸导致原油泄漏污染墨西哥湾水域的事故，当前石油类污染物与土壤-植物生态系统之间的相互作用受到了最广泛的关注，公共关注的主要目的是更好地理解漏油事件对生态系统的影响，并制定生态系统修复方法标准和漏油事故应急工程措施，以美国为首的发达国家的科学家对石油类污染物在土地-植物系统中的去除进行了大量研究，研究结果表明土地-植物系统可以达到预期的良好效果。

在中国，由于法律规范严格控制了各工业企业排水中该类物质的最高浓度，因此在中国进行污水土地应用设计时基本不需要考虑该类污染物，但是在项目可行性研究报告中需要明确确认该类污染物浓度符合中国各类工业污废水排水标准。

许多未经处理的工业污水或者废水中含有该类污染物，因行业和生产工艺不同，浓度含量也不同，此类污染物常见的为石油和动植物油。食品加工、喷涂、肥皂生产、人造黄油和制蜡等过程都是动物油或植物油的污染源。例如，海鲜食品加工厂或者车间的工业污水可含有高达 12000mg/L 的游离油、乳化油或油脂。一般生产过程中不会有意将石油产品排放至下水道，但防漏装置、生产设备和设施的清洗可能导致工业污水中出现大量的该类污染物质。据国外研究观测，不同炼油厂中工业污水中含油量在 23～130mg/L 之间。

在土地处理系统中，此类污染物去除途径主要有两种：第一种为可挥发性部分会挥发到大气中；第二种途径为非挥发性剩余部分可以被土壤中微生物彻底降解。动物或植物油在土壤中的分解速度高于石油产品，因为前者更容易被土壤中微生物降解。多年经验表明，石油生产副产品类污染物在土壤系统中的处理一直保持成功。在土地应用系统中，植物的作用不是主要机理，因此土壤表面不必种植或者维护健康植被。大部分情况下，该类污染物与表层土壤混合，在有足够水分和有机物存在的条件下，经驯化的土壤微生物可以完全降解此类烃类化合物。例如，使用相同技术，研究人员已经成功证明丙二醇基除冰液在土壤中可以被微生物彻底降解去除。

美国等国家研究表明提高该类污染物在土壤中的降解速度方法为，在土壤中添加商业肥料如化肥可以加快去除速度并提高效率。因为降解主要依靠微生物的生物化学反应，因此大部分此类污染物的降解发生在温度较高的月份。工程实践经验也验证了微生物新陈代谢是此类污染物在土壤系统中降解去除的主要途径。此类污染物会改变土壤-植物系统中碳氮比（C/N），因此添加额外的氮和其他微量营养元素是维持微生物反应达到可接受或者预期污染物降解速度的必要措施。

当应用于农业土地系统时，此类污染物会对植物种子发芽产生负面影响。如果此类污染物中挥发性成分较高时，应用含此类污染物污水的时间应选择在播种和发芽期之前或之后以保证作物正常发芽。此类污染物对植物萌发和产量的影响大于对土壤系统本身的影响。含油量约为土壤重量1%，是农作物减产的阈值，而含油量在 1.5%～2% 甚至更高时，农作物产量下降经常超过 50%。这些影响通常是由于在挥发性烃类化合物彻底挥发之前应用新的含此类污染物的污水导致，因此土地应用系统设计中需要确定合理的应用时间和干湿应用周期。

在确定可接受的油类或油脂类污染物负荷时，需要计算此类污染物与土壤质量比，此时一般做法为假定土壤深度约为 150mm。首先应确定可应用的最大单次应用剂量，该类污染物的原位分解率将决定含油污水应用之间的时间间隔。保守的设计计算为：如果系统中没有地表作物，等价于土壤顶部 150mm 厚土壤质量的 2%～4% 的负荷是可以接受的。如果地表有农作物，超过 1% 的单次应用剂量可能会显著降低农作物产量。对于特殊油类污染物质，推荐进行短期现场试验分析，以完成最终系统设计。含此类污染物的污水农业土地应用系统中，不同种类作物对该类污染物的忍受程度存在差异，因而在系统设计时需要综合考虑污水量、该类污染物浓度、质量、作物忍耐性等因素，进行方案比较从而确定最佳设计方案。另外，由于此类污染物污水应用中，在播种季节时需要长时间暂停，因而系统设计中需要考虑此类污水的储存池方案设计。农作物对此类污染物的忍耐性阈值需要查阅资料。一些作物对石油类、油脂类污染物的忍耐性为：对于甘薯、胡萝卜、油菜、甜菜、草坪草，单次污水应用中该类污染物应用量一般应小于土壤质量 0.5%；对于黑麦、燕麦、玉米、小麦、大麦、西红柿、大豆及其他类似豆类，单次污水应用中该类污染物应用量一般应小于土壤质量 1.5%；对于豌豆、棉花、土豆、高粱、苜蓿，单次污水应用中该类污染物应用量一般应小于土壤质量 3.0%；对于多年生饲料草、百慕大草、森林树木，单次污水应用中该类污染物应用量一般可适当大于或者等于土壤质量 3.0%（尽量用低值）。

4.2.4 病原体

土地应用系统中受关注的致病生物为寄生虫、细菌和病毒。这些致病生物污染环境或可能对人类造成危害的途径为：由污水应用后在土壤中被下渗水携带进入地下水；由于污水土地应用系统土壤表面形成径流，被径流携带流入并污染周边地表水；通过气溶胶污染场地周边空气；污染农作物和牧场作物，通过牧场食草动物转场或者对受污染作物啃食进入动物体内，或者人类直接食用病原体污染过的作物。

总大肠菌群、粪大肠菌群和大肠埃希杆菌是判断水中肠道致病菌污染的主要指标。总大肠菌群是好氧或兼性厌氧菌，革兰氏阴性，无孢子形成，棒状，在 24～48h 内可以对乳糖进行发酵并产气。粪大肠菌群是总大肠菌群的子集，它来自恒温动物的肠道。它们在水中的存在意味着该水体已经被恒温动物肠道的致病菌污染。大肠埃希杆菌是粪大肠菌群的子集，由于其检测技术相对简单、快速和可靠，常被用作水遭受粪便污染的指示物。大肠埃希杆菌属革兰氏阴性菌，兼性厌氧，形状通常为棒状，通常认为它来自人和动物的粪便。大部分大肠埃希杆菌本身对人类健康无害，但是少数大肠埃希杆菌的成员是肠道致病菌。当前对人类存在健康威胁的大肠埃希杆菌为 *E. coli* O157：H7。大肠埃希杆菌亲水性强、水中表现为带有相对强负电荷。这些特征决定了大肠埃希杆菌在土壤颗粒表面的初始吸附率及其在土壤中的运移、失活和去除。影响大肠埃希杆菌在土壤中的运移、存活和持久性的因素很多。这些因素包括土壤持水能力、pH值、土壤有机质含量、营养成分的可获取性、致病菌本身属性、温度、土壤中这些菌的捕食者、土壤水分、土壤水环境中盐浓度、包括降雨在内的气候条件、农作物耕作方式、光照情况、致病菌有毒物质、溶解氧、阳离子交换容量（CEC）和土壤质地等。在污水土地应用系统设计和运行中，需要高度重视 $E.coli$ O157：H7细菌，因为这类细菌为致病菌，有可能引起许多人类疾病，如腹泻、出血性结肠炎以及溶血性尿毒症等并发症。$E.coli$ O157：H7是耐性很强的致病菌，可以在土壤样品中存活 $154\sim196$d。研究人员发现其在根际土壤中的浓度高于非根际土壤和植物叶表面，在黏土中的存活时间比在其他类型土壤中时间长。研究表明污水土地应用系统中，土壤渗滤水中 $E.coli$ O157：H7 和总大肠菌群的浓度水平与铵离子和硝酸根离子浓度水平之间存在显著相关性。据推测，可溶性氮可能促进 $E.coli$ O157：H7 的迁移，但渗滤水的浊度与 $E.coli$ O157：H7 在土壤中运动无关。$E.coli$ O157：H7 在土壤中的运动迁移方式可能与普通颗粒在土壤中运动迁移方式是不一样的。此外，研究还发现黏土成分、植物根系和冷冻会提高 $E.coli$ O157：H7 和其他大肠种群的耐久性和活性。研究人员尝试用二级动力学模型和一维对流扩散方程模拟大肠杆菌在通过 20cm 砂柱中的运移，研究发现，在饱和流条件下，大肠杆菌在砂柱中的迁移最有可能的运移机制是砂土颗粒对细菌的物理包封，而砂粒大小是影响细菌数量的主要因素，砂粒度越细，砂粒对大肠杆菌的包裹能力越强。据工程项目运行观察，大肠埃希杆菌最大浓度往往发生在土壤表面，其浓度在土壤表面以下土壤中快速下降，随着取样深度增加，其浓度下降速度变慢。在污水土地应用后，表层土壤中的细菌数明显高于其下部几厘米厚的土壤层。在一项调查中，研究人员发现，尽管污水灌溉对土壤表面总好氧细菌没有明显的促进或抑制作用，但总大肠菌群和粪大肠菌群数量较高，分别为 $(2.1\sim4.2)\times10^3$CFU/g 干土和 $(1.2\sim4.2)\times10^2$CFU/g 干土。因此他们强烈建议，污水处理必须达到污水灌溉后土壤中没有或很少发现致病菌的程度。污水土地应用系统中粪大肠菌群的浓度可由土壤固体中的浓度进行估算。

人类排泄的常见病原体在不同介质中存活时间不同。在温度为 $20\sim30℃$ 条件下，病毒在粪便和污泥中存活时间小于 100d，常见存活时间小于 20d；在淡水和污水中存活时间小于 120d，常见存活时间小于 50d；在土壤中存活时间小于 100d，常见存活时间小于 20d；在作物表面存活时间小于 60d，常见存活时间小于 15d。原生动物类病原体在粪便、污泥、淡水和污水中存活时间小于 30d，常见存活时间小于 15d；在土壤中存活时间小于 20d，常见存活时间小于 10d；在作物表面存活时间小于 10d，常见存活时间小于 2d。而蛔虫卵在粪便、污泥、淡水、污水以及土壤中存活时间为数月，在作物表面存活时间小于 60d，常见存活时间小于 30d，这也说明直接食用作物以及水果时要注意该类病原体。

对于致病细菌，粪大肠菌在自然界中存活时间为小于 $30\sim90$d，常见存活时间小于 $15\sim50$d。沙门氏菌、志贺氏菌和霍乱弧菌存活时间小于 $5\sim60$d，常见存活时间小于

2～30d。由此可知，采用粪大肠菌作为致病菌污染指示微生物是保守的和相对安全的。

就目前情况而言建立由于污水土地应用导致人类排泄物中各种病原体不利健康影响的评价指标和体系是不可行的。因此世界卫生组织（WHO）直接规范了人类可食用作物表面病原体浓度范围，例如作物或者果实表面病原体含量必须小于 $10^{-5}～10^{-9}$ 水平，而美国饮用水规范中肠道类病原体必须小于 10^{-4} 水平。由于中国人口众多且密度大，病原体污染危害也大，因此中国的几乎所有污水经处理后都必须严格消毒才被允许排放至自然界，如果使用城市污水进行土地应用，病原体污染风险也因此会大幅降低。

污水土地应用系统对病原体的去除是通过吸附、脱水失活、太阳光紫外线辐射、过滤、生物捕食和使之暴露于其他不利存活或者生长条件来完成的。慢速渗滤系统对病原体去除最为有效，通常在 60cm 土壤深度范围内可以去除的粪大肠菌数量级别为 10^5 个。而通常快速渗滤系统在几米深度范围内可去除 $10^2～10^3$ 级别的粪大肠菌。两种系统处理有差别的原因可能为污水负荷率差别以及是否种植作物。地表漫流系统可以去除大约 90% 的粪大肠菌。与前两者系统去除差别主要是系统缺乏土壤吸附和过滤去除机制。

4.2.4.1 寄生虫

寄生虫几乎存在于所有的市政污水中。在最佳条件下，寄生虫卵在土壤中可以存活多年。由于寄生虫卵或者胞囊自身重量相对较大，在污水预处理或者储存池中，它们通常会沉降下去，因而在污泥和生物固体中会发现大量的寄生虫卵和胞囊。

到目前为止，全球并没有证据表明寄生虫疾病传播来自正常运行的污水土地应用系统。鉴于寄生虫卵和胞囊自身质量，它们通过喷灌器布水在空气中传播基本不可能。在全球许多国家和地区，由于人类直接接触污水导致的血吸虫病在美国大陆并不存在，因为血吸虫病的宿主蜗牛在美国的生态系统中并不存在，但是在中国以及东南亚国家，情况则不同。世界卫生组织（WHO）认为，在污水土地应用系统中最大的健康风险是农田工作人员直接接触到污水中的寄生虫。因此建议污水在土地应用之前，尤其是未经处理的污水，应采用自然塘或者储存池短期储存污水，使寄生虫类病原体得以沉降去除，该方法是减少农田工作人员由于直接接触寄生虫类病原体而产生健康风险的简单可行的方案。国际上，应用污水中的蛔虫卵浓度必须小于 1 个/L。

4.2.4.2 病原体地下水污染

污水土地应用系统中，病原体污染地下水风险为残余细菌或病毒由下渗水携带运移进入饮用水源含水层，同时在该处抽采地下水，未加消毒处理直接被人饮用。通常，病原体污染地下水的风险对于地表漫流系统相对较低，原因为地表漫流系统中处理坡面上土壤对水的渗透性很低，甚至可以忽略，系统设计上也尽量避免处理过程中发生水下渗，使坡底收集的径流量最大化。而该风险在快速渗滤系统中应引起高度重视，因为该系统水力负荷高、土壤质地粗糙、土壤渗透性相对较高，因而该系统具有较高的病原体污染地下水的风险。在系统设计中，尽量避免高地下水水位，使土壤层厚度足够深；另外，应用污水中病原体含量要足够低。

　　通常，慢速渗滤系统中，土壤颗粒较细时，且土壤表面种植农作物，则此类污水土地应用系统对细菌去除率非常高。例如，在美国新罕布什尔州汉诺威进行的一项为期 5 年的研究结果表明，在厚度为 1.5m 的土壤中，粪大肠菌可以被完全去除。研究中的土壤为质地细密的粉砂和质地较粗的壤土两种土壤。研究中应用的污水为：初级处理后的污水出流，粪大肠菌浓度达 10^5 个/mL；二级处理后的污水出流，粪大肠菌群浓度达 10^3 个/mL。在不同影响因素组合研究中，粪大肠菌均可以完全被去除。另外一个例子是在加拿大的类似研究中，未消毒污水被应用于草本植物覆盖的壤土沙地，大部分粪大肠菌被截留在土壤深度为 75mm 的土壤层中，未见粪大肠菌穿越土壤剖面至深度为 0.68m 的土壤层中。国外研究发现，病菌死亡分两个阶段：污水应用后，48h 内的起始快速死亡阶段，死亡率为 90%；第二阶段为在其后两周内的缓慢死亡，剩余 10% 病菌在此阶段死亡失活。

　　据美国国家环保署资料总结，污水土地应用系统中，病毒去除部分取决于土壤中的阳离子交换能力和土壤颗粒对之的吸附能力，因此在质地较细土壤中去除率高。和细菌类病原体类似，大部分对病毒传播的研究集中于快速渗滤土地处理系统。国外实地研究证明，快速渗滤系统可以将病毒几乎完全去除。美国亚利桑那州凤凰城的某快速渗滤系统含大约 76cm 厚的壤质砂土、粗砂层和砾石层。研究期间，应用的污水中经常检出肠道病毒，但是该场地的取样井中未检出任何病毒。凤凰城另外一处快速渗滤系统中，当应用污水中病毒含量为 8pfu/L、27pfu/L、24pfu/L、2pfu/L、75pfu/L 时，采样深度为 3～9m 的渗滤水中均未检出病毒。位于美国加州桑蒂的快速渗滤系统中，二级污水出流被应用于由砂土层和砾石层组成的浅层渗滤层。渗滤液横向移动到离该渗滤层约 450m 外的截流沟。应用的污水中可检出肠道病毒，但在深度为 61m 和 122m 的渗滤液取样点处，未检出类似病毒。位于美国东南佛罗里达州佛罗里达大学附近的某快速渗滤系统研究中发现，当多次重复应用的污水中病毒浓度为 0.14pfu/L 时，在深度为 7m 的渗滤液中只有一次病毒浓度为 0.005pfu/L，其余测试均未检出病毒；更为注意的是，该地土壤主要为沙土，且地质构造为喀斯特。

　　研究人员通过实验室土柱模拟研究了土壤中病毒解吸。研究结果表明，在一定条件下，使用蒸馏水或雨水模拟污水应用可使土壤已吸附的病毒向土壤下层运移。但是，如果在使用蒸馏水之前，土柱中排空自由水，病毒则不会被解吸。该结果的工程暗示为污水应用后的第一天或第二天是病毒是否解吸的关键时期。一旦过了关键时期，之后发生在场地上的降雨不会引起病毒在土壤中的进一步向下移动。即使病毒向下发生了某些位移，真实场地中的土壤也不一定存在类似实验室土壤柱内相对较浅的有限底层。在自然条件下，被解吸的病毒应该有更多的重新被吸收的机会。在含钙质砂的土壤柱中，研究人员调查了脊髓灰质炎病毒的运移，结果显示大多数病毒颗粒同样都被截留在土壤表面附近。水力负荷率增加到一定程度，会导致病毒穿越实验室土壤柱层，出现病毒突破现象。水在土壤中的运动速度可能是唯一最重要的影响病毒在土壤中穿透深度的因素。后期类似研究证实了该早期发现。近年来的研究发现，土壤水渗滤率低时，在 1m 厚的土壤层中病毒去除率超过 99%。假设病毒在土壤中的去除为一阶衰减关系，如果 1m 厚的土壤层可以去除 99％ 的病毒，则 3m 厚的土壤层可以去除 99.999％ 的病毒。同样的研究也经常观察到，即使土壤中水的渗透率达到最高时，1m 厚的土壤也可以实现 99.99％ 的去除率。

4.2.4.3 病原体地表径流污染

污水土地应用系统中，污染物由污水携带进入土壤植物系统后，污水中悬浮固体因系统过滤截留作用会停留在土壤表面成为土壤表面顶层的一部分。但是当土地应用系统遇到降雨时，土壤表面未处理彻底的污染物就有可能随雨水径流流动而流出场地从而进入周边临近的地表水中形成污染。因此来自污水土地应用系统场地的地表径流可能是潜在的病原体传播途径。

适当的系统设计可以阻止场地附近地表径流进入场地而污染场地土壤和防止场地在污水布水时产生地表径流而污染周边地表水。地表漫流系统中处理后的出流或者发生降雨时来自该系统的雨水径流要由该场地处理坡面底部排出。地表漫流系统产生的雨水径流水质通常类似于或者优于该系统一般处理后的出流水质。但是，在某些情况下，系统设计的关注点是系统常有质量排放限制。即使系统出流中污染物浓度达标，但是大量的雨水径流排放也可能导致残余污染物排放的质量超过排放质量标准。系统设计期间，必须要考虑该污染物质量排放限制，并与相关管理机构进行深入探讨。地表径流并不是快速渗滤土地处理系统设计的考虑因素。在慢速渗滤系统中，如果采用了适当的土壤侵蚀控制措施，那么土地应用系统如果产生地表径流，则其水质和普通农业生产活动中产生的地表径流水质没有明显差别。

4.2.4.4 气溶胶中病原体

病原体从污水土地应用系统通过气溶胶传播的可能性是一个有争议的与人类健康相关的问题。公众和许多专业人士经常对气溶胶概念产生误解，并将其与布水喷灌器喷头产生的水滴混淆。气溶胶颗粒大小几乎是胶体级别，颗粒直径通常小于或者最大为 20μm。系统设计的谨慎做法是使从洒水器中喷出的较大水滴落在场地内。这样设计的原因为：美国等发达国家经验表明，污水土地应用系统运行中，如果附近居民意识到喷灌器运行并未淋湿他们自身或者他们的财产，居民对污水土地应用系统工程项目的接受程度则必定会提高。

污水土地应用系统场地上气溶胶中病原体含量由应用污水中病原体浓度和喷头出流污水气溶胶化效率所控制。据研究，一般喷灌器喷头出流污水气溶胶化效率为污水量的 0.1％～2％，常见范围为 0.3％～1％。实际上，气候条件如太阳光紫外线、热量以及干燥都会降低部分气溶胶颗粒含量。

细菌气溶胶存在于所有公共场合，细菌浓度随着公共场合人数的增加以及接近公共场合程度的增加而增加。体育赛事、剧院、公共交通、公共厕所等都是空气传播病原体感染的潜在场所。美国国家环保署调查显示，某火力发电厂冷却水使用消毒后的污水出流作为补充水，该火力发电厂冷却塔气溶胶浓度大致与加州普莱森顿的污水土地应用系统中应用未消毒污水喷头影响区外测到的气溶胶浓度大致相同。位于或者靠近污水土地应用系统场所的细菌气溶胶不会比其他场所的细菌气溶胶糟糕。事实上，研究显示以色列的曝气池和活性污泥系统具有更高的细菌气溶胶浓度。对大城市地区气溶胶研究表明，白天时分，肯塔基州路易斯维尔市中心空气中细菌浓度以及俄罗斯敖德萨的年平均空气中细菌浓度，均和污水土地应用系统的气溶胶中病原体浓度范围大致相同。

美国芝加哥地区某采用活性污泥工艺的污水处理厂，对流行病学进行的研究发现，该厂气溶胶中含有细菌和病毒。但是，该污水处理厂周围地区空气、土壤和地表水中的细菌和病毒含量与背景值并无显著差别，而且在 4.8km 半径范围内也没有发现由活性污泥污水处理厂引起的显著高发病率。美国俄勒冈州的某基于活性污泥工艺的污水处理厂也进行了类似研究，在离曝气池大约 10m 处有一学校操场。学校操场气溶胶细菌检测显示为阳性，但是该校儿童未见不良健康反应。从这些研究可以推断，因为气溶胶中细菌和病毒浓度在污水土地应用系统中和活性污泥污水处理系统中相似，由于后者对健康未见不良影响，因此污水土地应用系统运行中的气溶胶也不应该对人类健康产生任何不良影响。另外的证据为，随着城市建设的加快发展，中国大部分城市的污水处理厂周围均为住宅区，人口密度大，到目前为止未见报道称周边居民患流行病的数量或者概率高于其他区域。

美国国家环保署建议，根据一般灌溉、洗澡以及与水相关运动的用水标准，规定用于娱乐用途水中的粪大肠菌数要小于 1000 个/100mL。有研究报告表明，对于由于污水喷灌引起的病原体气溶胶风险，当喷嘴处粪大肠菌浓度低于 1000 个/100mL 时，在下风向 10m 之外的采样地点检测不到粪大肠菌。

式(4-1) 由美国国家环保署提出，可用于估算当污水土地应用系统采用喷灌器布水时，来自喷头喷出的污水形成的气溶胶微生物在下风向某处的浓度。

$$C_d = C_n D_d e^{ax} + B \qquad (4\text{-}1)$$

式中　C_d——距离为 d 处气溶胶微生物浓度，个/单位体积；

　　　C_n——喷头处单位时间内释放的微生物数量，个/s；

　　　D_d——大气扩散因子，s/单位体积；

　　　a——下风向距离/风速，s；

　　　x——受关注的微生物的衰减或死亡率（为负值），s^{-1}；

　　　B——距离为 d 处气溶胶中微生物背景浓度，个/单位体积。

喷头处单位时间内释放的微生物数量 C_n 是污水中微生物密度、污水流量、喷头对污水的气溶胶化效率以及微生物存活因子的函数，见式(4-2)：

$$C_n = WFEI \qquad (4\text{-}2)$$

式中　C_n——喷头处微生物释放速率，个微生物/s；

　　　W——污水中微生物密度，个微生物/单位体积污水；

　　　F——污水流量，L/s；

　　　E——喷头处污水气溶胶化效率，%；

　　　I——微生物存活因子，无量纲。

W 值可以由对应用的污水采样化验分析得到。F 是设计和运行时布水流量。微生物存活因子 I 值,对粪便大肠菌为 0.27,对病毒颗粒为 80。对一些污水土地应用系统场地研究表明,使用中高压喷灌器时,大约 0.33% 的污水会被转化为气溶胶液滴,因此对于喷灌系统,气溶胶化效率 E 约为 0.33%($E=0.0033$)。式(4-1)中的微生物的衰减或死亡率 x,对粪便大肠菌群 x 应为 -0.023,对病毒,该值为 0。式(4-1)中 D_d 为大气扩散因子,该值大小取决于有关气象条件,可查阅相关资料进行赋值。

4.2.4.5 病原体农作物污染

病原体对农作物污染的主要问题是病原体在农作物表面停留和持续存活,直到人类或动物食用受污染的作物,或者是病原体通过植物根系从内部感染植物。调查已证实脊髓灰质炎病毒在生菜和萝卜表面可持续存活 36d。大约 99% 的可检测病毒到达农作物表面后 5~6d 内就会死亡消失。美国规定,在没有经过高级预处理(如过滤)情况下,不能在污水土地应用系统中种植可直接生吃的蔬菜。文献已证实病毒可以通过植物根系到达植物茎叶形成植物体内污染。但是,这些结果是在接种高浓度病毒的土壤中得出的,而且实验中根系遭到破坏甚至被切断。当植物根系未受损伤或土壤未接种高浓度病毒时,植物体内并未发现病毒污染。

在德国,用初级污水灌溉牧场的标准是经污水灌溉后的牧场 14d 后才允许动物啃食。研究表明,紫花苜蓿干草表面来自喷灌污水中的粪大肠菌,经 10h 强光照射,可以被全部杀死;而芦苇金丝雀草则需要 50h 的阳光照射才可以实现粪大肠菌灭活。该植物上粪大肠菌阳光照射灭活需要较长时间的原因可能是由于该植物有草叶鞘,而苜蓿类植物并没有这种结构。因此研究人员建议对于生长于污水土地应用系统中的芦苇金丝雀草和用作饲料或干草的溴草,放牧前牧场必须需要至少 1 周时间进行阳光充分照射。由于粪大肠菌具有与沙门氏菌相似的存活特性,因此以上研究结果应该适用于这两种微生物。

4.2.5 金属离子

土壤中金属离子去除是一个复杂的过程,涉及吸附、沉淀、生物地质化学反应、离子交换、络合以及植物和微生物摄取吸收等机理。大多数微量元素的吸附发生在黏土矿物质、金属氧化物和有机质表面,因此,细粒质地和有机土壤对微量元素的吸附能力比沙土强,吸附更持久。土壤颗粒越细,接触和吸附的机会则更大,更利于金属离子去除,因此慢速渗滤系统是去除金属离子最有效的方法。快速渗滤系统也对金属离子的去除相当有效,但由于水力负荷较高和土壤颗粒较粗,需要在该系统中设计较长的水在土壤中的移动路径,实质为污水进入土壤后需要下渗穿过更大的土壤厚度。地表漫流系统中污水与土壤的接触最少,取决于水力负荷大小和特定金属离子自身属性,该系统对金属离子的去除率一般在 60%~90%,比前两种系统去除率普遍低。

在美国等发达国家,一般来说,金属离子存在于常见的城市市政污水中,但是浓度非常低。在这些国家,未经处理的市政污水中金属离子常见浓度低于饮用水和灌溉水要求。另外，当城市市政污水经活性污泥法处理时，原市政污水中金属离子通常会被浓缩到污泥或生物固体中，因此经二级处理后，污水中金属离子的浓度更低。但是在中国，由于历史原因，市政污水管道中会接纳大量的工业废水，就目前而言，工业废水排水对金属离子的限制需要加强，含大量工业废水的混合污水经二级生化处理后，在进行土地应用时应保证金属离子浓度符合水质要求。大部分金属离子浓度过高时，对植物、动物以及人类具有不同程度毒性。但是，许多金属离子又是动植物与人类新陈代谢所需的微营养物，如铜、铁、锌、镍、镁等。

4.2.5.1　污水土地应用系统中金属离子限制

与金属离子有关的主要问题是金属离子在土壤中的累积，以及随后的运移，经由农作物或动物，通过食物链最终进入人体内（如 Cd、Cu、Cr^{6+}、Ni、Zn、Se 等）。最受关注的金属离子包括镉（Cd）、铅（Pb）、锌（Zn）、铜（Cu）和镍（Ni）。大多数农作物体内不累积铅，但应关注啃食经污水灌溉后牧草的动物。一般而言，锌、铜和镍在植物组织中的浓度达到对人类或动物健康构成重大威胁之前，首先会对农作物产生毒性。镉是最受关注的金属离子，因为其对人类健康产生影响时的浓度远远低于对植物产生毒性影响的水平。世界卫生组织发布了关于农作物土壤中每年可增加的金属离子量和可接受的金属离子累积量准则。土壤中金属离子添加量水平不能导致任何负面效果。表 4-2 总结了金属离子允许的年负荷率和累积负荷率，表中数据尽管是针对生物固体（biosolid）的土地应用制定的，但谨慎的做法是对污水土地应用也需要采用同样的标准。

表 4-2　世界卫生组织对应用于农作物土壤上推荐的金属离子允许的年负荷率和累积负荷率

金属	年负荷率/(kg/hm²)	累积负荷率/(kg/hm²)
As	2.00	41
Cd	1.90	39
Cr	150.00	3000
Cu	75.00	1500
Pb	15.00	300
Hg	0.85	17
Mo	0.90	18
Ni	21.00	420
Se	5.00	100
Zn	140.00	2800

表 4-3 为可用于污水土地应用系统中金属元素的推荐限值。该表中所列的应用污水中元素限值与国际粮农组织（FAO）对农业灌溉水元素限值一致。尽管这些元素在常见污水中浓度低，但是 85％ 的元素在土壤中都会累积，大部分累积发生在土壤表层，少量随下渗水进入地下水。因此该表列出了 20 年限值，目的是为避免累积效应导致土壤中作物产量减少，危及作物最终安全食用。表中限值基于有限的长期的实地经验，趋于保守，即使某元素浓度超过限值也可能不会毒害植物。但是为确保场地可以种植作

物，应当严格遵守。该表中限值使用也应参照新的研究。

表 4-3　美国国家环保署污水土地应用系统中金属元素的推荐限值

金属元素	限值/(mg/L)	pH 6.0～8.5,细质地土壤 20 年内限值/(mg/L)
Al	5.00	20.00
As	0.10	2.00
Be	0.10	0.50
B	0.75	2.00～10.00
Cd	0.01	0.05
Cr	0.10	1.00
Co	0.05	5.00
Cu	0.20	5.00
F	1.00	15.00
Fe	5.00	20.00
Pb	5.00	10.00
Li	2.50	2.50(橘类树种要求＜0.075mg/L)
Mn	0.20	10.00
Mo	0.01	0.05(酸性细质地土壤或高铁氧化物酸性土壤)
Ni	0.20	2.00
Se	0.02	0.02
Zn	2.00	10.00
V	0.10	1.00(低浓度对植物有毒性)

表 4-3 中大部分元素目前并没有被纳入常规水质分析当中，但是在规划设计污水应用系统时应核实确认，尤其当污水中混入工业废水时需要高度注意。

4.2.5.2　土壤与农作物中金属离子去除

利用简单的离子交换或土壤吸附理论预测污水土地应用系统场地总的金属离子处理容量是不可能的。虽然金属离子在土壤中累积，但其累积似乎不能持续被农作物吸收。一些污泥调查人员表明，某一年内农作物对金属离子的吸收更多地取决于最近应用的污泥中金属离子的浓度，而不是土壤中金属离子的总累积量。作物对累积的金属离子的吸收依赖于元素存在的化合物形式，如是否可交换、是否可吸附、是否被有机物结合、是否是碳酸化合物或硫酸化合物等。在作物中的累积量依赖于植物根区根系对它们的可获取性、根系环境和特征。土壤酸碱性也是非常关键的决定因素。通常这些金属离子在酸性土壤中的植物毒性高于碱性土壤。土壤中黏土、有机物、水化铁氧化物、水化锰氧化物、有机酸、氨基酸以及腐殖酸等会对金属离子在土壤中的运移、吸附、作物吸收等产生影响。

农作物对金属离子的吸收能力随农作物种类不同而不同。果园植物和叶类蔬菜比其他种类的农作物能吸收更多的金属离子。动物啃食牧草或者喂食动物牧草后，金属离子经常累积在动物肝脏和肾脏组织中。国际上，污水土地应用于农业系统中时，在对场地上养殖的动物和本土其他野生动物的研究中没有发现污水应用的金属离子对它们健康的不良影响。例如，对澳大利亚墨尔本污水土地应用系统草地上直接放牧的动物生理解剖分析实验表明，这些动物肝脏和肾脏组织中发现的镉、锌和镍等金属离子浓度在哺乳类动物组织所含金属离子的正常范围内。据报道，美国宾夕法尼亚州立大学污水土地应用系统场地上的小鼠和兔子体内骨骼、肾脏和肝脏组织中的金属离子对这些动物没有产生任何不良影响。研究人员监测调查了美国加利福尼亚州某快速渗滤系统下浅层地下水中金属离子的平均浓度。该快速渗滤系统运行 33 年后，系统下浅层地下水中镉、铬、钴等离子的浓度与正常场地外地下水中的金属离子浓度之间并无显著差异。其他金属离子的浓度略高于场地外正常地下水中相应金属离子的背景水平。经过 33 年的运行，该快速渗滤系统中，土壤顶部几十厘米内金属离子浓度仍低于或接近于常见农业土壤中这些金属离子浓度范围内的低浓度。

在地表漫流系统中，金属离子的主要去除机理为土壤表面和杂质层中黏土胶体颗粒和有机物质对金属离子的吸附、形成非溶性羟基化合物沉淀，以及形成有机金属络合物。大部分金属离子累积在土壤表面和靠近起始应用位置的生物质中。

总之，金属离子一般不是城市市政污水土地应用系统的限制性设计参数或因素。金属离子可能是工业污水土地应用系统设计的限制性参数或因素，也可能是生物固体土地应用系统设计的限制性参数或因素。具体情况要根据污水中这些金属离子的浓度来确定。

4.2.6　氮

氮在污水土地应用系统中的存在形式有多种，包括 N_2、有机氮、NH_3、NH_4^+、NO_2^-、NO_3^- 等，且从一种氧化态到另一种氧化态转变相对容易，因此氮在污水土地应用系统中去除是动态和复杂的。活性污泥工艺和其他高效率生物处理工艺可以将所有氨离子经由硝化反应转化为硝酸氮。通常只有一部分氨氮被硝化，而且大多数处理系统出流污水中大部分氮仍以氨氮形式存在（注：在本书中氨和铵离子可互相替换，视为一致）。在设计所有 3 种土地应用系统时，必须确定待处理污水中各种形式氮的总浓度以及具体存在形式（如有机氮、氨氮、硝酸氮等）。3 种污水土地应用工艺运行经验表明，当污水中氮进入土地应用系统时，氮元素氧化程度越低，污水土地应用系统对氮的总体去除效果越好。

4.2.6.1　氮与土壤

土壤植物系统对污水中的氮提供了许多相互关联的响应。通常与颗粒物质相关（如存在于悬浮固体中）的有机氮组分在污水土地应用系统中被土壤颗粒捕获或过滤。氨组分可通过挥发、农作物吸收或被土壤中黏土矿物颗粒吸附。吸附过程属于可再生过程，因为通常土壤微生物会将截留的氨氮氧化成硝酸氮，导致土壤颗粒中的氨氮吸附点位空缺吸附质，这样微生物硝化过程就恢复了土壤对氨氮的吸附能力。硝酸氮可被植物摄取同化吸收，或通过土壤中厌氧区中的反硝化过程转化为氮气或者笑气，随后释放到大气中。污水悬浮颗粒物质中所含有机氮的分解速度较慢，这对污泥或生物固体的土地应用与处理系统的除氮效果影响更大，因为这些悬浮固体是整个污泥或生物固体土地应用中非常重要的一部分。当有机固体分解时，所含的有机氮被矿化并以氨的形式释放。对于大多数污水土地应用系统来说，有机氮矿化不是主要受关注的问题。但接收含有大量藻类的兼性自然塘污水出流的土地应用系统情况不同，在此类污水土地应用系统工程设计中必须考虑藻类的含氮量，因为它可能是系统中氨负荷的最大组成部分。

只要维持或定期恢复必要的土壤好氧状态，在所有 3 种土地应用系统中的硝化作用就都会非常有效。在有利条件下（如充分的碱度、适宜的温度等），土壤每天可以硝化 NH_3-N 5～50mg/L。如果污水土地应用系统能够维持好氧条件，污水土地应用系统就可以每日应用 300mm 的 NH_3-N 浓度为 20mg/L 的常见普通污水。但是需要注意，硝化作用产物硝酸氮极有可能被下渗水运移至地下水中。

维持或恢复必要的好氧条件是污水土地应用系统污水布水时间短且需要间歇或采用循环布水的原因。例如，在快速渗滤土地应用系统中，在污水应用周期的早期阶段，土壤颗粒上 NH_4^+ 吸附点位会被 NH_4^+ 饱和。在运行暂停期间，当系统将土壤水排空时，系统好氧条件才能得到恢复，土壤微生物才能将吸附的 NH_3-N 转化为硝酸氮。在下一个应用周期，铵离子吸附点位可以实现再次使用。随着厌氧条件产生发展，大部分硝酸氮被反硝化。反硝化细菌是常见的土壤微生物，在 3 种污水土地处理系统中厌氧条件都会形成，至少在微型或者局部土壤点位上，可以形成厌氧条件，使系统中发生反硝化脱氮。

硝化是一种氮形式转化过程，而不是真正的脱氮过程。反硝化、挥发和农作物吸收才是氮去除的有效途径。氮被农作物吸收是大多数慢速渗滤土地系统设计中考虑的主要氮去除途径，反硝化和挥发也起重要作用，作用大小依赖于场地条件和污水类型。在快速渗滤土地应用系统中，NH_3-N 首先被吸附在土壤颗粒表面上，随后才发生硝化作用，但反硝化是重要的氮真正被去除的机理。对于地表漫流系统，农作物吸收、挥发和反硝化都能促进脱氮。农作物摄取氮将在随后章节中详细讨论。

4.2.6.2　硝酸氮

和氮相关的健康问题是，饮用水中过高浓度的硝酸氮会对 6 个月以下婴儿的健康造成影响。因此，美国国家环保署将饮用水中硝酸氮标准设为 10mg/L。慢速渗滤系统和快速渗滤系统中，关注的氮转化途径是将污水中的氨氮转化为硝酸氮，然后再渗滤到饮用水含水层。当涉及可饮用水含水层时，目前的设计指南要求在土地应用项目边界上满足所有饮用水标准。与其他饮用水水质参数相比，氮浓度值相对较高，因此，氮浓度经常是慢速渗滤系统设计的限制性参数或因素。后续章节将介绍在污水土地应用系统中就除氮方面的完整设计细节。该设计方法本身有大量安全因素确保设计保守安全。该设计方法假定所有应用的氮是硝酸氮，并在假定的污水应用时间内氮形式为硝酸氮（无时间延迟，也没有氨矿化发生），并假定污水没有与原位地下水混合或者氮在地下水中扩散稀释。

4.2.6.3　有机氮

快速渗滤系统中氮质量平衡通常不包括农作物吸收的氮成分。地表漫流系统中渗滤氮也不需要考虑，因为该系统中渗滤液体积通常可以忽略不计。生物固体的土地应用系统中，氮质量平衡需要考虑有机氮矿化因子解释以前留存的有机氮。在慢速渗滤系统和地表漫流系统中的氮质量平衡，有 4 种可能的情况需要考虑有机氮矿化因素：

① 工业污水应用或污水中工业污水成分高，污水中含高浓度固体，且有机氮含量高；

② 系统种植作物，作物被割除，但不被完全移离场地；

③ 污水土地应用场地为牧场，有大量动物放牧，粪便留在场地上；

④ 污水土地应用场地使用污泥或粪便作为补充肥料。

了解氮在土地应用系统场地上的形态非常重要，因为在未经处理的市政污水和初级处理污水出流中，氮的存在形式不可能是有机氮和氨氮的简单组合。在使用前处理或储存过程中发生的任何氮损失都应予以考虑。在理想条件下，兼性自然塘或储水池可去除高达 85％ 的氮。当系统设计把氮作为限制性设计参数时，这部分氮损失尤为重要，因为在土地应用之前，任何氮损失或者减少都会相应地减少土地应用系统场地规模，从而降低土地成本。

4.2.7　磷

饮用水中磷的存在并没有引起任何已知的健康问题，但是磷被认为是地表水富营养化的主要因素，因此从污水中去除磷是环境领域关注的问题。在城市污水中，磷以正磷酸盐、聚磷酸盐和有机磷酸盐的形式存在。正磷酸盐可立即用于土壤生态系统中的生物反应，即被植物和微生物摄取吸收。在常见土壤中，聚磷酸盐水解过程非常缓慢，因此植物对这类磷的获取并不容易。工业污水中可能含有很大一部分有机磷，但常见的城市污水中基本不含有机磷。

4.2.7.1　去除机理

污水土地应用系统中磷的去除可以通过植物吸收和土壤中生物过程、化学过程和物理过程进行。前一节所描述的脱氮过程几乎完全依赖于生物过程，因此，通过适当的系统设计和管理，可以持续地维持或恢复脱氮能力。但是，土壤中磷的去除在很大程度上取决于化学反应，这些化学反应不一定是可再生的。因此，随着时间的推移，土壤对磷的截留能力将逐渐降低，但不会耗尽。例如，在一典型慢速渗滤土地应用系统中，估计每 10 年就会有 30cm 厚的土壤层中磷达到饱和。除磷期间，磷的去除几乎可以全部完成。磷渗滤一般不需要考虑，除非系统中设计的土壤层中吸附点位全部被磷占据而饱和，此时磷才可能向下渗滤到地下水中，或者以其他方式排放到地表水中。

城市污水中的磷一般不可能是污水土地应用系统工艺设计的限制性设计参数。一些监管机构已将磷确定为生物固体土地应用系统设计的限制性设计参数。这是一种非常保守的方法，旨在确保生物固体中的氮或金属离子不能超过限值。然而，这种方法用于农作物土地系统时，会导致农作物因氮缺乏而无法获得最佳产量，而且通常需要再补充商业氮肥。在某些慢速渗滤系统场地上，磷可能会限制场地的设计寿命。例如，一场地含有粗质砂土，在土壤浅层设有排水系统，将渗滤水排放至敏感地表水中时，在这种情况下，场地的使用寿命可能为 20～60 年，场地使用寿命取决于土壤类型、地下排水深度、污水特性和污水应用负荷率。

在慢速渗滤系统中，作物摄取同化吸收磷是该系统中磷去除的一个途径，但是在慢速渗滤系统和快速渗滤系统中，磷的主要去除途径是土壤去除。当黏土、铁铝氧化物以及钙质存在时，磷的去除是通过沉淀/吸附反应完成。土壤中磷的去除率随黏土颗粒含量的增加和彼此之间接触时间的增加而增加。美国常见慢速渗滤系统中的渗滤液含磷值接近于本地天然地下水中磷的背景水平。

4.2.7.2 快速渗滤系统中的磷

在快速渗滤系统中，植物对磷的吸收基本很小，可以忽略。有效的磷去除取决于土壤特性，高水力负荷通常需要设计水在土壤中较长的水力行程。美国快速渗滤系统数据表明，在几百米深底土渗滤液中磷浓度接近本底水平。

经过对一些土地处理应用运行收集到数据的分析，研究人员建立了预测慢速渗滤土地应用系统和快速渗滤土地应用系统中磷去除模型［式(4-3)］。由于该模型建立过程中所用数据大部分来自快速渗滤土地应用系统的粗质土壤场地，因此式(4-3) 在用于慢速渗滤系统时，结果更保守。

$$P_x = P_o(e^{-kt}) \tag{4-3}$$

式中　P_x——流动路径上 x 处渗滤液中的总磷，mg/L；

P_o——应用污水中总磷，mg/L；

k——速率常数，0.048/d；

t——到点 x 的停留时间，d。

$$t = \frac{xW}{K_x G} \tag{4-4}$$

式中　x——沿流动路径上的距离，m；

W——饱和土壤含水量，假定为 0.4；

K_x——水在土壤中沿 x 方向上的水力传导率，m/d；

G——流动系统的水力梯度，无量纲，垂直流动取值 1.0；水平流动时 $G=\Delta h/L$，其中 Δh 为水流起点与终点 x 之间高程差；L 为水平流动路径长度。

应用式(4-3)求解分两步：第一步是求垂向流动流量分量，从土壤表面到底土地下水流边界（如果存在的话）；第二步是求解到出口点 x 的横向流动流量。计算中假定饱和流动条件，因此可以得到尽可能短的滞留时间。在大多数情况下，实际垂向流动都是非饱和的，因此实际停留时间将比用该公式计算得到的时间长得多，进而实际除磷量将更大。如果该公式用于预测可接受的磷去除时，需要确保场地可靠运行。大型工程项目的最终设计应进行详细的实地除磷试验。

4.2.7.3　地表漫流系统中磷

地表漫流土地应用系统中，应用的污水与土壤之间的接触机会仅限于系统中的土壤表面，因此磷的去除通常在 $40\%\sim60\%$ 之间。在处理坡面上施用化学药剂可促进处理坡面的磷去除，大量污水中的磷经化学反应后沉降在处理坡面上。美国国家环保署，在位于俄克拉荷马州阿达的某地表漫流土地应用系统中进行了研究，研究显示，使用明矾作为促进磷去除剂，当化学药剂添加量 Al：TP 的摩尔比为 2：1 时，在处理后的径流中总磷浓度为 1mg/L。美国密西西比州的研究表明，添加铝可以使磷的质量去除率达到 $65\%\sim90\%$ 之间，无铝添加，则磷去除率不到 50%。

典型的城市污水中总磷含量在 $5\sim20$mg/L 之间。工业污水中磷浓度可能会更高，尤其是来自化肥生产和洗涤剂生产的污水。食品加工过程中产生的污水也可能含有较高的磷酸盐。典型值为：乳制品，$9\sim210$mg/L PO_4^{3-}；谷物碾磨，$5\sim100$mg/L PO_4^{3-}；牛饲料，$60\sim1500$mg/L PO_4^{3-}。

4.2.8　钾和其他微营养物

钾作为污水中的一种元素，通常对健康和环境没有重大影响。但是钾是植物生长需要的基本营养物质。在常见市政污水中，钾不会与氮和磷形成植物营养的最佳组合而得到使用。如果污水土地应用系统依靠农作物的吸收去除氮，则系统可能需要添加补充钾，以保持最佳水平的氮去除。式(4-5)可用于估计在原位土壤中天然钾含量较低时可能需要补充的钾量。这种情况在美国东北部较为多见。

$$K_S = 0.9U - K_{ww} \qquad (4-5)$$

式中　K_S——每年需要补充的钾量，kg/hm²；

U——每年农业物摄取氮估计值，kg/hm²；

K_{ww}——污水中应用的钾量，kg/hm²。

大多数植物也需要镁、钙和硫元素，是否需要额外添加这些元素取决于土壤的化学特性，在某些地方的土壤中这些元素可能会存在匮缺。其他对植物生长重要的微量元素包括铁、锰、锌、硼、铜、钼和钠。一般来说，城市污水中有足够数量的这些元素，在某些情况下过量的微营养元素会导致植物毒性问题，后续部分将对此进行讨论。

4.2.8.1　无机元素和盐

这一类物质通常是指硼、硒、砷、钠、硫、钾等，以及由这些元素形成的化合物、氧化物和盐。这些物质对土地处理的主要影响是由于污水中钠浓度高，对某些作物营养成分和黏土类土壤渗透性会产生不良影响。在典型的城市污水中这些物质的浓度，不足以使它们成为污水土地应用系统设计的限制性设计参数。下文将讨论例外情况，即高盐污水应用于干旱与半干旱地区的农作物或者土壤时系统设计需要考虑盐分问题。

4.2.8.2 硼

硼是植物必需的微量营养元素，但对敏感植物来说，在相对较低的浓度（1mg/L）时，就会对植物产生毒性。如果土壤中存在铝和铁氧化物时，土壤颗粒对硼有一定的吸附能力。土壤反应与前面描述的磷反应相似，但硼的容量很低。一种保守的设计方法假设，没有被植物吸收的任何硼都可以渗透到地下水中。据报道，位于美国亚利桑那州台地的慢速渗滤土地应用系统，应用的城市污水中硼含量为 0.44mg/L，而系统下面的地下水中其含量为 0.6mg/L。而加利福尼亚州卡马里奥的另一类似系统中，污水中硼浓度为 0.85mg/L，而其在系统下面地下水中浓度为 1.14mg/L。在这两个真实案例中，硼浓度增加，原因可能是由于蒸发蒸腾损失水，而使硼浓缩。

表 4-4 列出了常见作物对硼的耐受性。青玉米对硼的吸收量为 0.006kg/(hm^2 · a)，苜蓿吸收量为 0.91~1.8kg/(hm^2 · a)。

表 4-4　美国国家环保署总结的常见作物对硼的耐受性

Ⅰ. 可忍受作物	Ⅱ. 可中度忍受作物	Ⅲ. 敏感性作物
苜蓿	大麦	水果作物
棉花	玉米	坚果作物
甜菜	高粱	
草木犀	燕麦	
萝卜	烟草	
	小麦	

含 2~4mg/L 硼的工业污水可成功应用于表 4-4 所列第Ⅰ类农作物；第Ⅱ类农作物的耐硼性为 1~2mg/L 硼；第Ⅲ类农作物的耐硼性不足 1mg/L。因此，硼不是污水土地应用系统工艺设计的限制性设计参数，而是农作物选择的决定性因素。前面讨论过磷因素，慢速渗滤系统对硼的去除优于其他两种类型系统。

4.2.8.3 硒

硒对动物来说是一种微量营养元素，但对植物来说不是必需的。但是，高浓度的硒对动物具有毒性，许多植物可以将硒累积到影响动物的水平，同时不会对农作物产生任何明显影响。植物体内含有 (4~5)×10^{-6} 硒时就会对动物产生毒性。土壤中的水合铁氧化物对硒有弱吸附能力。美国东南部地区土壤中铁氧化物含量很高，尽管它们对硒的吸附能力偏弱，但是仍然会引起土壤中硒累积，该问题引起大量关注。在蒸发量较高的干旱地区，表层土壤最终会因浓缩作用导致硒含量达到致毒水平。如加利福尼亚州著名的凯斯特森沼泽地就存在这一现象。一般而言，硒不是城市污水土地应用系统设计的限制性设计参数。但是硒是美国国家环境保护机构要求首先要被处理的污染物。如果工业污水中硒浓度预计大于 0.01mg/L，可能需要避免使用慢速渗滤系统和地表漫流系统处理工业污水，主要原因为土地处理长期运行可能会导致植物中硒累积，致毒浓度的硒有可能进入人和动物的食物链，产生长期的健康影响。

4.2.8.4 砷

砷对所有生命形式都是不重要的。在高浓度情况下，它可能对植物有中等毒性，对动物也有很大的毒性。通常土地系统场所的食物链能得到保护，因为农作物上可食用部分中砷浓度达到人和动物致毒的浓度时，大部分农作物已经表现出砷中毒的症状。污水土地应用系统中砷去除是通过土壤黏土颗粒、土壤中铁、铝氧化物的吸附，其作用与前面描述的除磷机理基本相同。一般而言，砷也不是城市污水土地应用系统设计的限制性设计参数。调查表明，农田上施用含 $(15\sim20)\times10^{-6}$ 砷的家禽粪便 20 年后，对苜蓿类植物未见不良影响。建议对高砷浓度工业污水土地处理设计前要进行现场试验，以确定在特定地点的污水应用负荷率并选择适当的植物。

4.2.8.5　钠

钠通常存在于所有污水中。饮用水中对钠含量并无特殊要求，但医学认为，人体摄入高水平钠会导致心脑血管疾病。钠和钙对植物都有直接毒性，但它们对土壤盐度或土壤碱度的影响往往是最重要的关注。当土壤含盐量超过 0.1% 时，敏感植物的生长就会受到损害。盐度也直接影响土壤溶液的渗透压力，而渗透压力控制着植物吸收水分的能力。在干旱气候中使用高浓度钠或氯的水也会对农作物产生不利影响。在干旱气候条件下，叶片能迅速吸收这两种元素，而它们在叶片表面的累积会导致植物毒性。钠在土壤中不会被永久去除，而通常是参与土壤溶液中的阳离子交换过程。这些阳离子交换反应与工业水软化过程中发生的反应相似，常会涉及钠、镁和钙。

在某些情况下，在黏土含量高的土壤中应用相比于钙和镁含量过高的含钠污水，可能会对土壤结构产生不利影响。由此导致黏土颗粒失去结集能力，致使土壤膨胀，土壤水力传导能力大幅度下降。通常对土壤影响的评价指标为钠吸附比，如式(4-6) 所示：

$$SAR=\frac{Na}{\sqrt{(Ca+Mg)/2}} \tag{4-6}$$

式中　SAR——钠吸附比，Ca、Mg、Na 的浓度均为当量浓度。

在黏性颗粒含量较高的土壤（黏土含量为 15% 或更高）中，SAR 值应≤10。黏土含量低的土壤或不溶胀的黏土中，SAR 最大值为 20。在任何气候条件下使用城市污水土地应用系统，都不太可能出现此类问题，因为城市污水中 SAR 值很少超过 5～8。工业污水可能会引起更多关注。离子交换水软化后的冲洗废水中 SAR 可达到 50 左右，部分食品加工污水中 SAR 可达 30～90 以上。SAR 问题受污水中总溶解性固体含量（TDS）影响，低 TDS 水会产生更多的不利影响。

常见的补救措施是在土地表面施用石膏或其他廉价的钙源，以解决土壤膨胀或渗透能力降低的问题。应用水可以使钙渗入土壤，然后与 Na^+ 进行交换。大量 Na^+ 就会进入土壤溶液中，再通过补充额外应用水量，将这些 Na^+ 淋洗出植物根区。

4.2.8.6　盐度

盐度的测量方法通过测量总溶解性固体（TDS）、电导率（EC）或固定溶解性固体（FDS）确定。固定溶解性固体（FDS）最适宜用于决定工业污废水中的盐度，因为该法对含有大量挥发性溶解性固体的污水更为准确。盐度也可以采用阴阳离子浓度总和来确定。在无挥发性溶解固体的污水中，电导率（mmho/cm）等于总溶解性固体（TDS， mg/L）除以 0.640。

盐度问题在干旱地区最被关注，因为要处理的污水中含盐量很高。由于蒸发蒸腾作用，盐分在土壤中会进一步浓缩，另外干旱地区污水土地应用系统设计通常以农作物生长所需的最小用水量为基础进行设计计算。因此这些因素的结合将导致土壤中盐会迅速累积。标准设计方法是先确定农作物用水需求，然后再加上盐渗滤水量，以确保足够多的水量通过植物根部区域降低盐分对植物的负面影响。如果已知灌溉水的盐度或电导率，同时能确定保护植物不受盐分影响的渗滤液需要的盐度，就可以确定渗滤水比例（LR）。如果灌溉水的电导率可以测得，也可以将 mg/L 换算为 mmho/cm，同理可查阅国际粮农组织（FAO）关于农水灌溉的设计手册，得知可保护植物生长的土壤水盐分允许浓度或者电导率，从而应用式(4-7)确定渗滤水比例。

$$LR = 100 \times \frac{EC_1}{EC_D} \qquad (4\text{-}7)$$

式中　LR——盐渗滤需求百分比；

　　　EC_1——灌溉水的平均电导率，mmho/cm；

　　　EC_D——土壤水或者渗滤水中保护植物的盐分要求，mmho/cm，可查阅参考国际粮农组织关于农业灌溉指导资料，国际粮农组织也规定了不同产量减少情况下对土壤水中盐分的要求。

一旦确定了渗滤水比例（LR），就可以用式(4-8)计算总的污水应用水量。

$$L_W = CU / (1 - LR/100) \qquad (4\text{-}8)$$

式中　L_W——总的污水应用水量；

　　　CU——植物用水需求；

　　　LR——渗滤水比例。

为防止干旱地区土壤中的盐分积累，经验做法是应用的污水总量为 1～1.5 倍农作物用水需求量。美国较潮湿地区的土地应用系统土壤中一般不会出现盐度问题，也无渗滤或者淋溶要求，因为自然降水量较大，可以将盐分及时冲洗出土壤植物根区。而潮湿地区采用较高水力负荷时，则污水土地应用系统场地面积的需求就较小。

4.2.8.7　硫

硫通常以硫酸盐或亚硫酸盐的形式存在于大多数污水中。其来源是供水中本身就存在这些物质或者是来自生活废物。硫酸盐在土壤中驻留能力不强，但通常又存在于土壤溶液中。硫酸盐在城市污水中的浓度通常不够高，以致于不足以在污水土地应用系统设计中受到关注。饮用水标准将硫酸盐浓度限制在 250mg/L 以下；灌溉标准建议其浓度为 200～600mg/L 之间，具体取值应充分考虑农作物的特性来确定。制糖、炼油和硫酸盐造纸厂的工业废水都可能含有较高浓度的硫酸盐或亚硫酸盐，因此在土地应用系统处理这类污水时需要特别考虑其中的硫含量。土地应用系统中，农作物硫元素摄取吸收是硫去除的一条途径。

表 4-5 总结了常见作物对硫的吸收。

表 4-5　美国国家环保署总结的常见作物对硫的吸收

作　　物	收获的作物量/(t/hm²)	去除的硫质量/(kg/hm²)
玉米	12.5	49
小麦	5.6	25
大麦	5.4	28
苜蓿	13.4	34
三叶草	9.0	20
海岸百慕大草	22.4	50
鸭茅草	15.7	56
棉花	1.30	26

通常在工业污废水土地处理中，如果硫是污水土地应用系统设计的限制性设计参数，则设计过程与前面描述涉及氮元素的方法类似。保守的假定是，所有应用在土地上的硫化合物都将被转化为硫酸盐。如果土地系统设计涉及饮用水含水层时，由于饮用水标准要求硫酸盐浓度最高为 250mg/L，则需要将该值应用于土地处理项目底部边界处设定为渗滤水中硫的限值，以确保渗滤水不会引起硫浓度在地下水中超标。在确定该系统规模大小尺寸时，应假定硫的主要的永久性去除途径是农作物对硫的摄取。表 4-5 中的值可用于估算。如果工业废水有机物含量特别高，则可能会有额外的固硫作用。建议对受关注的工业废水进行特定的试验测试，以确定在特定地点条件下处理含硫污废水的可能性。

4.2.9　微量有机污染物

许多微量有机污染物对微生物降解具有抵抗力，甚至有些几乎具有完全抵抗力，可能在环境中持续存在相当长的一段时间；另外一些有毒性或危险性，需要特别管理和处理。

在污水土地应用系统中，挥发、吸附和生物降解是去除这类有机物的主要方法。挥发可能发生在处理工艺的水表面、储水池的水表面、快速渗滤池的水表面、喷灌系统的水滴表面、地表漫流系统斜坡的地面水膜中和生物固体的外露表面。吸附主要发生在系统中的有机物上，如植物凋落物和类似残留物上。许多情况下，微生物才有可能降解这类吸附在系统中的污染物。

4.2.9.1　挥发

有机物从水表面挥发可以用一级动力学描述，因为可以假定水面上方大气中有机物浓度基本为零。式(4-9) 是基本的动力学方程，式(4-10) 可用于估计受关注污染物的半衰期。

$$\frac{C_t}{C_0} = e^{-K_{vol}t_y} \tag{4-9}$$

$$K_{vol} = K_M y$$

式中　C_t——时间为 t 时污染物浓度，mg/L；

69

C_0——时间 $t=0$ 时污染物浓度，mg/L；

K_{vol}——挥发传质系数，cm/h；

K_M——总挥发速率系数，h^{-1}；

y——液体深度，cm。

$$t_{1/2} = 0.6930y/K_{vol} \tag{4-10}$$

式中　$t_{1/2}$——浓度 $C_t = 0.5C_0$，h。

总挥发传质系数 K_M 是污染物分子量和由亨利定律常数定义的空气-水分配系数的函数，后者由式(4-11) 确定。

$$K_{VM} = \frac{B_1}{y} \times \frac{H}{(B_2 + H)\sqrt{M}} \tag{4-11}$$

式中　K_{VM}——挥发传质系数，h^{-1}；

H——亨利定律常数，10^5 atm·m^3/mol，1atm=1.01×10^5Pa；

M——污染物的摩尔质量，g/mol；

B_1、B_2——系统特定系数，无量纲。

在充分混合的水面上，挥发性氯化烃类化合物的 B_1、B_2 测定值为：$B_1 = 2.211$，$B_2 = 0.01042$。

研究人员在某地表漫流土地应用系统中，测定的坡面上一些挥发性有机物的 B_1、B_2 值为：$B_1 = 0.2563$；$B_2 = 5.86 \times 10^{-4}$。

由于系统中坡面上的水流是非紊流的，几乎可以认为是层流（雷诺数为 $100 \sim 400$），所以坡面水流的系数 B_1、B_2 要低得多。该坡面平均水流深度约为 1.2cm。

通过将式(4-11) 变形推导，有学者在低压大液滴污水灌溉喷头上测定了有机物挥发损失。在此情况下，方程中的 y 项等于平均液滴半径，所测定的系数仅适用于所使用的特定喷头。式(4-12) 适用于表 4-6 所列有机挥发性化合物在污水喷灌系统喷头上的挥发损失计算。

$$\ln \frac{C_t}{C_0} = 4.535 \times (K'_M + 11.02 \times 10^{-4}) \tag{4-12}$$

式中，K'_M 取值见表 4-6；其他符号意义同上。

表 4-6　美国国家环保署总结的污水喷灌系统中挥发性有机污染物去除数据

有机污染物	式(4-12)中计算的 K'_M 值/(cm/min)	有机污染物	式(4-12)中计算的 K'_M 值/(cm/min)
三氯甲烷	0.188	（正）己烷	0.239
苯	0.236	硝基苯	0.0136
甲苯	0.220	间硝基甲苯	0.0322
氯苯	0.190	PCB	0.0734
三溴甲烷	0.0987	萘	0.144
二氯（代）苯	0.175	菲	0.0218
戊烷	0.260		

4.2.9.2　吸附

污水土地应用系统中有机物质对污水中微量有机污染物吸附是这些污染物主要的去除机理。有机物质吸附的微量有机污染物与土壤溶液中的微量有机污染物的相对量由分配系数 K_p 确定，而分配系数与溶液中微量有机污染物溶解度相关。如果确定了辛醇-水分配系数 K_{ow} 和系统中有机碳的百分比，就可以估计该分配系数值。在地表漫流土地应用系统的处理坡面上，微量有机污染物的吸附可以用一级动力学描述，其速率常数可以由式(4-13)确定。

$$K_{SORB} = \frac{B_3}{y} \cdot \frac{K_{ow}}{(B_4 + K_{ow})\sqrt{M}} \tag{4-13}$$

式中　K_{SORB}——吸附系数，h^{-1}；

$\quad\quad B_3$——特定处理系统系数，所研究的地表漫流土地应用系统中，该值为 0.7309；

$\quad\quad y$——坡面水深，cm，取 1.2cm；

$\quad\quad K_{ow}$——辛醇-水分配系数；

$\quad\quad B_4$——特定系统系数，所研究的系统中该值为 170.8；

$\quad\quad M$——有机污染物的摩尔质量，g/mol。

在许多情况下，这些微量有机污染物的去除是吸附和挥发的组合结果。整体速率常数 K_{SV} 是吸附和挥发各自的系数之和，即 $K_{SV} = K_{SORB} + K_{VM}$。整体去除可以用式(4-14)确定。

$$\frac{C_t}{C_0} = e^{-K_{SV} \cdot t} \tag{4-14}$$

式中　K_{SV}——$K_{SORB} + K_{VM}$，吸附和挥发整体速率常数；其他符号意义同上。

表 4-7 提供了一些常见有机污染物物理属性。

表 4-7　美国国家环保署总结的常见有机污染物物理属性

有机污染物	K_{ow}	H，亨利常数	摩尔质量/(g/mol)
三氯甲烷	93.3	314	119
苯	135	435	78
甲苯	490	515	92
氯苯	692	267	113
三溴甲烷	189	63	253
二氯(代)苯	2400	360	147
戊烷	1700	125000	72
(正)己烷	7100	170000	86
硝基苯	70.8	1.9	122
间硝基甲苯	282	5.3	137
酞酸二乙酯	162	0.056	222
PCB	380000	30	26
萘	2300	36	128
菲	22000	3.9	178
2,4-二硝基酚	34.7	0.001	184

4.2.9.3 微量有机污染物去除

由于担心这类微量有机污染物会在污水土地应用系统中污染地下水，许多研究人员对这类污染物的去除进行了大量研究，研究结果表明污水土地应用系统对这类污染物的去除是有效的。表4-8列举污水土地应用系统中有机污染物去除数据。慢速渗滤土地应用系统中的观测是污染物进入土壤后在1.5m深土壤中的测量值，系统布水方式为低压、大液滴喷灌器。地表漫流土地应用系统中的测值是位于污染物进入处理坡面后离布水口30m处的测值，布水是通过坡顶阀门控制的水管。快速渗滤土地应用系统中的测值为位于渗滤池下183m处采样井中的测值。

表 4-8 美国国家环保署总结的污水土地应用系统中有机污染物去除数据

有机污染物	慢速渗滤系统		地表漫流系统	快速渗滤系统
	砂质土壤	粉砂土壤		
三氯甲烷	98.57	99.23	96.50	99.99
苯	99.99	99.99	99.00	99.99
甲苯	99.99	99.99	98.09	99.99
氯苯	99.97	99.98	98.99	99.99
三溴甲烷	99.93	99.96	97.43	99.99
二溴氯甲烷	99.72	99.72	98.78	99.99
硝基甲苯	99.99	99.99	94.03	—
PCB	99.99	99.99	96.46	99.99
萘	99.98	99.98	98.49	96.15
菲	99.99	99.99	99.19	—
五氯苯酚	99.99	99.99	98.06	—
2,4-二硝基酚	—	—	93.44	—
硝基苯	99.99	99.99	88.73	—
二氯(代)苯	99.99	99.99	—	82.27
戊烷	99.99	99.99	—	—
(正)己烷	99.96	99.96	—	—
酞酸二乙酯	—	—	—	90.75

注："—"表示未见报道。

表4-8所列的去除情况，对于慢速渗滤土地应用系统，代表的污水中污染物浓度范围为2～111μg/L，渗滤液中该类污染物浓度范围为0～0.4μg/L；对于地表漫流土地应用系统，代表的污水中该类污染物浓度范围为25～315μg/L，系统径流出流中该类污染物浓度范围为0.3～16μg/L；对于快速渗滤土地应用系统，代表的污水中污染物浓度范围为3～89μg/L，渗滤液中此类污染物浓度范围为0.1～0.9μg/L。

4.2.9.4 植物修复

植物修复包括利用植物处理或稳定受污染的土壤和地下水。这项技术的出现是对处理受有毒和危险废物污染场地的努力。技术上已经成功使用植物修复的污染物有石油烃类化合物、氯化溶剂、金属离子、放射性核素，以及氮、磷等植物营养物质。尽管早在20世纪末，已经有至少200多个场地成功使用了植物修复技术，但是，目前使用的

"修复"技术并不是"新"技术，而实际上是借鉴了本书中介绍的基本生态系统响应和反应机理。最常见的修复技术应用依赖植物将受污染的土壤水吸引到植物根区，使根区中的微生物对这些污染物进行降解或者由植物直接对污染物进行吸收去除。植物在生长季节的蒸腾作用使受污染的地下水向上移动并实现污染物去除。一旦污染物被植物吸收，污染物可能会沉没在植物的生物质中，或者可能被降解和新陈代谢成可挥发物质释放到大气中。在某些情况下，植物的根会分泌酶，这些酶会促进土壤中污染物的快速降解。

很显然，这些植物修复站点不可以使用能进入人类食物链的植物。常用植物为草和树种，其中杂交杨树已成为应用最广泛的树种。这些树种比北方温带地区的普通树木生长速度快，而且对水和营养物摄取速率非常高；易无性繁殖，成长速度快，种类繁多，可以适应大范围的各种场地条件和气候条件。棉铃木、柳树、郁金香、桉树和杉木等也经常会被选用。杂交杨树（H11-11）可以成功去除污水中的四氯化碳（起始浓度为15mg/L），该类植物使四氯化碳脱氯并进行降解，然后在土壤中释放 Cl^-，在大气中释放 CO_2。印第安芥菜和玉米可以成功去除受污染金属污染的土壤。紫花苜蓿可以恢复因肥料泄漏而污染的土地。

4.2.9.5　PPCPs

PPCPs，即药物与个人护理品污染物，是近二十多年世界各地新关注的一类污染物，也迅速成为了污水土地应用系统的受关注的污染物。污水中包含多种激素，因此污水土地应用系统中残余激素的存在可能会引起用该系统生产出来的饲料所喂养的动物产生生殖问题。与此类似，与污水灌溉有关的其他 PPCPs 还包括内分泌干扰物（EDCs），到目前为止，至少有 45 种化学物质已经被鉴定为潜在的内分泌干扰污染物，这些化学污染物包括二氧杂环己二烯和多氯联苯等工业污染物、胺甲萘和 DDT 等杀虫剂，以及诸如阿特拉津等除草剂。

据报道，由美国地质调查局承担的对美国境内 PPCPs 污染调查结果显示，抽样现场调查的 80% 河流中存在来自污水的有机污染物，这些污染物包括药物、激素和其他有机污染物。2007 年，美国环保部门对位于美国蒙大拿州一所中学化粪池出流污水水质调查的结果显示，12 种 PPCPs 被检出，这些有机污染物包括对乙酰氨基酚、咖啡因、可待因、酰胺咪嗪、科蒂宁、红霉素、尼古丁、副黄嘌呤、雷尼替丁、磺胺甲噁唑、甲氧苄氨嘧啶和苄酮香豆素钠等。德国环保部门完成的一项调查表明，地表水、污水和地下水中均含有药物残留物，其平均浓度水平均和农业生产中使用的农药残留物的浓度水平相当。

2007 年，研究人员对德国布朗斯威格一污水土地应用系统中 PPCPs 的去向进行了调查。该系统夏季同时应用处理后的市政污水与消化污泥混合液进行农田污水灌溉，冬季仅使用处理后的市政污水，该污水土地应用系统在当时已经运行 45 年。受检测的PPCPs 涵盖 52 种药物和两种个人护理用品污染物，大部分受检污染物在相关地下水中未被检出。主要检测到的 PPCPs 为：二乙酰氨基三碘苯甲酸盐和碘异酞醇，抗癫痫酰胺咪嗪和抗生素磺胺甲噁唑，浓度可达几毫克/升。据分析，所应用的污水中的大部分

PPCPs，如酸性药物、麝香类香精、雌激素和 β-受体阻滞药等，很可能被吸附在土壤颗粒上或在污水土地应用系统中得到转化降解。在探讨污水土地应用系统中 PPCPs 去向时，应考虑土壤特性，这些特性主要包括土壤颗粒粒度分布、pH 值和有机碳含量。研究人员发现，如果地下水位上层土壤层充足，则受研究药物如苯甲二氮革、布洛芬、双氢除虫菌素和酰胺咪嗪等随污水在土壤中下渗至地下水的浓度极低，但是在测试实验条件下，降固醇酸和碘普罗胺在土壤中随土壤水下渗移动活性大，极易经下渗进入地下水中。在检测的地下水中，酰胺咪嗪存在浓度的差别很大，原因为该污染物进入地下水的路径不同，经由河流沉积物进入地下水和经由含该污染物河水通过灌溉进入地下水的量要明显高于污水土地应用中进入地下水的量。

德国对饮用水中 PPCPs 的两次调查发现，降固醇酸的浓度部分达到 165ng/L 和 270ng/L，据推测，自来水中 PPCPs 的来源可能是处理后的污水补充地下水含水层。降固醇酸是一种降血脂药物，是具有生物活性的氯贝特代谢物，是一种纤维酸衍生物，在临床医学上主要用于治疗Ⅲ型高血脂症和重度高甘油三酯症。德国另一项研究结果表明，许多药物在传统污水生物处理过程中无法被微生物降解，也不能被污水污泥吸附。污水经灌溉进入土壤后，所含 PPCPs 在土壤中的运移和转化以及去除方面的研究尚少，大部分相关机理不清楚，这也激发了许多研究人员的兴趣。据报道，研究人员在美国科罗拉多州三个调查站点进行了药物污染调查，此次调查目的是评估用城市污水再生水灌溉的土壤中药物的存在和分布情况，共检测到 4 种 PPCPs，分别是红霉素、酰胺咪嗪、氟西汀、苯海拉明，在土壤中的浓度为 $0.02\sim15mg/kg$ 干土。此次调查显示这些药物污染物在土壤中的浓度随季节和天气变化而变化，一经污水进入土壤后，在土壤中持续存在的时间长达几个月。近年来关于药物在污水土地应用系统中的研究主要集中在药物在土壤颗粒表面的吸附和脱吸附。目前研究人员一致认为，吸附部分决定了药物在土壤中的运动迁移。土壤颗粒对药物吸附越多，脱吸附少时，药物渗漏进入地下水的比例越小。这也解释了在德国为什么降固醇酸会在一些污水土地应用系统下面的地下水中被发现，因为该系统中土壤对降固醇酸的吸附很弱。一些雌激素在土壤中通过化学过程被去除，其中一些是在土壤微生物作用下通过生化过程去除的，例如，17β-雌二醇在非生物转化的土壤中可以被氧化为雌酮，其他雌激素如雌二醇和 17α-乙炔雌二醇可以由微生物进行去除，17α-乙炔雌二醇在典型温带植物生长季节条件下，在农业土壤中会迅速分解。在土壤中，PPCPs 迁移和被微生物获取进行分解首先取决于土壤颗粒对它们的吸附能力。研究发现，磺胺类化合物被黏土类矿物质和自然有机质的吸附潜力弱，而且吸附潜力对土壤溶液的 pH 值有很强的依赖性。

4.2.10 其他水质参数

（1）pH 值

适合污水土地应用系统的污水的 pH 值范围通常在 5～9 之间。土壤一般对污水的酸碱度具有很大的缓冲能力，高的污水 pH 值可以在土壤中减弱，因而土地系统中的生物处理效果基本不受影响。通常 pH 值是污水水质分析的必要参数，可以用来初步判断毒性金属离子是否存在。

农作物也能承受相当大的 pH 值范围。据报道，作物生长的最佳 pH 值在 6.4～8.4 之间。土壤 pH 值低会导致金属变得更易溶于土壤水，并有可能渗入地下水。pH 值为 6 或以上目前被认为足以防止作物吸收大多数金属离子。城市污水中的金属离子浓度通常远低于破坏作物的最低值。如果担心作物可能吸收过多的金属离子，可以对作物谨慎监测。

（2）碳酸盐和碳酸氢盐

高碳酸氢盐水平（如 180～240mg/L）可增加土壤 pH 值，并与碳酸盐一起可能影响土壤的渗透性。HCO_3^- 可与钙、镁结合，沉淀为碳酸钙或碳酸镁，降低土壤水中钙浓度，增加土壤溶液中的碳酸钙含量。在炎热季节，含有过量碳酸氢盐和碳酸盐的水会在用喷头浇灌的植物叶片上留下白色石灰沉淀。这些白色石灰沉淀的形成降低了植物的审美品相，也降低了它们的市场可销售性。此外，这些沉淀物会导致滴灌设备（如滴头和喷头）的小开口堵塞。喷灌条件下，碳酸氢盐的水质限值为 90mg/L，当碳酸氢盐浓度大于 500mg/L 时会对植物造成严重危害。

（3）自由氯

污水土地应用系统中，采用喷灌布水，如果灌溉时污水中存在高残留氯，则会对植物造成伤害。由于游离氯（Cl_2）在水中具有高度活性和不稳定性，如果处理过的水储存在储水池中超过几个小时，那么高水平的剩余氯就会迅速消散减少。浓度低于 1mg/L 的残余游离氯一般不可能伤害植物叶片。在浓度相对较低，如低于 0.5mg/L，可能会对非常敏感的植物物种会造成一定程度伤害。

参 考 文 献

［1］ 孙铁珩，李宪法等. 城市污水自然生态处理与资源化利用技术［M］. 北京：化学工业出版社，2006.

［2］ Feigin A，Ravina I，Shalhevet J. Irrigation with treated sewage effluent：management for environmental protection［M］. USA：Springer-Verlag New York，1991.

［3］ Maule A. Survival of verocytotoxigenic Escherichia coli O157 in soil，water and on surfaces［J］. Symp Ser Soc Appl Microbiol，2000，29：71S-78S.

［4］ Ibekwe A M，Watt P M，Shouse P J，Grieve C M. Fate of Escherichia coli O157：H7 in irrigation water on soils and plants as validated by culture method and real-time PCR［J］. Can J Microbiol，2004，50（12）：1007-1014.

［5］ Adams C，Wang Y，Loftin K，Meyer M. Removal of antibiotics from surface and distilled water in conventional water treatment processes［J］. Journal of Environmental Engineering，2002，128（3）：253-260.

［6］ Kinney C A，Furlong E T，Werner S L，Cahill J D. Presence and distribution of wastewater-derived pharmaceuticals in soil irrigated with reclaimed water［J］. Environmental Toxicology and Chemistry，2006，25（2）：317-326.

［7］ Williams C F，Williams C E，Adamsen E J. Sorption-desorption of carbamazepine from irrigated soils［J］. Journal of Environmental Quality，2006，35（5）：1779-1783.

［8］ Daughton C G，Ternes T A. Special report：Pharmaceuticals and Personal Care Products in the Environment：Agents of Subtle Change? ［J］. Environmental Health Perspectives，1999，107 （S6）：907-944.

［9］ Gerba C P，Smith J E. Sources of pathogenic microorganisms and their fate during land application of wastes. J Environ Qual，2005，34 （1）：42-48.

［10］ Gerba C P，Goyal S M. Pathogen removal from wastewater during groundwater recharge，in Artificial Recharge of Groundwater ［M］. USA：Butterworth Publishers，1984.

［11］ Despo Fatta Kassinos，Dionysios D Dionysiou，Klaus Kümmerer. Advanced Treatment Technologies for Urban Wastewater Reuse ［M］. Switzerland：Springer International Publishing，2016.

［12］ Powelson D K，Mills A L. Transport of Escherichia coli in sand columns with constant and changing water contents ［J］. J Environ Qual，2001，30 （1）：238-245.

［13］ Kolpin D W，Furlong E T，Meyer M T，Thurman E M，Zaugg S D，Barber L B，Buxton H T. Pharmaceuticals，hormones，and other organic wastewater contaminants in US streams，1999-2000：A national reconnaissance ［J］. Environmental Science & Technology，2002，36 （6）：1202-1211.

［14］ Godfrey E，Woessner W W，Benotti M J. Pharmaceuticals in on-site sewage effluent and ground water，Western Montana ［J］. Ground Water，2007，45 （3）：263-271.

［15］ Broadbent F E，Reisenauer H M. Fate of wastewater constituents in soils and groundwater：nitrogen and phosphorous，Chapter 12 in irrigation with reclaimed municipal wastewater—A guidance manual ［M］. USA：Lewis Publishers，Inc.，1985.

［16］ Eliot Epstein. Land Application of Sewage Sludge and Biosolids ［M］. USA：Lewis Publishers，2003.

［17］ Malkawi H I，Mohammad M J. Survival and accumulation of microorganisms in soils irrigated with secondary treated wastewater ［J］. J Basic Microbiol，2003，43 （1）：47-55.

［18］ Stan H J，Heberer T. Pharmaceuticals in the aquatic environment ［J］. Analusis，1997，25 （7）：20-23.

［19］ Entry J A，Farmer N. Movement of coliform bacteria and nutrients in ground water flowing through basalt and sand aquifers ［J］. J Environ Qual，2001，30 （5）：1533-1539.

［20］ Menneer J C，McLay C D A，Lee R. Effects of sodium contaminated wastewater on soil permeability of two New Zealand soils ［J］. Aust. J. Soil Res.，2001，39 （4）：877-891.

［21］ De Vries J. Soil filtration of wastewater effluent and the mechanism of pore clogging ［J］. J. Water Pollut. Control Fed.，1972，44 （3）：565-573.

［22］ Gao J，Pedersen J A. Sorption of sulfonamide antimicrobials to clay and natural organic matter ［J］. On-Site Wastewater Treatment X，Conference Proceedings，2004，ASAE Publication Number 701P0104：733-739.

［23］ Oppel J，Broll G，Loffler D，Meller M，Rombke J，Ternes T. Leaching behaviour of pharmaceuticals in soil-testing-systems：a part of an environmental risk assessment for groundwater protection ［J］. Sci Total Environ，2004，328 （1-3）：265-273.

［24］ Tarchitzky J，Golobati Y，Keren R，Chen Y. Wastewater effects on montmorillonite suspensions and hydraulic properties of sandy soils ［J］. Soil Science Society of America Journal，1999，63：554-560.

［25］ Gagliardi J V，Karns J S. Leaching of Escherichia coli O157：H7 in diverse soils under various agricultural management practices ［J］. Appl Environ Microbiol，2000，66 （3）：877-883.

［26］ Gagliardi J V，Karns J S. Persistence of Escherichia coli O157：H7 in soil and on plant roots ［J］. Environ Microbiol，2002，4 （2）：89-96.

［27］ Foppen J W A，Schijven J F. Evaluation of data from the literature on the transport and survival of Escherichia coli and thermotolerant coliforms in aquifers under saturated conditions ［J］. Water Research，2006，40 （3）：401-426.

[28]　Kummerer K，StegerHartmann T，Meyer M. Biodegradability of the anti-tumour agent ifosfamide and its occurrence in hospital effluents and communal sewage [J]. Water Research，1997，31（11）：2705-2710.

[29]　Bedessem M E，Edgar T V，Roll R. Nitrogen removal in laboratory model leachfields with organic-rich layers [J]. J. Environ. Qual.，2005，34：936-942.

[30]　Islam M，Doyle M P，Phatak S C，Millner P，Jiang X P. Survival of Escherichia coli O157：H7 in soil and on carrots and onions grown in fields treated with contaminated manure composts or irrigation water [J]. Food Microbiology，2005，22（1）：63-70.

[31]　Colucci M S，Topp E. Persistence of estrogenic hormones in agricultural soils：II. 17 alpha-ethynylestradiol [J]. Journal of Environmental Quality，2001，30（6）：2077-2080.

[32]　Colucci M S，Bork H，Topp E. Persistence of estrogenic hormones in agricultural soils：I. 17 beta-estradiol and estrone [J]. Journal of Environmental Quality，2001，30（6）：2070-2076.

[33]　Nikolaos V Paranychianakis，Andreas N Angelakis. Treatment of Wastewater with Slow Rate Systems：A Review of Treatment Processes and Plant Functions [J]. Critical Reviews in Environmental Science and Technology，2006，36：187-259.

[34]　Drillia P，Stamatelatou K，Lyberatos G. Fate and mobility of pharmaceuticals in solid matrices [J]. Chemosphere，2005，60（8）：1034-1044.

[35]　Kay P，Blackwell P A，Boxall A B. A lysimeter experiment to investigate the leaching of veterinary antibiotics through a clay soil and comparison with field data [J]. Environ Pollut，2005，134（2）：333-341.

[36]　Vandevivere P，Baveye P. Saturated hydraulic conductivity reductions caused by aerobic bacteria in sand columns [J]. Soil Sci. Soc. Am. J.，1992，56（1）：1-13.

[37]　Figueroa R A，Leonard A，Mackay A A. Modeling tetracycline antibiotic sorption to clays [J]. Environmental Science & Technology，2004，38（2）：476-483.

[38]　Rice R C. Soil clogging during infiltration of secondary effluent [J]. J. Water Pollut. Control Fed.，1974，46（4）：709-716.

[39]　Gilbert R G，Gerba C P，Rice R C，Bouwer H，Wallis C，Melnick J L. Virus and bacteria removal from wastewater by land treatment [J]. Appl Environ Microbiol，1976，32（3）：333-338.

[40]　Cicerone R J. Analysis of Sources and Sinks of Atmospheric Nitrous-Oxide（N_2O）[J]. Journal of Geophysical Research-Atmospheres，1989，94（D15）：18265-18271.

[41]　Tate R L. Cultural and environmental factors affecting the longevity of Escherichia coli in histosols [J]. Appl. Environ. Microbiol.，1978，35：925-929.

[42]　Ronald W Crites. Land Treatment Systems for Municipal and Industrial Wastes [M]. USA：McGraw-Hill Professional，2000.

[43]　Ronald W Crites，Joe Middlebrooks，Sherwood C Reed. Natural Wastewater Treatment Systems [M]. USA：Taylor and Francis，2006.

[44]　Saini R，Halverson L J，Lorimor J C. Rainfall timing and frequency influence on leaching of Escherichia coli RS2G through soil following manure application [J]. J Environ Qual，2003，32（5）：1865-1872.

[45]　Ayers R S，Westcot D W. Water Quality for Agriculture，FAO Irrigation and Drainage Paper No. 29 [M]. Italy：United Nations FAO，1976.

[46]　Runbin Duan，Clifford Fedler. Denitrification Field Study at a Wastewater Land Application Site [J]. Journal of Irrigation and Drainage Engineering，2016，142（2）：05015011-1-05015011-4.

[47]　Runbin Duan，Clifford Fedler. Preliminary field study of soil TKN in a wastewater land application system [J]. Ecological Engineering，2015，83：1-4.

[48] Runbin Duan，Clifford Fedler. Nitrogen mass balance for sustainable nitrogen management at a wastewater land application site [J]. ASABE International Annual Meeting Paper：2011，1-15.

[49] Runbin Duan，Clifford Fedler. Quality and Quantity of Leachate in Land Application Systems [J]. ASABE International Annual Meeting Paper：2007，Paper Number：1-16.

[50] Hashsham S A，Freedman D L. Adsorption of vitamin B-12 to alumina，kaolinite，sand and sandy soil [J]. Water Research，2003，37 (13)：3189-3193.

[51] Schaub S A，Sorber C A. Virus and Bacteria Removal from Wastewater by Rapid Infiltration Through Soil [J]. Appl Environ Microbiol，1977，33 (3)：609-619.

[52] Reed S C，Crites R W，Middlebrooks E J. Natural systems for waste management and treatment [M]. USA：McGraw-Hill，1995.

[53] Santamaria J，Toranzos G A. Enteric pathogens and soil：a short review [J]. Int Microbiol，2003，6 (1)：5-9.

[54] Van Cuyk S，Siegrist R L，Lowe K，Harvey R W. Evaluating microbial purification during soil treatment of wastewater with multicomponent tracer and surrogate tests [J]. J Environ Qual，2004，33 (1)：316-329.

[55] McMurry S W，Coyne M S，Perfect E. Fecal coliform transport through intact soil blocks amended with poultry manure [J]. Journal of Environmental Quality，1998，27 (1)：86-92.

[56] Takashi Asano，Franklin Burton，Harold Leverenz，Ryujiro Tsuchihashi，George Tchobanoglous. Water Reuse：Issues，Technologies，and Applications [M]. USA：McGraw-Hill，2007.

[57] Ternes T A，Bonerz M，Herrmann N，Teiser B，Andersen H R. Irrigation of treated wastewater in Braunschweig，Germany：an option to remove pharmaceuticals and musk fragrances [J]. Chemosphere，2007，66 (5)：894-904.

[58] Heberer T，Schmidt-Baumler K，Stan H J. Occurrence and distribution of organic contaminants in the aquatic system in Berlin. Part I：Drug residues and other polar contaminants in Berlin surface and ground water [J]. Acta Hydrochim Hydrobiol，1998，26 (5)：272-278.

[59] United States Environmental Protection Agency. Land Treatment of Municipal Wastewater Effluents [M]. USA：United States Environmental Protection Agency，2006.

[60] Valentina Lazarova，Akiça Bahri. Water Reuse for Irrigation：Agriculture，Landscapes，and Turf Grass [M]. USA：CRC Press，2005.

第5章 城市污水土地应用系统中植物功能与选择

5.1 系统中的植物

在各种污水土地应用系统中，植物在污水处理过程中的作用有相同与不同之处。在慢速渗滤土地应用系统中，植物是必不可少的，主要功能通常是除氮，在某些情况下也考虑经济目的。在地表漫流土地应用系统中，植物是微生物活动的支持介质，是保护土壤侵蚀的必需措施和技术手段。该系统中种植的草除了可以去除植物营养物质污染外，同时减缓了污水流动，从而使污水中的悬浮固体被过滤并从污水水流中沉淀下来。快速渗滤土地应用系统中，并不需要必须种植植物，因而植物并不总是该系统设计的一个必须考虑的系统组分。植物的存在起到稳定土壤基质的作用，并能保持长久的污水入渗率，但植物对该系统中污水的处理性能影响不大。

本章将描述影响植物在污水土地应用系统中的使用特征，包括植物用水要求、植物对水的耐受性、植物营养物摄取吸收，以及污水对植物的毒性问题。本章将为在各种污水土地应用系统设计中植物选择提供指南，同时还介绍农艺作物和森林作物的管理。

5.2 植物蒸腾蒸发

水是植物新陈代谢中化学反应和生化过程必需的载体和媒介，也是植物体的一部分。植物通过水把所需物质从根系周围运移到植物根部进入植物体内，然后通过茎部逐渐将水和所需物质向上运移到达植物的叶片上，部分水通过蒸腾作用最终进入大气当中。

在植物体内移动最终通过蒸腾作用释放至大气当中的部分水、植物周围土壤表面蒸发的水、以及植物自身体内的水，这三部分水组合形成了一个重要的设计参数，即蒸发蒸腾量（ET）。蒸发蒸腾量最初由 Brouwer 等在 1985 年进行了定义，指用于植物蒸腾作用和从周围土壤表面蒸发的土壤水的总耗水量。蒸发蒸腾量，对于污水土地应用系统来讲其实是水损失，是污水土地应用系统设计中水量平衡的重要组成部分。实际上，水蒸发散失也包括水从植物表面蒸发，在此植物表面的水并非来自植物体内，而是降雨过程中截留的雨水或喷淋灌溉时截留的污水。水经由植物蒸腾作用散失也包括植物组织生长过程中植物体内水累积和储存，该部分水损失大部分是植物蒸腾过程中释放至空气中的水，因为植物摄取的水分只有 1% 左右用于植物的新陈代谢过程消耗。

蒸发蒸腾速率受气候条件和土壤水分可获取性控制。在污水土地应用系统中，如果土壤水分供应充足，蒸发蒸腾速率就会受太阳辐射、气温、相对湿度、风速、土壤水分、土壤质地以及植物生长阶段影响。由定义可知，蒸发蒸腾量并不包括下渗水、风吹引起的水损失、空气中水滴的蒸发和地表径流水损失。目前有大量计算机模型将蒸发量和植物蒸腾量区分并分别进行计算。但是，在污水土地应用场地上，各种作物的蒸腾蒸发参考数据均可获得。工程实践表明，基于作物的蒸发蒸腾量计算在污水土地应用系统设计中进行水量平衡和确定污水应用制度时已足够准确。

在污水土地应用系统中，参考作物的蒸发蒸腾量（ET_0）在系统规划和设计中具有重要意义。参考作物的蒸发蒸腾量是指短绿作物（也称参考作物）的蒸发蒸腾水损失，此时作物完全遮盖地面，植物高度一致且有充足的土壤水供应。在相同的气候条件下，植物蒸发蒸腾潜力不会超过自由液面水的蒸发量。在美国，常见的参考作物有草坪草和苜蓿等。

5.2.1　蒸腾水散失

蒸腾水指植物从土壤中通过根系吸收进入植物体内的水。如上所述，少于 1% 的这部分水被植物新陈代谢使用，剩余水通过植物茎叶的微孔蒸发散失到空气中。空气越干热，蒸腾散失水越多；土壤越干，蒸腾作用越慢，土壤中水更易贴近土壤颗粒，植物随之响应，调节叶面微孔保护体内水分，减少生长。不同植物物种在不同生长季节的蒸腾作用散失水分不同。某一植物一天当中蒸腾散失的水量取决于植物生长阶段、气候条件、水的可获取量和植物健康程度。

5.2.2　蒸发水散失

蒸发水散失指水从液体变为气态散失至空气中。蒸发发生在土壤和植物表面，当植物在起始生长阶段，蒸发主要发生在土壤表面。

大部分蒸发数据都是通过使用蒸发盘测量获得，比如美国国家气象局使用 A 级蒸发盘测量蒸发数据。蒸发盘测量蒸发水散失提供了空气温度、空气湿度、太阳光辐射以及风速影响开放水面蒸发水散失的综合结果。蒸发盘对蒸发水散失的测量值高于参考作物的蒸发蒸腾量。

利用式(5-1)可将蒸发盘测得的蒸发水散失值转化为参考作物的蒸发蒸腾量（ET_0）或水散失量。

$$ET_0 = K_{pan} E_{vap} \tag{5-1}$$

式中　K_{pan}——蒸发盘系数，见表 5-1；

　　　E_{vap}——蒸发盘测值。

表 5-1　参考作物的蒸发蒸腾量计算中蒸发盘系数（引自：Doorenbos and Pruitt，1977）

风速/(km/h)	相对湿度/%		
	低(<40)	中(40~70)	高(>70)
弱风(<7.24)	0.75	0.85	0.85
中度风(7.24~17.7)	0.70	0.80	0.80
强风(17.7~28.97)	0.65	0.70	0.75
超强风(>28.97)	0.55	0.60	0.65

在规划阶段，确定参考作物的蒸发蒸腾量（ET_0）时，美国的做法是获取规划场地上近 30 年气象数据，由表 5-1 确定蒸发盘系数。

5.2.3　蒸发蒸腾水散失计算

对于不同的农作物和不同种类草蒸发蒸腾水散失值（ET）均不同。即使是同一种植物，在不同的生长阶段也不同，会受株距影响而变化。即使系统中采用相同的植物，在不同的地理位置，其值也不同。用于污水土地应用系统规划的作物蒸发蒸腾水散失（ET_c）是生长季节的 ET 总量。表 5-2 列出了不同作物整个生长季节蒸发蒸腾水散失值的常见范围。

表 5-2　美国国家环保署提供的不同作物整个生长季节蒸发蒸腾水散失值的常见范围

作　　物	ET/mm	作　　物	ET/mm
苜蓿	686~1880	草	457~1143
牛油果	660~1016	燕麦	406~635
大麦	381~635	土豆	457~610
豌豆	254~508	大米	508~1143
三叶草	864~1118	高粱	305~660
玉米	381~635	大豆	406~813
棉花	559~940	甜菜	457~838
落叶树	533~1041	甘蔗	991~1499
小型谷物	305~457	蔬菜	254~508
葡萄	406~889	小麦	406~711

在美国，部分州已经将其州各种作物 ET 的详细计算进行了本地化，如美国得克萨斯州土地应用系统中的 ET 计算确定，该州的 ET 计算由得克萨斯理工大学的 Borrelli 等进行了研究和汇总，工程师可从成果手册中直接读取州内各县各作物一年内不同月份 ET 估值进行计算。在美国各州，各种作物 ET 估计值都可从当地农业推广机构、各地大学、农业研究站、或美国国家资源保护机构获取，ET 估计值差别在于估计值的时间和空间精度。

如果系统规划时，作物 ET_c 数据短缺无法获取，则可以使用参考作物的蒸发蒸腾量（ET_0）计算确定这些作物的 ET_c 值，见式(5-2)：

$$ET_c = K_c \times ET_0 \tag{5-2}$$

式中　K_c——作物蒸发蒸腾系数，为无量纲系数，一般该系数范围为 0.1~1.2。

K_c 依植物、生长阶段和气候条件而变化。在美国,各地农业推广和研究中心一般都有本地作物生长的 K_c 值,规划时可以查阅。在我国,可咨询当地农业相关部门。

在作物生长季节,K_c 随具体的作物种植时间、作物发育速度、生长季节长短以及气候条件变化。对于一年生作物有 4 个不同的作物生长阶段,K_c 取值见如下建议:

① 初始生长阶段(地面覆盖面积为 10%),K_c 取 0.1~1.2 中低值或咨询农业部门;

② 作物发育生长阶段(地面覆盖率到达 80%),K_c 取 0.1~1.2 中低值或咨询农业部门;

③ 生长季节中期阶段(有效全地面覆盖),K_c 取值见表 5-3;

④ 生长季节晚期阶段(全面成熟期至收获期),K_c 取值见表 5-3。

如表 5-3 所列,作物生长的第三和第四阶段中 K_c 值较大。表 5-4 列出了一年生作物四个生长阶段的时间长度范围。如果要估计作物 ET,先确定作物生长每一阶段作物系数,然后乘以该阶段的天数,再乘以参考作物的蒸发蒸腾水散失量(ET_0)。

表 5-3　一年生作物生长中期和晚期的 K_c 值(引自:Doorenbos and Pruitt,1977)

作物	生长阶段	潮湿气候,湿度 70%,弱风 0~26km/h	干燥气候,湿度 20%,弱风 0~26km/h
苜蓿	1~4	0.85(高峰值为 1.05)	0.95(高峰值为 1.15)
大麦	3	1.05	1.15
	4	0.25	0.20
三叶草	1~4	1.00	1.05
玉米	3	1.05	1.15
	4	0.55	0.60
棉花	3	1.05	1.20
	4	0.65	0.65
谷物	3	1.05	1.15
	4	0.30	0.25
葡萄	3	0.80	0.90
	4	0.65	0.70
燕麦	3	1.05	1.15
	4	0.25	0.20
牧场草	1~4	0.95	1.00
大米	3	1.10	1.25
高粱	3	1.00	1.10
	4	0.50	0.55
大豆	3	1.00	1.10
	4	0.45	0.45
甜菜	3	1.05	1.15
	4	0.90	1.00
小麦	3	1.05	1.15
	4	0.25	0.20

表 5-4　一年生作物四个生长阶段的时间长度范围（引自：Doorenbos and Pruitt，1977）

单位：d

作物	生长阶段			
	阶段 1	阶段 2	阶段 3	阶段 4
大麦	15	25～30	50～65	30～40
玉米	20～30	35～50	40～60	30～40
棉花	30	50	55～60	45～55
小型谷物	20～25	30～35	60～65	40
高粱	20	30～35	40～45	30
大豆	20	30～35	60	25
甜菜	25～45	35～60	50～80	30～50

5.2.4　蒸发蒸腾水散失潜力

蒸发蒸腾水散失潜力（PET）定义为水充足时的蒸发量，一般数值可等于 ET_0。在潮湿地区，多年生全覆盖作物需水量确定只需要估计蒸发蒸腾水散失潜力就可以满足设计要求。对于多年生饲料作物，表 5-5 中的 K_c 值可用于估计 ET_c 值。就土地应用系统的规划目的而言，ET_c 平均值一般已足够使用。对于用作干草的牧草，K_c 值（最大值）在牧草收割后 6～8d 内才能达到。开放水面的 K_c 值范围为 1.1（潮湿条件）～1.15（干燥条件）。

表 5-5　多年生饲料作物 K_c 值（引自：Doorenbos and Pruitt，1977）

作　　物	气象条件	
	潮湿（轻度～中度风）	干燥（轻度～中度风）
苜蓿		
最小值	0.50	0.40
平均值	0.85	0.95
最大值	1.05	1.15
干草饲料草		
最小值	0.60	0.55
平均值	0.80	0.90
最大值	1.05	1.10
三叶草,禾本科豆科植物		
最小值	0.55	0.55
平均值	1.00	1.05
最大值	1.05	1.15
牧场牧草		
最小值	0.55	0.50
平均值	0.95	1.00
最大值	1.05	1.10

注：最小值代表刚收割后条件；平均值代表收割中间条件；最高值代表土壤干燥情况下收割之前的条件。在潮湿气候条件下 K_c 增大 30%。

对于森林不同树种，目前尚无植物水需求资料数据，一般使用蒸发蒸腾水散失潜力进行用水量需求估计。

5.2.5　蒸发蒸腾水散失预测估计

在许多情况下，规划用作污水土地应用场地并无 ET 数据或缺乏蒸发盘数据。设计工程师可以通过 ET 值与温度、湿度、风速、日照和辐射之间的关系模型预测估计 ET 值。国际上已针对不同农业和环境条件开发了多种模型预测估计 ET 值。

联合国粮食和农业组织建议全球范围内可以广泛应用的 ET 预测估计方法有 3 种，分别为改良 Blaney-Criddle 法、辐射法和改良 Penman 法。

① 改良 Blaney-Criddle 法适用于只有空气温度数据可用时，且最适合计算长时间（1 个月或更长时间）内的 ET 值。该方法在美国西部地区广泛使用，也是美国国家自然资源保护服务部门采用的标准方法。

② 辐射法适用于空气温度、辐射或云百分数数据可以获得时，由于该法主要是在寒冷沿海地区气象条件下推导出来的，ET 估值通常偏低。

③ 改良 Penman 方法是在当空气温度、空气湿度、风和辐射数据都可以获得的情况下最为准确的方法之一。和辐射法一样，它能够为短时间内提供最准确的 ET 预测估计值，一般在短至 10d 的周期内就可以提供满意的预测估计值。

目前，关于 ET 估计方法，国际上学术界和工业界还有其他方法，比如 Thornthwaite 法，该方法利用 ET 和空气温度和植物所处纬度之间的关系进行模拟和 ET 预测估计。该方法是针对美国中东部地区潮湿气候条件下开发出来的，其用于干旱和半干旱气候条件下的植物时，得到的结果通常大幅度低于实际 ET 值。

5.3　植物选择

在美国，主要谷物、粮食和纤维作物的品种是针对美国不同地区专门杂交培育的，所以这些农作物在生长季节、水分需求、适应的土壤类型、冬季空气温度和植物疾病发病率等方面都存在差异。因此，在污水土地应用系统设计中建议采用分区域方法对农作物进行选择和管理。与此类似，在中国也应该采取类似美国的做法。首先要调查场地所处区域作物的种类和特征，包括肥料需求量、需水量、耐盐性和耐水性等（表 5-5）。

5.3.1　慢速渗滤系统设计中植物选择

在慢速渗滤土地应用系统中，作物的作用是吸收去除植物营养污染物，减少土壤侵蚀，维持或增加污水入渗速率。慢速渗滤污水土地应用系统中所用作物的重要特性包括作为潜在收入来源、作为潜在污水使用者、作为氮肥潜在使用者以及对水分的耐受性。

大多数慢速渗滤污水土地应用系统的设计是为了实现最大化污水水力负荷和最小化土地使用面积。与高水力负荷兼容的作物通常具有较高的氮吸收能力、较高的用水量需求和较高的对潮湿土壤条件的耐受性。期望作物对污水成分敏感性低，管理需求低。

5.3.1.1　饲料和草坪作物

牧草和草坪作物最符合慢速渗滤污水土地应用系统最大水力负荷的目标。美国的经验表明，如果不考虑饲料作物的利用和市场价值，芦苇金丝雀草是首选，因为它具有较高的氮吸收率、抗寒性和生长持久性。但是芦苇金丝雀草初期生长缓慢，种植起始阶段应该种植一种伴生草（如黑麦草、兰花草或高羊茅等），以对土地提供良好的初始覆盖率。如果考虑饲料作物的利用和市场价值，一般常用鸭茅。在我国，应咨询当地农业顾问或推广专家。

草坪草是慢速渗滤污水土地应用系统的最佳选择之一，因为它们的维护需要使用大量的氮和水，并在一年当中的大部分时间内都需要水和氮。美国大量的高尔夫球场其实属于慢速渗滤污水土地应用系统，也是大多数地区污水回用的长期用户。此外，草坪草土地系统还可处理工业污水，如美国佛罗里达州有 3 种草坪草，分别为绿宝石结缕草、弗罗塔姆圣奥古斯汀草和天堂草（一种百慕大草），均可以用啤酒厂污水进行灌溉。

5.3.1.2　农田作物

玉米是慢速渗滤系统中常用的农作物，玉米可作为粮食或青储饲料，因而经济回报率相对高。玉米的特点是在其初始生长阶段对植物营养污染物的吸收有限，系统设计时应注意该问题，尤其是生长季节的前 4 周无法有效地用于污水处理；同时，生长期的第 9 周后，玉米吸收营养物的速度也会减慢。但是，玉米在快速生长阶段，能够有效地去除污水中的氮磷等污染物。因此，美国的污水土地应用系统常用玉米和其他作物搭配，这样可以增加污水应用期间的氮磷等污染物去除，同时也可以增加土壤的水力容量。例如，采用玉米与黑麦双重系统可以最大限度地延长污水中养分的吸收时间，黑麦可以在 8 月玉米未收割或 9 月玉米收割后播种。在春季种植玉米之前，黑麦的生长允许早期施用高氮污水。种植玉米时，在田间玉米播种带上收获黑麦用作饲料草料，这样玉米就可以在无黑麦的土地上播种。利用剩余的未被割除的黑麦继续吸收污水中氮等营养物，这样玉米生长初期污水中氮的渗滤量极少，污水处理效果会显著提高。另外可以考虑玉米与饲料草配合。种植饲料草时，一般采用"免翻垦"方法，秋季种草；同理，春季种植玉米之前割除饲料草。玉米生长周期结束时，再在玉米生长的土壤上种草，循环进行。同样可以避免单纯种植玉米的缺点，最大可能地利用污水水分和营养物；同时也可以增加污水处理的收入，降低系统运行成本。此外，常用的农田作物还有苜蓿、高粱、棉花和谷物类农作物等。

在生长季节较长的地区，可以选择双作物组合。常用的双作物组合包括：

① 短季物种的大豆、青储玉米或高粱作为夏季作物；

② 大麦、燕麦、小麦、绿豆或一年生牧草作为冬季作物。

5.3.1.3　植物营养物摄取

了解植物对营养物的摄取吸收，是污水土地应用系统设计中进行氮平衡的基础。污水土地应用系统中，多年生草本植物和豆科植物通常对氮、磷和钾的摄取吸收率最高。尽管种植豆科植物会使土地系统从空气中固氮，但是这类植物通常会优先从土壤中摄取吸收氮。污水土地应用系统设计中，要注意植物对营养物的摄取吸收取决于产量和收获时植物中的营养物成分的含量，因此确定作物产量目标和养分组成，二者均需要土地应用系统场地所在地的农业种植数据和经验，也即要明确在类似污水应用场地的土壤中通过合理管理可以实现的产量目标和作物收获时的营养物成分比例。美国国家环保署提供了几乎所有农作物一年内对营养物摄取吸量，表 5-6 仅列出了适用于部分作物对营养物年摄取吸收速率供设计时参考。

表 5-6　美国国家环保署提供的部分作物对营养物年摄取吸收速率

作　　物	N	P	K
	$kg/(hm^2 \cdot a)$	$kg/(hm^2 \cdot a)$	$kg/(hm^2 \cdot a)$
饲料作物			
苜蓿	224～673	22～37	174～224
黑麦草	179～280	56～84	269～325
农田作物			
大麦	123	15	20
玉米	174～202	20～30	112
棉花	73～112	14	40
高粱	135	13	67
土豆	224	20	247～325
大豆	247	11～20	30～56
小麦	157	13	20～56

植物对氮的吸收速率随生长季节的变化而变化，受许多环境和管理因素影响，如表 5-6 所示不同植物对氮的吸收不同，饲料作物具有更高的氮摄取吸收能力。通常植物对磷的吸收速率低于污水中磷的应用速率，因为土壤本身对磷有吸附去除能力，因此在慢速渗滤系统中，工程实地观察很少发现渗滤水中的磷含量超过设计目标值。由表 5-6 可知植物对钾的需求很高，但是城市污水中钾含量相对缺乏，因此为维护正常的植物生长和实现作物产量目标，设计人员需要计算土地系统中需要添加的钾肥量：

$$K_f = 0.9U - K_{ww} \tag{5-3}$$

式中　K_f——污水土地应用系统中每年需添加的钾量；

　　　U——作物每年氮摄取量；

　　　K_{ww}——每年污水中钾负荷量。

以上各物理量均以单位土地面积单位质量计算。

作物所摄取的其他常见营养物元素包括镁、钙和硫，设计时，工程师应核查场地所在地区或场地上是否缺乏这些营养元素，必要时则需要计算它们的额外添加量。对植物生长重要的微量元素包括铁、锰、锌、硼、铜、钼，偶尔还有钠、硅、氯化物和钴。大多数污水中含有大量的这些元素，但是在某些情况下过量的这些元素可能会导致植物中毒，因此在系统设计时要充分考虑到这一点。一旦过量，则需要在污水应用前的预处理中将它们去除。

5.3.2　地表漫流系统设计中植物选择

地表漫流系统需要多年生接近持续生长的草本植物。这些植物必须具有较高的水分耐受能力和较长的生长季节，且适应当地气候条件。某种意义上植物选择类似于慢速渗滤系统，即需要采用混合植物。地表漫流系统中，植物组合应该包括有生长特征互补的草类，例如能形成草皮的草和形成束状的草进行组合，以及一年中休眠时间不同的种属。使用混合草的其他优点是：由于自然选择，1～2 种草通常会占优势。美国的工程经验表明芦苇、高羊茅和黑麦草是一种成功组合。美国南部和西南部，达利斯草、百慕大草和红顶草组合也是一种成功组合，在美国北方气候条件下，普遍使用鸭茅草替代前面组合中的红顶草。另外，如果污水盐分过高，应考虑所选择植物的耐盐性，同时避免使用长而纤细的种子柄草（如黄狐尾草），因为这类草在成熟后，底部叶片会大幅枯萎，植物死亡后，处理坡面上微生物活动区随之减少，土地系统的污水处理能力也随之下降。

5.3.3　快速渗滤系统设计中植物选择

快速渗滤系统一般不需要设计或选择种植植物。但一旦使用植物，其目的则为用于保持较高的入渗率或稳定土壤。在美国的一些快速渗滤系统中会选择种植百慕大草，百慕大草是美国各类草坪和高尔夫球场等体育场地上常见草种；种植草坪草会大幅度提高土壤入渗能力。也可以使用天然植被维持长期较高的土壤入渗率。为避免土壤被压实，系统建设和运行过程中，重型设备都不可以进入这些快速渗滤系统场地之内。

如果在快速渗滤系统中选择使用植物，则这些植物必须具有高耐水能力，并且在大多数情况下，必须能够忍受几天到一周的污水淹没。常用的植物有百慕大草、肯塔基蓝草和芦苇金丝雀草，这些植物可忍受的淹水期可达 10d。此外，要格外注意污水的盐分浓度，必要时考虑选择耐盐性高的植物。

5.4　森林植物选择

3 种城市污水土地应用系统中只有慢速渗滤系统才有可能选择森林植物。慢速渗滤系统中最常用的森林作物是硬木和松树的混合林。设计时，首要考虑因素是所选树种必须适应当地气候。在系统设计和森林植物选择时应征求当地林业人员的意见，以便确认被选森林植物对污水土地应用的适宜性。森林植物对污水中营养物质的吸收取决于树种、森林植物密度、结构、年龄、各季节长度和空气温度。除树木外，林下植物和草本植被也会吸收污水中的养分，系统设计时也应考虑。在森林树木建立的早期阶段，如树木生长初期，生长开始1～2年内树苗根系逐渐形成阶段，树木对污水中养分的吸收相对缓慢，此时为防止氮在此期间通过土壤渗漏进入地下水，就必须要限制氮的应用负荷，或建立能吸收和储存超过树木作物需氮量的林下植被，林下植物和草本植被的作用尤为重要。

在森林慢速渗滤污水土地应用系统设计中，需要注意森林树木会从污水中吸收和储存养分，并以落叶和其他残渣（如枯树枯枝等）的形式将一部分养分返还于林下土壤中，经微生物分解后养分会被释放至系统中，树木会再次吸收这些营养物成分。因此，在系统设计中的氮平衡计算时要考虑这部分氮。

5.4.1 氮摄取

美国国家环保署总结了美国某些地区森林生态系统中氮摄取量的估计值（表5-7）。设计工程师在参考该表时，应注意表中所列氮摄取估计值为氮吸收的最大估计净值，已经包括了林下植物和草本植被对氮的吸收量。实际上森林土地系统中，如果没有发生树木采伐，除氮量远低于表中所列值。如果只从混合林土地系统中采伐树干进行销售，则该系统所去除的净氮量通常会小于这些树木生物质中氮储存量的30%，原因为销售的树干中氮含量相对不高。如果要最大限度地从系统中除氮，则需要在夏季当树叶还完全在树上未落时，就必须将整株树木砍伐并将该株树及其林下所有植物以及残渣运离污水土地处理场所。系统设计和管理中进行氮平衡计算时，可参考表5-8对美国温带地区树木中各部分生物质与氮含量分布进行估计。

表5-7　美国国家环保署总结的美国一些森林生态系统中氮摄取量估计值

项　　目	树龄/年	年平均氮吸收/[kg/(hm² · a)]
东部森林		
混合硬木林	40～60	224
红松	25	112
旧场地种植白云杉	15	224
连续生长树木林	5～15	224
杨木	—	112
南部森林		
混合硬木林	40～60	280
火炬松(无林下叶层)	20	224
火炬松(有林下叶层)	20	280
大湖州森林		
混合硬木林	50	112
杂交杨木	5	157
西部森林		
杂交杨木	4～5	303
道格拉斯杉木	15～25	224

注："—"表示未见报道。

表 5-8　美国国家环保署总结的美国温带地区树木中各部分生物质与氮含量分布　单位：%

树木部分	针叶树		硬木树	
	生物质	氮含量	生物质	氮含量
根系	10	17	12	18
茎干	80	50	65	32
枝干	8	12	22	42
树叶	2	20	1	8

在森林管理中应注意，由于树木在初始生长阶段之后直到树木接近成熟期，树木生长速率和养分吸收速率会增加并维持相对稳定的速率。但是树木一旦接近成熟期，生长速率和养分吸收速率便开始下降，此时应采伐树木或降低养分负荷。因此，需要系统管理人员咨询林业专家判断树木的成熟期，制定管理计划并执行。

美国在过去几十年中对不同地区森林污水土地应用系统工程的运行进行了调查，未见硝酸氮超标，森林土地系统对污水处理的效果令人满意。

5.4.2　磷和微量金属离子

森林污水土地应用系统中，对磷和微量金属的同化能力主要受土壤性质控制，而不是植物。大多数森林土壤 pH 值为 4.2～5.5，有利于磷的吸附，但同时又不利于微量金属的离子去除。由于森林土壤中有机质含量较高，提高了土壤对金属离子的去除能力。树木中磷含量很低，通常小于 $30kg/hm^2$ 森林，因此生物质中磷的年累积量很低。

5.5　植物管理

植物管理的目的是确保作物健康成长并完成污水土地应用目标。一般包括种植与收获和病虫害管理；此外也包括污水长期应用导致的作物中毒。尽管污水中包含的微量元素不会在短期内对植物产生危害，但是它们在土壤中长期累积有可能对植物产生危害。

植物的种植与收获首先应征求当地农林业技术推广服务机构或该领域专家的意见。一般情况下，作物收获之前 1～2 周需要停止污水应用，使土壤湿度足够低，以便能通行收割设备，且保证能将土壤压实程度降到最低。

如果污水应用于放养动物的牧场上时，污水应用后不允许牛羊在潮湿的土地上放牧，以免压实土壤表面，降低土壤入渗率。美国的运行经验表明，未见污水应用会危害动物健康以及人类消费这些动物时会产生健康问题。美国的管理方法为，一般情况下，放牧地块上连续放牧不应超过 7d，放牧后典型牧草再生恢复期为 14～36d，恢复期内污水可应用 1～3 次，但是动物返回同一地块之前要有 3～4d 的干燥时间。美国的牧场即使不采用污水应用系统，也都会在不同地块之间进行轮转放牧，以保护牧场生态系统。

和农水灌溉类似，作物种植计划要考虑可能出现的病虫害问题，按照国家和地方专家建议，制订全面病虫害防治方案，维护作物健康生长。

5.5.1　地表漫流系统中植物管理

系统运行以后，主要管理是要进行定期割草。一般每年割草 2～3 次。第 1 次割草可以将割去的草留在处理坡面上，后续割草后最好把被剪掉的草运走，一是为系统除氮，二是销售草料降低运行成本，同时也便于观察处理坡面上的运行情况。污水处理坡面在作物收割前必须有适当的干燥时间，减少收割设备在污水处理坡面上形成运行坑道导致坡面出现渠道流现象。割草前所需的干燥时间随土壤和气候条件的变化而变化，可从几天到几周不等。

实际运行中，处理坡面上会有少量植物入侵。大部分植物入侵不会影响系统运行效果，但是要征询本地农业推广服务机构专家的意见，警惕和及时处理少数不良植物物种。另外，必要时要采取措施防止病虫害发生以及蚊虫滋生。

5.5.2　森林植物管理

森林作物管理需要考虑树种组合、森林年龄和结构、采伐设备和技术、树木繁殖方法、地形等。在污水土地应用系统中，常见的森林植物管理包括对现存森林的管理、森林恢复和短期轮作。

对现存森林的管理总目标是最大可能地生产生物质。基于该目标，系统管理需要确保森林维持较高的养分吸收。对于成熟森林，应及时采伐成熟树木，及时栽种新树苗，或者使树桩重新发芽，或采用多种方法组合，使森林及时恢复。一般来说，针叶林必须重新种植，而阔叶林则可以通过再生或自然播种来繁殖。另外，可制定计划，通过间伐和选择性采伐，使充足的阳光到达森林下层，促进下层树木繁殖和生长以及林下植物和草本植物快速生长，维持森林系统的高效养分吸收。

森林系统除氮实质上主要依赖"整棵树采伐"。无论是疏伐，选择性采伐，还是全部采伐操作中，"整棵树采伐"包括移除树干、树枝和树叶，以确保系统中地面之上的全部氮累积可以通过地上生物质的移除而彻底去除。

森林恢复中主要考虑新树木初始生长和草本植物之间关系：一种方法是为维护污水应用负荷，必须精心设计植物种植方案，控制但不消除草本植物生长；另一种方法是完全消除草本植物生长，同时在森林恢复期间减少污水水力负荷和养分负荷。

短期轮作林是指短距离种植硬木人工林，在不到 10 年的周期内反复采伐。树木快速生长和生物质发育的关键是使采伐后留在土壤中的树桩重新发芽。短期轮作林可实现高生长率和高氮去除率。初始轮作污水土地应用系统必须减少养分负荷，或使用其他草本植物吸收和储存来自污水中的养分；或者在初始轮作期间，采用更短的树距实现系统设计的养分吸收速率。

参 考 文 献

［1］ 郭元裕. 农田水利学（第三版）［M］. 北京：中国水利水电出版社，1997.

［2］ 孙铁珩，李宪法等. 城市污水自然生态处理与资源化利用技术［M］. 北京：化学工业出版社，2006.

［3］ Clifford Fedler，John Borrelli，Runbin Duan. Manual for Designing Surface Application of OSSF Wastewater Effluent ［R］. USA：Texas Commission on Environmental Quality（TCEQ），Austin，Texas，USA，2009.

［4］ Clifford Fedler，Runbin Duan. Design and Operation of Land Application Systems from a Water，Nitrogen，and Salt Balance Approach ［R］. Texas Commission on Environmental Quality（TCEQ），Austin，Texas，USA，2009.

［5］ Keeney D R. Prediction of soil nitrogen availability in forest ecosystems：a literature review ［J］. Forest Science，1980，26：159-171.

［6］ Eliot Epstein. Land Application of Sewage Sludge and Biosolids ［M］. USA：Lewis Publishers，2003.

［7］ Doorenbos J，Pruitt W O. Crop Requirements，FAO Irrigation and Drainage Paper 24 ［M］. Italy：Food and Agricultural Organization of the United Nations，1977.

［8］ Marinus G Bos，Rob A L Kselik，Richard G Allen，David J Molden. Water Requirement for Irrigation and the Environment ［M］. USA：Springer Science＋Business Media B. V.，2009.

［9］ Kirkham M B. Principles of Soil and Plant Water Relations ［M］. USA：Elsevier Academic Press，2005.

［10］ Nikolaos V Paranychianakis，Andreas N Angelakis. Treatment of Wastewater with Slow Rate Systems：A Review of Treatment Processes and Plant Functions ［J］. Critical Reviews in Environmental Science and Technology，2006，36：187-259.

［11］ Allen R G，Pereira L S，Raes D，Smith M. Crop evapotranspiration-Guidelines for computing crop water requirements-FAO Irrigation and drainage paper 56 ［M］. Italy：United Nations Food and Agriculture Organization，1998.

［12］ Ronald W. Crites. Land Treatment Systems for Municipal and Industrial Wastes ［M］. USA：McGraw-Hill Professional，2000.

［13］ Ronald W Crites，Joe Middlebrooks，Sherwood C Reed. Natural Wastewater Treatment Systems ［M］. USA：Taylor and Francis，2006.

［14］ Runbin Duan，Clifford Fedler. Salt Management for Sustainable Degraded Water Land Application under Changing Climatic Conditions ［J］. Environmental Science & Technology，2013，47（18）：10113-10114.

［15］ Runbin Duan，Clifford Fedler. Nitrogen and Salts Leaching from Two Typical Texas Turf Soils Irrigated with Degraded Water ［J］. Environmental Engineering Science，2011，28（11）：787-793.

［16］ Runbin Duan，Clifford Fedler，Sheppard C D. Field Study of Salt Balance of a Land Application System ［J］. Water，Air，& Soil Pollution，2011，215（1-4）：43-54.

［17］ Runbin Duan，Clifford Fedler. Nitrogen mass balance for sustainable nitrogen management at a wastewater land application site ［J］. ASABE International Annual Meeting Paper：2011，Paper Number：1110649.

［18］ Runbin Duan，Sheppard C D，Clifford Fedler. Short-Term Effects of Wastewater Land Application on Soil Chemical Properties ［J］. Water，Air，& Soil Pollution，2010，211（1-4）：165-176.

［19］ Runbin Duan，Clifford Fedler，Sheppard C D. Nitrogen Leaching Losses from a Wastewater Land Application System ［J］. Water Environment Research，2010，82（3）：227-235.

［20］ Runbin Duan，Clifford Fedler. Field Study of Water Mass Balance in a Wastewater Land Application System ［J］. Irrigation Science，2009，27（5）：409-416.

［21］ Runbin Duan，Clifford Fedler. Quality and Quantity of Leachate in Land Application Systems ［J］. ASABE International Annual Meeting Paper：2007，Paper Number：074079.

［22］ Reed S C，Crites R W，Middlebrooks E J. Natural systems for waste management and treatment［M］. USA：McGraw-Hill，1995.

［23］ Takashi Asano，Franklin Burton，Harold Leverenz，Ryujiro Tsuchihashi，George Tchobanoglous. Water Reuse：Issues，Technologies，and Applications［M］. USA：McGraw-Hill，2007.

［24］ United States Environmental Protection Agency. Land Treatment of Municipal Wastewater Effluents［M］. USA：United States Environmental Protection Agency，2006.

［25］ Valentina Lazarova，Akiça Bahri. Water Reuse for Irrigation：Agriculture，Landscapes，and Turf Grass［M］. USA：CRC Press，2005.

第6章 城市污水土地应用系统场地选择与场地调查

城市污水土地应用系统场地选择和污水土地应用场地直接相关，因此规划中经常采用两阶段规划程序（图 6-1）。第一阶段根据污水和气候特征初步估算场地面积需求，初步选择当地有可能实施污水土地应用的场地，进行技术和经济分析，评估初选场地，并选择城市污水土地应用系统场地。第二阶段，假定污水土地应用系统在选择的场地上可以运行实施，进行实地调查、初步工艺设计和费用估计，与其他备选方案比较，最终确定技术和经济上最佳方案。

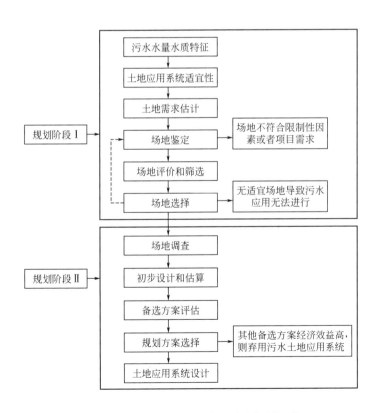

图 6-1　污水土地应用系统两阶段规划程序

6.1　城市污水土地应用系统场地选择因素

如图 6-1 所示，城市污水土地应用系统场地选择需要考虑污水特征和当地气象条件，初步估计每种污水土地应用工艺的土地面积需求。

6.1.1　污水特征

城市污水特征包括污水平均流量和水质特征如 BOD、总悬浮固体、氮、磷和微量元素等成分的浓度。

在我国，按照《城市排水工程规划规范》，城市污水量一般指城市给水工程统一供水的用户和自备水源供水的用户排出的城市综合生活污水量和工业废水量组成。其计算是根据平均日城市综合用水量乘以城市污水排放系数确定。城市综合生活污水量宜根据城市综合生活平均日用水量乘以城市综合生活污水排放系数确定。城市工业废水量宜根据城市工业平均日用水量乘以城市工业废水排放系数，或由城市污水量减去城市综合生活污水量确定。城市分类污水排放系数可根据城市居住、公共设施和工业用地分类的布局进行确定，一般为：城市污水的污水排放系数为 0.70~0.80；城市综合生活污水的污水排放系数为 0.80~0.90；城市工业废水的污水排放系数为 0.70~0.90。各种工业废水流量差别大，工业废水量也可根据产品耗水量和废水产生车间的具体数据进行估算，如有现成的废水流量记录或用水记录，则可以根据这些记录对工业废水流量进行估算，计算会更准确。

在我国，城市污水都需要经过污水处理并达标后才可以排入自然水体和土地。我国对城市污水再生利用制定了一系列标准，和污水土地应用系统工艺设计相关的有农业用水、城市绿地灌溉以及地下水回灌等方面的标准。相比于国外，我国城市污水处理后的水质要求更高，一旦水质达标，基本都可用于污水土地应用。我国城镇污水处理厂部分污染物排放标准见表 6-1。工业废水水质特征差别很大，特别是有机物、金属离子和氮等的浓度。在美国，工业废水常由土地应用系统进行处理，如食品加工企业废水可直接应用于污水土地应用系统，其废水特征可参见表 6-2。在工业废水土地应用系统规划和设计中，必需获取工业废水水质特性数据。在我国，工业废水排放至城市污水管道时，必须处理达标才可以排放，各行业均有各自的工业废水污染物排放标准。

表 6-1　我国城镇污水处理厂部分污染物排放标准（一级 A 标准）（日均值）

水质参数	浓度/(mg/L)	水质参数	浓度/(mg/L)
BOD$_5$	10	总磷	0.5
总悬浮固体	10	动植物油	1
总氮	15	石油类	1
氨氮	5(8)	粪大肠菌群数	1000 个/L

注：括号外数值为水温＞12℃时的控制指标，括号内数值为水温≤12℃时的控制指标。

表 6-2　美国国家环保署总结的食品加工业废水水质特征

水质参数	浓度/(mg/L)	水质参数	浓度/(mg/L)
BOD_5	200~33000	总氮	10~1900
总悬浮固体	200~3000	pH 值	3.5~12.0
总固定溶解固体	<1800	温度/℃	<65

6.1.2　初步估计污水负荷率

初步估计污水负荷率的目的是估算城市污水土地应用系统场地所需面积。在城市污水土地应用系统规划过程中，经常缺乏场地信息，一般可采用典型的污水负荷率。对于慢速渗滤土地应用系统，污水预处理程度（初级处理或二级处理）对污水负荷率的影响小。对于地表漫流土地应用系统和快速渗滤土地应用系统，通常可以使用较高的污水负荷率来处理高质量的污水出流。用于土地面积需求估算中的初始污水负荷率可参考表 6-3。该表中污水负荷率的值偏向于保守。确定场地后，在系统的最后设计中，根据现场调查结果，通常就可以适当提高污水负荷率值。

表 6-3　美国国家环保署提供的用于土地面积需求估算中的初始污水负荷率

土地应用系统工艺	污水负荷率/(mm/周)
慢速渗滤	
农业	1.5
森林	1.0
快速渗滤	
初级污水	12
二级污水	20
地表漫流	
格栅处理之后的初级污水	4
二级污水	8

6.1.3　污水储存需求与气象条件

城市污水土地应用系统需要设置储存池对污水流量进行调蓄，增加系统可靠性，提高系统管理，如作物收获期需要停止污水应用以及系统维护等。另外，也可设置污水应用的备用土地，一旦需要，可将污水临时布水于备用土地上，短期替代储水池，但是该法一般要慎用。在初步估计污水存储需求时应考虑场地气候特征，计算寒冷天气条件下储水池结冰的天数和过量降水需要存储污水的天数，二者之和为因气象条件需要存储污水的天数。对于种植农作物的慢速渗滤系统，污水存储时间为收获和种植管理的天数与考虑气条件需要储存污水的天数之和。快速渗滤土地系统和森林慢速渗滤系统，一般都可在接近冰冻冷天气条件下运行，因而不计算水结冰天数，这两种系统可假定污水储存时间最少为 7~14d。

6.1.4 场地面积估计

场地面积需求初步估计可以由污水流量、储存需求和初步估计的负荷率进行估算。场地面积、污水负荷率和运行周期之间的关系可用式(6-1) 表示。

$$F = cQ/(LP)$$ (6-1)

式中 F——场地面积，m^2 或 hm^2；

Q——一年内污水流量，m^3/d；

L——污水负荷率，cm/周；

P——一年内污水应用的周数，周/年；

c——单位换算系数，视具体单位确定。

P 值为一年的总周数减去污水储存周数估计。表 6-4 列出了所有土地处理系统中 $3785m^3/d$ 污水流量所需的场地面积，具体计算时可按比例进行估算。对于慢速渗滤系统和快速渗滤系统，表 6-4 中的数值包括所需农田计算面积之外 20% 的额外面积，以考虑无法使用的土地面积。对于地表漫流系统，表 6-4 中额外土地面积占 40%，这是由于在建造该系统处理坡面时有额外土地在处理中不起作用。这些额外土地面积考虑了储存池面积、缓冲隔离区面积、道路面积、泵站面积、维护和管理建筑面积、污水预处理构筑物面积，以及未来系统扩建或者应急需要的面积等。

表 6-4 美国国家环保署提供的污水土地应用系统土地面积需求估算（流量：$3785m^3/d$）

系 统	土地面积需求/[$hm^2/(m^3 \cdot d)$]	
慢速渗滤系统,农业系统：		
无储存	0.021	
1 个月储存	0.024	
2 个月储存	0.027	
3 个月储存	0.029	
4 个月储存	0.034	
5 个月储存	0.037	
6 个月储存	0.044	
慢速渗滤系统,森林系统：		
无储存	0.033	
1 个月储存	0.036	
快速渗滤系统		
初级污水	0.0032	
二级污水	0.0016	
地表漫流系统	应用格栅处理后的初级污水	应用二级污水
无储存	0.0096	0.019
1 个月储存	0.0107	0.021
2 个月储存	0.0117	0.023
3 个月储存	0.0128	0.026
4 个月储存	0.0149	0.030

6.2　场地鉴定与筛选

6.2.1　场地鉴定

6.2.1.1　使用地图

城市污水土地应用系统场地鉴定必须有土地使用、土壤类型和地形等方面的数据。重点考虑土地使用、坡度、地形和土壤渗透性 4 个因素的综合结果。使用地图首先鉴别未开发或废弃的土地。随计算机软件程序高速发展，规划或设计工程师可利用 GIS 等各种软件，直接读取潜在场地的各类数据，这些数据除包括提到的 4 个因素外还应包括气象数据（主要为降水、蒸发、蒸腾）、分区区划、农业情况、地表水和地下水状况（流量和地下水水位）。

使用现有地图，绘制至少包含土地使用、坡度、地形和土壤渗透性 4 个因素的场地鉴定图。对 4 个因素进行等级打分，根据最后得分对场地进行排序。

6.2.1.2　场地适宜性因素

首先要鉴定任何可能限制场地适宜性的限制因素，评估当地进行污水土地应用工艺的可行性。通常限制因素包括目前和规划的土地使用功能、地形、土壤、地质、地下水和地表水水文特征。

（1）土地使用功能

土地使用受法律管制，进行污水土地应用选址时必须符合当地规划。充分研究了解当地实际土地用途和建议的土地用途，努力开发符合当地土地利用目标的污水土地应用替代方案。评价土地利用现状和土地规划，应咨询市、县土地规划和管理部门，同时也要进行实地考察，确定现有土地真实用途和现状。一旦确定了目前和规划的土地用途，就应在区域地图上进行土地用途绘制。然后，可使用表 6-5 中考虑因素绘制土地使用适宜性图。地块尺寸是一个重要参数，也应该绘制在区域地图上。污水土地应用系统场地选择也应结合当地的经济目标和环境目标，如增加农林产品产量、就业机会、土地复垦等。

表 6-5　美国国家环保署建议的污水土地应用系统场地的土地使用适宜性因素

土地使用适宜性因素	污水土地应用系统工艺类型			
	农业慢速渗滤	森林慢速渗滤	地表漫流	快速渗滤
开放土地或者农田	高	中	高	高
部分为森林的土地	中	中度高	中	中
大部分为森林的土地	低	高	低	低
居住、商业、工业区	低	非常低	非常低	非常低

（2）地形

主要考虑的因素为坡度。坡度影响甚至限制城市污水土地应用系统的工艺设计。陡坡上地表径流量和土壤侵蚀与土壤流失量会增加，作物种植也会更加困难，而且陡坡土壤水常处于饱和状态可能会导致土壤失稳。城市污水土地应用系统各种工艺最大可接受的坡度也取决于土壤特性。

坡度适宜性可使用表 6-6 所列适宜性标准在规划设计初始阶段进行绘制。

表 6-6　美国国家环保署推荐的污水土地应用系统场地鉴定中坡度适宜性

坡度/%	农业慢速渗滤系统	森林慢速渗滤系统	地表漫流系统	快速渗滤系统
0~12	高	高	高	高
12~20	低	高	中	低
>20	非常低	中	不适宜	不适宜

另一个重要的地形考虑因素是地形起伏。规划中，地形起伏实质是整个污水土地应用系统中某部分污水土地应用系统与另外部分污水土地应用系统之间的海拔差异。地形起伏主要影响是其对向城市污水土地应用场所输送污水成本的影响。通常，需要比较将污水从污水处理厂输送至备选污水应用场地的费用，以及比较在备选场地内建造重力或压力管道输送和分配污水到各具体场地的费用。

场地易受洪水影响与否也会影响污水土地应用系统运行效果。每个备选场地的洪水危害应根据水淹可能严重程度和频率以及淹水面积程度评估。在某些地区，如果可以使用场地外不受洪水影响的地方对污水进行存储，则污水应用场地也可接受临时洪水淹没。此外，如果洪水泛滥频率不足以损失农作物经济回报，则可以在有可能被洪水淹没的场地上种植作物。美国的经验是，地表漫流系统场地可设在洪泛区，但必须保护其免受直接水淹，因为直接淹水会侵蚀污水处理斜坡，如果持续水淹短，不超过几天，则洪水一般不会产生问题。在国内，出于安全考虑，保守的做法是利用洪水防堤保护快速渗滤系统中入渗坑区不被洪水淹没。场地选择时，尽量不选择洪水泛滥区，无法避免时要考虑场地保护。

（3）土壤

表 6-7 列出了常见的美国土壤质地术语及其与土壤质地分类关系。值得注意的是，我国的土壤分类与美国等许多国家不同。但是在规划使用中，这种差异影响不大。在规划阶段仅根据土壤质地定性考虑土壤入渗能力和水在土壤中的渗透能力。

表 6-7　美国国家环保署提供的常见的美国土壤质地术语及其与土壤质地分类关系

一般术语		土壤分类基本名称
一般名称	质地	
砂土	粗	砂土、壤质砂土
	中度粗	砂质壤土、细砂质壤土
壤土	中度	较细砂质壤土、壤土、粉质壤土、粉土
黏土	中度细	黏质壤土、砂质黏性壤土、粉质黏性壤土
	细	砂质黏土、粉质黏土、黏土

规划时，在地图上应根据场地土壤质地初步在备选场地上定性标出水入渗和渗透能

力以及适宜的污水土地应用工艺。一般质地细的土壤水入渗速率低，水在土壤中的渗透或排水能力弱，因而能长时间保持水分，作物管理也比质地粗的土壤难。细粒质地的土壤最适宜于地表漫流土地处理系统。壤土或中等质地土壤是慢速渗滤土地应用工艺的理想选择，但是砂土也可用于种植某些作物，这些作物在快速排水的土壤中生长良好。土壤结构和土壤质地是影响污水土地应用系统土壤渗透性和可接受性的重要特征。结构是指土壤颗粒的聚集程度。结构良好的土壤通常比同类型的非结构性土壤更具有渗透性。快速渗滤工艺适用于砂土或壤土。一般场地上土壤质地需了解深度至少为1.5m内土壤剖面上的质地分布。

此外还需要了解土壤深度、化学特性、土壤侵蚀潜力以及对作物种植适宜性等场地适宜性影响因素，但在现场调查阶段之前往往无法获得这些参数的数据。规划前需要得到尽可能多的场地上土壤特征信息。土壤深度和作物根系发育相关，作物需要有足够的土壤深度。这些信息或数据尽可能要在规划初始绘制在地图中。不同的污水土地应用工艺对渗透性的要求也各不相同。

表6-8提供了污水土地应用系统工艺典型土壤渗透性和质地分类。

表6-8　美国国家环保署提供的污水土地应用系统工艺典型土壤渗透性和质地分类

项　　　目	污水土地应用系统工艺		
	慢速渗滤	快速渗滤	地表漫流
土壤渗透性范围	1.5~50mm/h	>50mm/h	<5mm/h
渗透性分类范围	中度慢-中度快	快	慢
质地分类范围	黏质壤土-砂质壤土	砂质壤土-砂土	黏土-黏质壤土

（4）地质

如图在第一阶段调查中，某些地质构造方面信息也很重要。地质情况主要是出于对污水土地应用系统中下渗水和地下水之间关系的考虑。基岩的不连续和裂缝可能会导致下渗水的短流或其他意想不到的地下水流模式，基岩的情况在快速渗滤系统中非常重要。不渗透或半透层岩石、黏土或硬层会导致地下水水位升高。

（5）地下水

了解场地所处区域地下水状况对于鉴定快速渗滤系统和慢速渗滤系统备选场地尤为重要。地表漫流系统通常不需要进行大范围地下水状况调查。城市污水土地系统中下渗的处理后的污水到达永久性地下水资源之前，能否充分去除污水中的污染物是首要关注问题。

当某一特定场地的地下存在分层地下水时，应评估层间垂直渗漏发生的情况。地下水流向和流速、含水层渗透性以及地下水深度对预测应用的污水对地下水的动态影响具有重要意义。处理后污水补给的程度、含水层相互连接关系、地下水位高低、表层地下水情况以及监测和抽水井位置和数据在污水土地应用系统规划中都非常重要。

地下水评价所需的大部分数据可通过使用现有井来确定。应该列出可用于监测的井，并说明它们与污水土地应用系统备选场地的相对位置。现有运行井中水质、水位和水量历史数据都有重要价值。这些数据包括季节性地下水位变化，以及一段时间内的变化。

污水土地应用可为传统生物法处理后污水排放提供替代方案。但是也必须考虑渗滤污水对地下水质量的不利影响。应确定现有地下水质量，并将其与当前地下水使用质量标准或地下水规划使用质量标准相比较。可比较各种污水土地应用系统工艺处理污水后污水的预期水质质量，以确定处理后水中哪些成分可能会受到限制，在系统设计中应采用适当工艺在污水应用前的预处理中将之彻底去除。

（6）地表水水文特征

在污水土地应用系统规划和场地选址中，也应该考虑地表水水文特征，主要是雨水径流问题。慢速渗滤系统和地表漫流系统场地选择都需要考虑地表雨水径流控制问题，而快速渗滤系统场地选择一般不考虑雨水径流控制。雨水径流控制通过控制进出场地的雨水径流，保护污水土地应用系统中的设施免受极端风暴事件破坏，系统中有脊沟或梯田时，则必须提供雨水径流侵蚀控制措施。

6.2.1.3 气象因素

当地气候会影响土地应用系统水量平衡和污水水力负荷率确定、作物生长季节时间长度、每年系统无法运行的天数、污水储存需求、慢速渗滤系统布水周期、作物选择和雨水径流流量计算。因此在规划时，就需要确定当地降雨量、蒸发蒸腾水散失量、温度、风速风向等。通常这些气象数据至少要有 10 年甚至 30 年的数据。在规划阶段，需要对气象条件进行分析。

6.2.2 场地筛选

一旦收集和绘制了关于备选场地特征数据的地图，就可以进行场地评估和选择。如果备选场地数量少，且其相对适宜性明显，那么简单的经济比较将会最终确定最佳场地。如果备选场地多，则应使用场地筛选程序。

场地适宜性评价的一般程序可用于比较不同的备选场地，也可用于筛选可能适合不同城市污水土地应用系统工艺的部分大型场地。一般筛选程序是首先根据适宜性高低为不同备选场地特征分配评级数，较大数表示高适宜性。然后将每个备选场地或场地内分区的各评级数值相加在一起，获得总体适宜性评级数，然后进行排名，选出最适宜的场地。

表 6-9 中的评级数适用于所有筛选过程。

表 6-9　场地筛选评级数（引自：Taylor，1981）

场地特征	农业慢速渗滤	森林慢速渗滤	地表漫流	快速渗滤
土壤深度/cm				
30～61	E	E	0	E
61～152	3	3	4	E
152～305	8	8	7	4
＞305	9	9	7	8

续表

场地特征	农业慢速渗滤	森林慢速渗滤	地表漫流	快速渗滤
最小地下水水位深度/cm				
<122	0	0	2	E
122～305	4	4	4	2
>305	6	6	6	6
渗透性/(cm/h)				
<0.15	1	1	10	E
0.15～0.51	3	3	8	E
0.51～1.52	5	5	6	1
1.52～5.08	8	8	1	6
>5.08	8	8	E	9
坡度/%				
0～5	8	8	8	8
5～10	6	8	5	4
10～15	4	6	2	1
15～20	0	5	E	E
20～30	0	4	E	E
30～35	E	2	E	E
>35	E	0	E	E
当前或者规划土地使用				
工业	0	0	0	0
高密度居住/城市	0	0	0	0
低密度居住/城市	1	1	1	1
森林	1	4	1	1
农业或开放空间	4	3	4	4
总体适宜性排名				
低	<15	<15	<16	<16
中	15～25	15～25	16～25	16～25
高	25～35	25～35	25～35	25～35

注：某一候选场地上某特征评级数越高，则该特征在该场地上越重要；场地评级数越高，则适宜性越强；土壤深度为土壤剖面上从土壤表面到基底岩石层竖向长度；E 表示该场地应在候选场地名单中被剔除；土壤渗透性为土壤剖面上最受限制层（也可理解为最不利层）中的土壤渗透率；总体适宜性排名为，将各场地特征参数的分值求和，进行排名，然后将总和与表 6-9 中总体适宜性各等级分值比较，确定各个污水土地应用候选场地适宜性高低情况。

  表 6-9 中的场地筛选评级数适用于所有城市污水土地应用系统工艺。表 6-9 为重点关注技术因素。此外场地筛选还应考虑经济因素，场地开发的经济性往往是至关重要的，经济因素主要是由于对工程项目一次性投资、运行费用以及征地和土地管理费用的考虑。

  表 6-10 列出了经济评级数。

表 6-10　场地筛选中经济评级数（引自：Taylor，1981）

经济特征	排名分值
场地至污水水源距离/km	
0～3.22	8
3.22～8.05	6
8.05～16.09	3
>16.09	1

经济特征	排名分值
高程差/m	
<0	6
0～15.24	5
15.24～60.96	3
>60.96	1
土地价值与管理	
无土地购买,农民耕种	5
土地已购买,农民耕种	3
土地已购买,城市或者工业使用	1

美国已经建立了森林慢速渗滤系统筛选程序,该程序综合了场地地下地质特征(表 6-11)、土壤特征(表 6-12)、地表植被和水文特征(表 6-13)等方面因素。根据这些表中评级数值,可使用表 6-14 对城市污水土地系统候选场地上采用喷灌方法布水时污水应用水力负荷率作出初步估计。

表 6-11 森林慢速渗滤污水土地应用系统场地筛选中场地地下地质特征评级数（引自：Taylor，1981）

土壤地下地质特征	排名分值
土壤表面至地下水距离/m	
<1.219	0
1.219～3.048	4
>3.048	6
土壤表面至基底岩石层距离/m	
<1.524	0
1.524～3.048	4
>3.048	6
基底岩石类型	
页岩	2
砂石	4
花岗岩石或碎石片	6
基底岩石层暴露面积比例/%	
<33	0
10～33	2
1～10	4
无	6

注：总体评级数值：0～9,场地不适宜；10～13,场地适宜性差；14～19,场地适宜性好；20～24,场地适宜性优。

表 6-12 森林慢速渗滤污水土地应用系统场地筛选中场地土壤特征评级数（引自：Taylor，1981）

土壤特征	排名分值
土壤入渗率/(cm/h)	
<5.1	2
5.1～15.2	4
>15.2	6

续表

土壤特征	排名分值
土壤水力传导率/(cm/h)	
＞15.2	2
＜5.1	4
5.1～15.2	6
阳离子交换容量/(meq/100g)	
＜10	1
10～15	2
＞15	3
收缩膨胀潜力	
高	1
中	2
低	3
土壤侵蚀分类	
侵蚀严重	1
受侵蚀	2
未受侵蚀	3

注：总体评级数值：5～11，场地适宜性差；12～16，场地适宜性好；17～21，场地适宜性优。

表 6-13　森林慢速渗滤污水土地应用系统场地筛选中场地地表植被和水文特征评级数（引自：Taylor，1981）

特　　征	排名分值
主要植被	
松树	2
硬木或混合林	3
植被年龄/年	
松树	
＞30	3
20～30	3
＜20	4
硬木	
＞50	1
30～50	2
＜30	3
混合松树或者硬木	
＞40	1
25～40	2
＜25	3
坡度/%	
＞35	0
0～1	2
2～6	4
7～35	6
至溪流距离/m	
15～30	1
30～60	2
＞60	3
临近土地用途	
高密度居住/城市	1
低密度居住/城市	2
工业	2
未开发	3

注：总体评级数值：3～4，场地不适宜；5～9，场地适宜性差；9～14，场地适宜性好；15～19，场地适宜性优。

表 6-14　森林慢速渗滤污水土地应用系统场地筛选中综合评价（引自：Taylor，1981）

基于表 6-11～表 6-13 评级数值评价			水力负荷率/(cm/周)
差	好	优	
3	0	0	不适宜
2	1	0	<2.5
2	0	1	<2.5
1	2	0	2.5～3.8
1	1	1	2.5～3.8
1	0	2	3.8～5.1
0	3	0	5.1～6.4
0	2	1	5.1～6.4
0	1	2	6.4～7.6
0	0	3	6.4～7.6

注：各候选场地如在表 6-11～表 6-13 中总体评级结果为不适宜时，应剔除该候选场地。统计各候选场地在表 6-11～表 6-13 中总体评级差、好、优的数，然后与本表对应，初步估计使用喷灌系统布水时，污水应用的水力负荷率范围（见最右一栏）。

6.3　城市污水土地应用系统设计前场地调查

如图 6-1 所示，场地调查属于城市污水土地应用系统规划的第二阶段。如前面章节所述，影响城市污水土地应用系统工艺设计和系统运行的因素包括污水成分、气象条件、地表水文条件、地下水条件、土地规划和使用特征、地形、土壤性质、当地作物特征以及其他场地条件等多种因素。这些因素不仅影响场地选址和污水土地应用系统工艺可行性，而且对城市污水土地应用系统最终设计至关重要。本章将介绍美国在进行污水土地应用系统最终设计前常用的获取场地数据的调查程序和现场测试程序。

场地调查的难点是确定勘测位置、次数或数量。困难在于如果实地测试数据太少，则很难反映真实场地条件，容易导致决策错误；如果实地测试点次数过多，花费过大，成本过高。一般美国的做法为采取保守的原则和态度。

表 6-15 列出了城市污水土地应用项目可行性研究阶段常见场地勘测顺序。一般情况下，尽量使用现有且可用的场地数据进行计算或决策，再根据场地数据情况，确定需要进行必要的现场测试项目，再设计勘测的位置和数量。

表 6-15　美国国家环保署建议的城市污水土地应用项目可行性研究阶段常见场地勘测顺序

项目	场地现场勘测			
	试坑	钻孔	土壤入渗	土壤化学
说明	核查校对现有官方数据	核查校对钻孔记录和地下水水位	匹配各工艺土壤入渗要求	核查校对现有官方数据
目标信息	土壤剖面厚度、各分层质地与结构、渗水限制层	到地下水的深度、到不透水层深度	最小土壤入渗率	作物与土壤管理、磷和重金属离子土壤去除

项目	场地现场勘测			
	试坑	钻孔	土壤入渗	土壤化学
现有估计	土壤剖面竖向水力传导率数据需求	地下水流方向	基于土壤渗透性的水力能力,土壤中排水限制	作物限制、土壤调节剂、污水应用前预处理需求
附加现场测试	竖向水力传导率	水平水力传导率	—	渗滤水水质
附加估算	精算污水水力负荷率	水丘分析、污染物扩散、排水需求	—	渗滤水水质
测试数目	基于土壤一致性、场地大小、所需土壤测试内容、系统类型,一般各场地最少3～5次测试	基于土壤一致性、场地大小、系统类型,一般各场地最少3次测试	基于土壤一致性、场地大小,一般各场地最少2次测试	基于土壤类型、土壤一致性、测试项目和内容、场地大小

注："—"表示无需进行。

表 6-16 列出了城市污水土地应用工艺场地勘测项目。该表中的内容是设计中小型城市污水土地应用工艺系统常见需求,一般情况下,这些内容基本能达到规划和设计要求。

表 6-16　美国国家环保署建议的城市污水土地应用工艺场地勘测项目

内　容	工　艺		
	慢速渗滤	快速渗滤	地表漫流
污水成分	N、P、SAR、EC、Bo	BOD、SS、N、P	BOD、SS、N、P
土壤物理属性	土壤剖面厚度、土壤质地、土壤结构	土壤剖面厚度、土壤质地、土壤结构	土壤剖面厚度、土壤质地、土壤结构
土壤水力属性	渗透率、表面入渗率	渗透率、表面入渗率	渗滤率(可选)
土壤化学属性	pH 值、CEC、可交换离子百分数、EC、金属和磷吸附能力	pH 值、CEC、P 吸附能力	pH 值、CEC、可交换离子百分数

注:SAR 和 EC 对于干旱或半干旱地区更重要;如果计划种植食用作物,则应该查明土壤中重金属的背景值。

6.3.1　场地土壤性质调查

城市污水土地应用系统场地选择和工艺设计要确保场地中土壤以设计速率向设计方向流动。该点是慢速渗滤土地系统运行基本要求,对于快速渗滤系统也最为关键。

6.3.1.1　土壤物理特征

经过规划设计第一阶段根据官方调查现有场地数据进行场地初步鉴定和筛选后,根据对现有场地条件信息分析后结果,进行额外现场勘测,该阶段对后续规划设计至关重要。该阶段目的主要为审核校正官方提供的数据和识别可能存在的场地限制因素。现场初步调查中如果发现场地生长喜水植物、局部存在潮湿或地表出现盐分,规划设计人员则应注意要针对污水应用后土壤中的排水问题进行详细的实地研究。如果存在岩石露出地表,则需要进行比常规调查更详细的场地地下条件调查程序。如果场地附近存在地表水流，则需要对地面和近地表水文情况进行额外研究。如果场地存在水井，也需要根据这些水井分析地下水流水量等。污水土地应用系统运行有可能会受这些场地条件影响，要格外警惕和注意。

土壤性质不仅影响系统运行，而且在系统建筑施工和实际运行中同样极为重要。施工和运行中，如果管理和操作不当会导致场地上土壤表面压实，从而导致未扰动状态下土壤剖面特征完全改变。质地细的土壤对压实特别敏感，会引起土壤入渗能力大幅减小。对于快速渗滤系统，土壤物理性质、地形和施工方法特别重要。如果场地必须选择在扰动过的均匀性差的土壤类型场地，如土壤剖面中包含杂乱的细质土壤颗粒，建议采用大规模土壤试验确定场地中土壤的水力特性。如果中试成功，试坑位置适当，则此类场地才可以考虑为备选场地。由于降雨或暴雨会引起细质土壤颗粒分散导致土壤入渗能力下降，因此在快速渗滤土地应用系统场地调查中，需要格外注意细质土壤颗粒含量，建议系统布水池下土壤中细质颗粒含量尽量不超过 10%。对于地形起伏的场地，可考虑将布水池分散建在土壤条件适宜的位置，不必集中布置。另外，由于土壤中存在黏土砂时，施工中开挖或填土活动都会降低土壤渗透性。调查中发现土壤中黏土砂含量高，则在设计中要对施工进行规范，要求只有土壤水分处于"最佳"干燥条件时才可允许施工。如果土壤表面入渗能力下降严重，可考虑剥离该层土壤。表 6-17 解释了土壤物理性质和水力属性在污水土地应用系统规划和设计中应用。

表 6-17　土壤物理和水力属性在污水土地应用系统规划和设计中应用（引自：Crites，et al.，2000）

土壤剖面深度/cm	
30～61	适宜地表漫流系统
61～152	适宜慢速渗滤系统和地表漫流系统
152～305	适宜所有 3 种系统
土壤质地和土壤结构	
细质地,结构差	适宜地表漫流系统
细质地,结构好	适宜慢速渗滤系统,可能适宜地表漫流系统
粗质地,结构好	适宜慢速渗滤系统和快速渗滤系统
土壤渗水率/(cm/h)	
0.5～15.2	适宜慢速渗滤系统
>5.1	适宜快速渗滤系统
<0.5	适宜地表漫流系统
土壤底层渗透性	
超过或等于土壤渗水率	土壤渗水率为限制性因子
小于土壤渗水率	可能限制污水应用速率

6.3.1.2　土壤化学属性

如前面章节所述，对于城市污水和大多数工业污水而言，污水和土壤之间不会产生不良化学反应。主要关注问题通常是土壤系统对某一特定化学污染物的截留或去除，具体可参考前面章节。

土壤化学数据通常是通过对从试坑或钻孔中获得的有代表性的样本进行常规实验室

分析获取。表 6-18 解释了典型土壤化学试验分析。

表 6-18　美国国家环保署对污水土地应用系统场地上土壤化学试验分析

测试结果	分　　析
pH 值	
<4.2	对大部分作物过酸
4.2～5.5	适合于耐酸性作物
5.5～8.4	适合于大部分作物
>8.4	对大部分作物过碱；可能存在钠问题
CEC/(meq/100g)	
1～10	砂质土壤(有限吸附)
12～20	粉质土壤(中度吸附)
>20	黏质土壤和有机土壤(高吸附)
可交换阳离子(期望范围)/% CEC	
Na^+	5
Ca^{2+}	60～70
K^+	5～10
ESP/% CEC	
<5	满意
>10	细质土壤中入渗率降低
>20	粗质土壤中入渗率降低
EC_e(25℃饱和萃取)/(mmhos/cm)	
<2	无盐度负面问题
2～4	限制对盐分敏感作物生长
4～8	限制大部分作物生长
8～16	限制除高耐盐性作物之外所有作物生长
>16	仅有少数高耐盐性作物可以获得满意的生长

6.3.1.3　试坑和钻孔

城市污水土地应用系统场地的地下条件调查需要进行试坑和钻孔勘测。地下勘测一般先进行试坑开挖。通常采用挖掘机在精心挑选的测试点进行。试坑开挖目的包括土壤剖面调查和取样，查明备选场地的地下特征，以及查找可能的污水土地应用不利特征，这些不利特征包括土壤裂缝、近地表岩石、硬质层、土壤剖面斑驳、砾石体存在和其他异常条件。试坑深度要求：地表漫流系统为至少 0.9m；慢速渗滤系统为至少 1.5m；快速渗滤系统为至少 3m。土壤剖面上土壤采样方法：一般可直接在土壤剖面壁上取代表性土壤样品，实验分析物理和化学性质；由上至下注意土壤质地的明显变化，如分层边界清晰，记录每层的深度、厚度以及土壤质地。

土壤结构分级（表 6-19）影响土壤对水的吸收和传输。土壤结构指土壤颗粒聚集成颗粒簇，称为土壤自然结构体，可以由弱表面将之分开。这些弱表面常被视为土壤缝隙，可以在很大程度上改变土壤质地对水分运动的影响。结构良好的土壤，在土壤自然结构体之间有很大的空隙，比质地相同的无结构土壤传输水的速度更快。质地细的块状土壤（结构较弱的土壤）渗滤速率很慢。土壤结构检查工具为镐或类似工具，揭示自然裂纹和土壤弱面。土壤的颜色和颜色样式也是反映土壤排水特性的指标。可详细记录和拍摄土壤颜色和颜色样式与标准手册进行比对，判断土壤排水或渗透特性。

表 6-19　美国国家环保署提供的土壤结构分级表

分　级	特　征
无结构	观察不到土壤颗粒聚集
弱	土壤颗粒聚集弱，难辨别
中度	土壤颗粒聚集显著，但在未扰动土壤条件下不明显
强	在未扰动土壤条件下土壤颗粒聚集显著

钻孔勘测目的为调查场地上是否存在季节性高地下水位，钻孔时间为一年中的潮湿月份。判别依据为钻孔壁出现斑驳或变色的土壤，即该场地存在季节性高地下水位。土壤中的斑驳程度由土壤基质颜色和斑驳的颜色、大小和数量定性和定量描述。

钻孔勘测另外用途是当挖掘机深度不够或者经济上不适当时采用。注意在钻孔过程中被连续带到地表的土壤屑不适宜进行土壤采样。最好的方法是取走飞土，用谢尔比管或分匙取样器采集土壤样品。

6.3.2　场地地下水条件调查

场地下天然地下水条件对慢速渗滤系统很重要，对快速渗滤系统更为重要。场地地下水条件调查内容包括：

① 地下水位深度；
② 地下水位季节性变化；
③ 地下水流速与流向。

通过调查预测内容包括：

① 污水应用后地下水水位深度变化；
② 一旦存在污水渗滤水和地下水混合，混合水的流速与流向以及水质变化；
③ 污染物有无可能运移至饮用水含水层，有无可能实现应对措施。

6.3.2.1　地下水深度和静水头

地下水位定义为自由地下水与毛细管区之间的接触区。它是在毛细管区下延伸一段短距离的孔中水所假定的水位。当只存在一个地下水表面，静水压随深度线性增加，则表明地下水条件具有规律性。在这种情况下，测量时，无论在地下水水位下部测压仪插入深度如何，测压仪水面与自由地下水水位是相同的，此时记录该水面的埋设深度或者高程均可。测压仪与水井勘测地下水深度相比，测压仪是管径小，管壁无开孔，管周无渗漏，只反映其管底下部开口处静水头。现场调查中要注意可能会有一个或多个孤立的水体"栖息"在主地下水水位之上，因为有一些不透水层可以限制甚至阻止这些孤立水体渗漏到主地下水中。可靠地确定地下水水位或压力，就需要钻孔中静水压和周围土壤保持平衡，平衡时间范围可能是几个小时到几天。

勘测污染物有无可能被运移到较低含水层的方法为同时使用两个或多个测压仪在同一位置测量，若测量出的深度不同，则可指示地下水垂直流的存在、方向和幅度（梯度）。

6.3.2.2　地下水流

精确描述城市污水土地应用系统之下地下水流动在工程实践中通常不可行。对于大多数场地，一般做法为通过实地调查数据，应用达西方程进行估算。估算内容包括地下水水流量、平均流动时间以及污水应用中产生的地下水水丘。需要的场地调查数据包括地下水水位、到不透水层深度、水力梯度或水力坡度、地下水流方向、含水层特殊产水量、水平方向水力传导率。

场地勘测地点一般为场地上游，污水应用场地上以及在场地下游边界。一般来说，地下水水位反映地表轮廓并流向邻近的地表水。复杂情况下，需根据已知初始场地数据布置安装一系列探测井，这些探测井也可用于污水土地应用系统运行期间的监测。现代方法可在这些井中安装传感装置确定水深。根据传感数据通过插值法绘制地下水水位等高线，进而确定水力梯度和水流方向。

6.3.2.3　钻孔测试

钻孔测试是确定水平水力传导率最常见和最有用的现场测试方法。在低于地下水位的一定距离处钻孔，然后抽出孔中水。孔中重新填充水的速率是土壤导水率和孔几何特征的函数。可用图 6-2 中的定义，通过测量孔中水位上升率计算 K_h。水力传导率

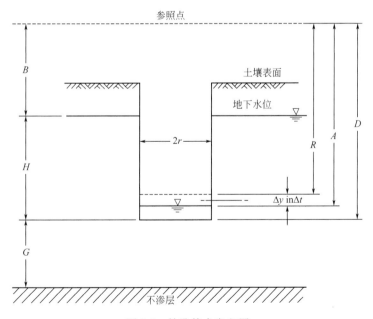

图 6-2　钻孔技术定义图

B—地下水位至参照点垂直距离；H—钻孔底部至地下水垂直距离；G—钻孔底部至不渗层垂直距离；

$2r$—钻孔直径；R—孔中水重新填满时基于参照点的深度；A—孔中水抽走后基于参照点的深度；

D—钻孔底部至参照点垂直距离；Δy in Δt—时间间隔 Δt 内孔中水平面上升高度

的测定受阻隔层或较低不渗层位置的影响。阻隔层位于孔底时，K_h 可用下式计算（图 6-2）。

$$K_h = \frac{1500r^2}{(H+10r)(2-y/H)y}\frac{\Delta y}{\Delta t}$$ （6-2）

式中　K_h——水平水力传导率，cm/h；

r——钻孔半径，cm；

H——水在孔中起始深度，cm；

Δy——时间间隔 Δt 内孔中水平面上升高度，cm；

Δt——给定 Δy 所需时间，s。

更常见的情况是，当不渗层位于孔底以下一定距离时，此时，K_h 应由式（6-3）计算：

$$K_h = \frac{16667r^2}{(H+20r)\left[2-(y/H)y\right]}\frac{\Delta y}{\Delta t}$$ （6-3）

式中，符号意义同上。

该公式只有符合下面条件时才有效：6.35cm＜$2r$＜13.97cm；25.4cm＜H＜203cm；y＞0.2H；G＞H；y＜0.25H－(D－A)。

值得注意的是，在没有地下水位的情况下水平水力传导率的测量仍然是必要的。

6.3.2.4　污水渗漏液与地下水混合

对于慢速渗滤系统和快速渗滤系统，尤其是快速渗滤系统，场地调查之后需要分析预测混合水水质。混合水中任何成分的浓度可由下式加权平均法进行计算：

$$C_{mix} = \frac{C_p Q_p + C_{gw} Q_{gw}}{Q_p + Q_{gw}}$$ （6-4）

式中　C_{mix}——混合水中成分浓度；

C_p——污水渗滤液中成分浓度；

Q_p——污水渗滤液流量；

C_{gw}——地下水中成分浓度；

Q_{gw}——地下水流量。

如果已知水力梯度和水平水力传导率，地下水流量可用达西定律计算。式（6-4）只是理想计算公式，也即只有当污水渗滤液和本地地下水充分混合时式（6-4）才有效。实际情况为，由于渗滤液和地下水之间的密度、盐度和温差可能会抑制渗滤液与地下水混合，垂直方向上的混合可能小于水平方向上的混合，通常渗滤液可能会像羽状漂浮物一样在地下水顶部流动一段距离后才能逐渐和地下水混合。此外，自然降雨也会稀释渗滤液。

6.3.3　场地土壤入渗率调查

土壤入渗率被定义为水从地表进入土壤的速率。测量时，某一地点的水入渗速率可能会随时间而逐渐降低，但土壤水饱和时的地下垂向渗透率一般保持不变。因此，入渗的短期测量可以合理地估计大面积场地上水入渗时的长期饱和垂直渗透率。

入渗测量技术包括淹水池、圆筒式入渗计、喷淋式入渗计和进气入渗计，表 6-20 对这 4 种技术进行了比较。入渗测量基本目的是确定土壤的饱和垂直水力传导率 K_v，一般采用清洁水进行测试。

表 6-20　美国国家环保署对入渗测量技术的比较

测试技术	每次测试水量/L	每次测试时间/h	所需设备	备　注
淹水池	2271～11356	4～12	反铲挖土机	需要张力计
圆筒式入渗计	379～757	1～6	圆筒式入渗计	大圆筒
喷淋式入渗计	946～1136	1.5～3	泵、压力罐、喷淋器	测试前土壤水分为田间含水量
进气入渗计	11	0.5～1	进气入渗计	测试垂向水力传导率

6.3.3.1　淹水池测试

快速渗滤系统强烈建议进行中试淹水池试验，面积应至少大于 $10m^2$，位于相同的土壤区，且该位置将用于整个快速渗滤系统，淹水池的建造应采用与整个快速渗滤系统污水应用布水池相同的技术。测试应该使用与快速渗滤系统相同干湿循环且运行几周。淹水池数目取决于快速渗滤系统大小以及土壤和地形的均匀性。单池试验用于土壤均匀的相对较小的快速渗滤系统。在较大的系统中，每种主要土壤类型都应使用一单独淹水池，一般需要每 $2～4hm^2$ 土地面积上就需设置一测试水池。

6.3.3.2　圆筒式入渗计

该测试方法有 ASTM 标准。具体测试步骤可按照标准进行。

土壤质地不同，入渗到达稳定速率的时间不同。一些土壤中可能只需要 20～30min，而在另一些土壤中则需要几个小时或更久。该方法简单、快速、用水量小。该测试方法已在农业项目中普遍使用，且为大多数实地调查公司所熟悉并采用。

6.3.4　农艺因素

慢速渗滤系统和地表漫流系统依赖植物对污水进行进一步处理，场地调查必须为作物选择和种植成功提供足够数据。在城市污水土地应用系统中，影响植被重要的土壤化学性质包括 pH 值、阳离子交换容量、碱饱和度、可交换性钠含量、盐度、植物养分（氮磷钾）。

建议从每块拟用土地上收集土壤样本进行实验分析。如果某一拟用土地面积超过 $10hm^2$，则应从该场地土地上对每个土壤系列分别收集土壤样本。在美国，土壤采样和分析程序可参考美国土壤协会出版的土壤分析手册。我国也有类似标准和规范供参考。

土壤分析应至少确定：a. 植物有效磷和钾；b. 土壤 pH 值和土壤调节剂如石灰等需求。

美国许多地区没有使用特定的土壤试验满足植物肥料需求。一些中西部州将施肥与土壤有机质联系起来，而西部州作物在灌溉下生长时会考虑土壤剖面中所含的硝酸氮。因此土壤化学性质分析应包含土壤有机质和硝酸氮含量。

土壤样品应空气干燥（温度低于 40℃）后研磨，并通过 2mm 筛后收集，并尽快进行化学分析，大多数参数分析不需要对土壤进行特殊处理和特殊保存。但是用于硝酸氮、氨氮和病原体分析的样品应在田间水分条件下冷藏，并尽快进行分析。

6.3.4.1　pH 值

土壤 pH 值测定是通过制作土-水糊状物进行的。在解释或使用 pH 值数据时，由于分析程序会对结果产生影响，了解使用哪种测试方法是很重要的。在许多情况下，可以通过在土壤中添加碳酸钙（石灰）来纠正酸性土壤条件（低 pH 值）。碱性土壤条件（高 pH 值）可以通过添加酸化剂纠正。选择作物时，要考虑植物适宜 pH 值范围，必要时需要考虑添加剂调节土壤 pH 值，并计算添加剂量。

6.3.4.2　植物可获取的磷和钾

植物有效磷的量是通过分析特定萃取剂从土壤中去除的磷的量进行确定。美国不同地区使用的萃取剂各不相同，但通常是用稀酸或碳酸氢钠溶液进行。美国各州均确定了土壤中可提取磷的量与不同作物不同产量所需的磷肥量之间关系。规划和设计工程师可通过城市污水土地应用系统磷平衡，以及选择的作物磷需求量，计算所需磷肥添加量。

与土壤有效磷类似，土壤中有效钾的测定也是通过萃取剂进行，供植物吸收的钾存在于土壤溶液中。利用植物有效钾量确定作物的钾肥用量。在美国中部和东部地区，相比于作物钾的需求，污水中钾的含量通常不足，在这些地区进行污水土地应用时需要补充钾肥。我国污水情况类似，必要时也需要计算所需钾肥添加量。

6.3.4.3　盐度、钠与 SAR

含有过量可交换钠的土壤被称为"碱土"。当钠所占 CEC 总量的百分比（尤指可交换钠百分比）超过 15% 时，土壤被认为是碱性土。由于钠离子化学性质特殊，土壤中高水平钠会导致黏土颗粒在土壤中分散。黏土颗粒分散导致土壤渗透性降低，土壤通气性差，出苗困难。一般情况下，细质地土壤可能当可交换钠百分比在 10% 以上时就会受到影响，但粗质土壤在可交换钠离子百分比达到 20% 时才会受到影响。如果实地调查显示有碱化土壤，或者如果预期会产生高盐水，就必须选择对盐分不敏感的作物。另外需要调查土壤中的 SAR，由前面章节可知，SAR 计算需要测量土壤中 Na、Mg、Ca 的当量浓度，结合作物适宜范围，场地调查也要确定是否要对 SAR 进行调节。必要时，需要计算土壤调节剂硫酸钙的添加量。

参 考 文 献

[1]　孙铁珩，李宪法等. 城市污水自然生态处理与资源化利用技术 [M]. 北京：化学工业出版社，2006.
[2]　GB 50318—2017.

［3］　GB 18918—2002.

［4］　Alfred R Conklin. Introduction to Soil Chemistry ［M］. USA：John Wiley and Sons，Inc. ，2004.

［5］　Daniel Hillel. Environmental Soil Physics ［M］. USA：Academic Press，1998.

［6］　Daniel Hillel. Introduction to Environmental Soil Physics ［M］. USA：Academic Press，2004.

［7］　Fuhua Chen，Morris M D. Soil Engineering：Testing，Design，and Remediation ［M］. USA：CRC Press，2000.

［8］　Eliot Epstein. Land Application of Sewage Sludge and Biosolids ［M］. USA：Lewis Publishers，2003.

［9］　Taylor G L. Land Treatment Site Evaluation in Southeastern Mountainous Areas ［J］. Bulletin of the Association of Engineering Geologists，1981，18：261-266.

［10］　Jacob H Dane，G Clarke Topp. Methods of Soil Analysis，Part 4 Physical Methods ［M］. USA：Soil Science Society of America，Inc. ，2002.

［11］　Marc Pansu，Jacques Gautheyrou. Handbook of Soil Analysis：Mineralogical，Organic and Inorganic Methods ［M］. France：Springer-Verlag Berlin Heidelberg，2006.

［12］　Kirkham M B. Principles of Soil and Plant Water Relations ［M］. USA：Elsevier Academic Press，2005.

［13］　Carter M R，Gregorich E G. Soil Sampling and Methods of Analysis ［M］. USA：CRC Press，Taylor & Francis Group，2008.

［14］　Nikolaos V Paranychianakis，Andreas N Angelakis. Treatment of Wastewater with Slow Rate Systems：A Review of Treatment Processes and Plant Functions ［J］. Critical Reviews in Environmental Science and Technology，2006，36：187-259.

［15］　Krasilnikov P，Carre F，Montanarella L. Soil Geography and Geostatistics：Concepts and Applications ［M］. Luxembourg：European Communities，2008.

［16］　Rattan Lal，Manoj K Shukla. Principles of Soil Physics ［M］. USA：Marcel Dekker，Inc. ，2004.

［17］　Westerman R L. Soil Testing and Plant Analysis ［M］. USA：Soil Science Society of America，Inc. ，1990.

［18］　Ronald W. Crites. Land Treatment Systems for Municipal and Industrial Wastes ［M］. USA：McGraw-Hill Professional，2000.

［19］　Ronald W Crites，Joe Middlebrooks，Sherwood C. Reed. Natural Wastewater Treatment Systems ［M］. USA：Taylor and Francis，2006.

［20］　Reed S C，Crites R W，Middlebrooks E J. Natural systems for waste management and treatment ［M］. USA：McGraw-Hill，1995.

［21］　Patel S V，Golakiya B A，Savalia S G，Gajera H P. A Glossary of Soil Sciences ［M］. India：International Book Distributing Co. ，2008.

［22］　Takashi Asano，Franklin Burton，Harold Leverenz，Ryujiro Tsuchihashi，George Tchobanoglous. Water Reuse：Issues，Technologies，and Applications ［M］. USA：McGraw-Hill，2007.

［23］　Tsuyoshi Miyazaki. Water Flow in Soils ［M］. USA：Taylor & Francis Group，2005.

［24］　United States Department of Agriculture Nature Resources Conservation Service. Soil Taxonomy：A Basic System of Soil Classification for Making and Interpreting Soil Surveys ［M］. USA：United States Department of Agriculture，1999.

［25］　United States Environmental Protection Agency. Land Treatment of Municipal Wastewater Effluents ［M］. USA：United States Environmental Protection Agency，2006.

［26］　Valentina Lazarova，Akiça Bahri. Water Reuse for Irrigation：Agriculture，Landscapes，and Turf Grass ［M］. USA：CRC Press，2005.

第7章　城市污水土地应用系统污水预处理和储存

城市污水土地应用系统工程决策关键之一是考虑污水土地应用前水质和拟规划设计污水土地应用系统工艺对水质的要求。一般可比对污水土地应用系统出水或渗滤水水质目标要求和需要进行土地应用的污水水质，考虑各种污水土地应用系统工艺的运行特点和处理能力，分析鉴定应用污水中需要预处理的污染物成分。综合考虑城市污水最终处置和水资源可持续利用，选择最简单和最具成本效益的污水土地应用系统工艺，确定不会被污水土地应用系统去除或降低到可接受浓度的污水水质成分和相应的污水土地应用前预处理措施或工艺。

本章主要介绍美国城市污水土地应用系统污水预处理和储存设计方法。

7.1　美国国家环保署污水土地应用前预处理指南

美国国家环保署要求污水土地应用预处理水平需要根据公众进入该污水土地应用场地的频次和人数、种植作物的类型以及这些作物最终用途进行确定。美国国家环保署制定了污水土地应用预处理指南（表7-1）。所需预处理水平随公众有可能接触该污水土地应用场地程度增加而增加，也随人群最终直接消费作物程度增加而增加。细菌标准是以地面灌溉水质要求和娱乐情况下洗浴用水水质要求为基础。

表7-1　城市污水土地应用系统污水土地应用前预处理指南（引自：Thomas and Reed，1980）

Ⅰ.慢速渗滤系统	A. 初级处理:可用于严格禁止人群进入的隔离场地且限制作物被人直接消费 B. 自然塘生物处理或者城市污水处理厂经二级生化处理后,污水出流中粪大肠菌数小于1000MPN/100mL;可用于除人类直接生吃作物之外的有控制的农作物灌溉 C. 自然塘生物处理或者城市污水处理厂处理后,污水出流水质达到洗浴水类大肠菌数标准,即大肠埃希氏菌数几何平均值＜125MPN/100mL,肠球菌数几何平均值小于33MPN/100mL;可用于公众场合如公园和高尔夫球场等地的污水土地应用
Ⅱ.快速渗滤系统	A. 初级处理:可用于严格禁止人群进入的隔离场地 B. 自然塘生物处理或者城市污水处理厂二级生化处理:可用于城市内可控制人群进入的场地

114

Ⅲ. 地表漫流系统	A. 格栅或固体碎化：可用于人群无法进入的隔离场地 B. 格栅或固体碎化外加储存或应用过程中氧化工艺去除异味；可用于城市内无人群进入的场地

污水土地应用预处理另一原因是需要降低污水中总悬浮固体（TSS）的含量。高含量的 TSS 会阻塞喷头、阀门和其他设备，从而增加操作和维护费用。同时，高含量的 TSS 或藻类会堵塞土壤入渗表面，降低快速渗滤系统的水力容量。藻类也会在地表漫流系统中造成严重问题，因为在该系统中微型藻类很难被地表漫流系统完全去除。

7.2　污水预处理类型

污水土地应用前预处理工艺可包括细格栅、初级处理、自然塘、人工湿地、生物处理、消毒。格栅、初级处理、生物处理、消毒等污水处理工艺的设计标准可参见相关文献。在美国等国家，自然塘和人工湿地通常与污水土地应用系统组合使用，它们对污水的预处理效率如下所述。

7.3　自然塘对污水污染物的去除

理论上，任何常规城市污水处理厂污水出流都可成功应用于城市污水土地应用系统。但是，在多数情况下，自然塘法是最具成本效益的工艺之一，也是环境最友好的可持续污水处理方法之一。自然塘常与污水土地应用系统组合使用，用于污水流量平衡、应急储存以及对土地应用系统运行有季节性限制的场合。在需要储存的情况下，将处理和储存功能结合在一多池系统中通常最具成本效益。如果需要控制气味或降低高强度污染物，通常污水首先通过的池则需要设计和安装运行曝气装置，经曝气池处理后的污水再进入单独或多个深储水池，美国得克萨斯州有大量该类工艺设计。在人口稀少地区，可设计厌氧初级处理池去除污水中固体有机污染物，然后污水再进入储存池。储存池中发生的处理类似于兼性池中的处理。

自然塘单元池可经特殊设计用于去除污水中特定的污染物。自然塘典型特征是，自然塘内各组成单元池中污水停留时间首先是由系统存储要求确定，之后可计算出各单元池中在该停留时间内污水中各污染物去除效果。如果需要额外的污染物去除需求，则需要比较自然塘提供更长污水水力停留时间的成本效益和采用可替代性额外去除工艺的成本效益，然后设置更多单元池或采用其他替代工艺。自然塘单元池中氮去除尤其重要，因为正如前面章节所讨论，污水中氮含量通常是慢速渗滤系统限制性设计参数（LDP）。自然塘单元池中任何氮浓度变化都将直接影响污水土地应用系统中各组成处理单元的设计。

7.3.1 自然塘中 BOD 与 TSS 去除

如前面章节所述，BOD 通常不是任何污水土地应用系统的限制性设计参数。然而，在美国，许多环境保护监管机构规定了所应用的污水中 BOD 限值。因此，对将要应用的污水，则必需合理估计自然塘对污水中污染物的去除量和去除效率。自然塘常见组合为曝气单元池与储存单元池组合，或者是厌氧单元池与储存单元池组合。

曝气自然塘中 BOD 去除可由式(7-1) 进行估算：

$$\frac{C_n}{C_0}=1/(1+k_ct/n)^n \qquad (7-1)$$

式中　C_n——第 n 池中 BOD 出水浓度，mg/L；

　　　C_0——自然塘整个系统入流 BOD 浓度，mg/L；

　　　k_c——20℃时 BOD 去除反应速率常数；

　　　t——总水力停留时间，d；

　　　n——自然塘单元池总数。

反应速率 k_c 与水温有关，其计算由式(7-2) 确定：

$$k_{cT}=k_{20}\theta^{(T-20)} \qquad (7-2)$$

式中　k_{cT}——温度 T 时 BOD 去除反应速率；

　　　k_{20}——温度为 20℃时 BOD 去除反应速率；

　　　T——自然塘中水温，℃。

　　　$\theta=1.036$；

自然塘中水温可用式(7-3) 进行估算：

$$T_w=\frac{AfT_a+QT_i}{Af+Q} \qquad (7-3)$$

式中　T_w——自然塘中水温，℃；

　　　T_a——自然塘周围气温，℃；

　　　T_i——流入自然塘的污水温度，℃；

　　　A——自然塘表面积，m^2；

　　　f——比例因子，取值 0.5；

　　　Q——污水流量，m^3/d。

表 7-2 列举了曝气自然塘中污染物反应速率，该值的选择取决于曝气强度。"完全混合"假定高强度曝气足以维持悬浮固体（约 2W/m^3 污水）。"部分混合"假定有足够的空气供应，以满足氧气需求（约 0.2W/m^3 污水），但固体沉降会发生。

表 7-2　美国国家环保署提供的曝气自然塘中污染物反应速率

曝气类型	K 值(20℃)
完全混合	2.5
部分混合	0.276

完全混合曝气池出水中悬浮固体含量几乎等于池内悬浮固体平均含量。根据停留时

间的不同，部分混合池出水中悬浮固体含量会低。如果水力停留时间为 1d，可以合理假定部分混合池出水中悬浮固体含量与初级处理出水悬浮固体含量接近（60～80mg/L）。

兼性自然塘中 BOD 去除可以用式(7-4) 估计。

$$\frac{C_n}{C_0} = e^{-k_p t} \tag{7-4}$$

式中　C_n——出流 BOD，mg/L；

　　　C_0——入流 BOD，mg/L；

　　　k_p——活塞流表观速率反应常数（见表 7-3）；

　　　t——水力停留时间，d。

表 7-3　兼性自然塘活塞流表观速率反应常数（引自：Neel et al.，1961）

有机污染物负荷率/[kg/(hm² · d)]	k_p(每日)
22	0.045
45	0.071
67	0.083
90	0.096
112	0.129

兼性自然塘中 TSS 浓度与温度和水力停留时间相关。在温暖条件下，藻类浓度可达 120～150mg/L 或更高，而在较冷温度下，藻类浓度可低至 40～60mg/L。

厌氧自然塘很少用于城市污水，除非城市污水中存在大量工业废水成分。主要原因是周边气味问题，因此通常用于人口稀少地区。由于厌氧自然塘周边至少 300 多米处都可探测到处理气味，因此需要远程系统控制技术或其他气味控制措施。国外一些市政自然塘系统初段部分使用厌氧自然塘，后续单元池通常由一个或多个水力停留时间较长的兼性池组成，设计目的为去除或截留市政污水中固体有机污染物。实地所测数据表明，这类组合出水水质与污水初级处理工艺出水水质相当。在我国农村偏远地区可适当采用该种污水处理方法。

厌氧自然塘通常池深 3～4.5m，也有国家设计水深达 6m。BOD 负荷率可高达 500kg/(hm² · d)，水力停留时间视气候条件确定，从 20d 到 50d 不等，典型的 BOD 去除转化率约为 70%。出水 TSS 值在 80～160mg/L 之间。

7.3.2　自然塘中氮去除

大量研究证实自然塘对污水中氮污染物有去除效果，并建立了氮去除预测模型。自然塘对污水中氮污染物去除的影响因素为 pH 值、温度和水力停留时间，在理想条件下氮污染物的去除率可达 95%。氨氮挥发是实现氮永久性去除的主要途径。

由于氮通常是污水土地应用系统的限制性设计因素，因此必须确定氮在储存池或预处理自然塘各单元池中的去除。这部分氮去除可能影响某一特定污水土地应用工艺的可行性，甚至决定污水土地应用场地面积。

式(7-5) 和式(7-6) 可用于兼性塘和储水池氮去除预测。在工程设计中，曝气单元池中短期内氮损失可忽略不计。一般情况下，在长期水力停留时间内，氮从一种形式转化为另一种形式是可能的，因此氮去除模型经常使用总氮为计算基础。

第一个设计方程是：

$$\frac{N_e}{N_0} = \exp\{-k_{nt}[t + 60.6(pH - 6.6)]\} \tag{7-5}$$

式中 N_e——出流总氮，mg/L；

   N_0——入流总氮，mg/L；

   k_{nt}——与温度相关的反应速率，/d，20℃时取值 0.0064/d；

   t——水力停留时间，d；

   pH——时间为 t 内储存池或自然塘中 pH 值中位数。

池中水温可用式(7-3) 计算，θ 值设定为 1.039。

第二个设计方程见式(7-6)：

$$N_e = N_0 \frac{1}{1 + t(0.000576T - 0.00028)\exp[(1.08 - 0.042T)(pH - 6.6)]} \tag{7-6}$$

式中，各符号意义同前。

式(7-5) 的应用要求提供有关污水氮浓度、水力停留时间、pH 值及温度的资料以及预期条件。典型情况下，氮浓度随月份变化明显，因此设计中期望获得真实的长期数据。对于常见城市污水，可通过以下方法初步确定总氮近似值：弱污水（BOD 大致为 120mg/L），总氮约为 20mg/L；中度污水（BOD 大致为 220mg/L），总氮约为 35mg/L；强污水（BOD 大致为 350mg/L），总氮约为 60mg/L。

对于第一次试算，水力停留时间确定应基于所需 BOD 的去除率或所需存储时间。如果需要额外除氮，则需要经济上比较延长水力停留时间方案和其他替代方案。

式(7-5) 基于活塞流动力学，只有在某池排放水且水力停留时间等于系统总水力停留时间时才有效。若储水池处于充水和蓄水无排放期，则此时水力停留时间应为总水力停留时间的一半。

池中 pH 值受藻类与池中碳酸盐缓冲系统相互作用控制。如有可能，pH 值应从附近正在运行的池体中现场测量进行确定。对 pH 值大致估计可用式(7-7) 进行。

$$pH = 7.3\exp[0.005(Alk)] \tag{7-7}$$

式中 pH——污水 pH 值中位数；

   Alk——污水入流碱度，mg/L $CaCO_3$。

7.3.3 自然塘中磷去除

自然塘本身对磷去除能力有限。研究证明，自然塘中可投加化学添加剂明矾或三氯化铁能将污水磷浓度降至 1mg/L 以下。化学添加剂投加方式可采用批序式或连续投加式。对于排水受控制的自然塘，化学添加剂的投加方式应采用批序式。例如，美国明尼苏达州有 11 个兼性塘系统，采用摩托艇直接将含明矾液体投加到二级处理自然塘中，以满足当地春季和秋季自然塘污水出流磷排放标准，该限值为 1mg/L。

对于连续投加方式，通常要在最后两个单元池之间或在最后一个单元池和澄清池之间设置一混合反应池。例如，在美国的密歇根州某自然塘系统中，在曝气单元池和兼性池中均采用了化学添加剂连续投加方式。21 个处理设施中进水磷浓度为 0.5～15mg/L，磷平均浓度为 4.1mg/L，出水磷浓度目标值为 1mg/L。

7.3.4 自然塘中病原体去除

含自然塘的污水土地应用系统设计应评估自然塘中病原菌和病毒的去除。在某些情况下，自然塘中病原体能降低到可接受浓度水平，因此不需要额外消毒步骤。例如，在美国密歇根州马斯基根，储存池污水中的粪大肠菌群数始终低于需求水平，因此该处在工程应用中最终放弃了对污水的加氯消毒处理步骤。在此情况下，经预处理后的污水可应用于玉米种植，生产的粮食可作为家禽业主要饲料。

自然塘中病原菌和病毒去除与温度和水力停留时间密切相关。经过实验模拟，研究发现病毒去除率随水力停留时间变长和温度升高而升高。在美国西南部、东南部和中北部的兼性塘系统工程实际运行中，也观察到类似现象。在夏季月份，这些工程实际应用系统中，前两个单元池对病毒的去除率均超过 99％。通年病毒去除率超过 95％。粪大肠菌去除率在同期均高于病毒去除率。例如，在美国犹他州某兼性塘系统中，研究发现粪大肠菌去除率和去除率曲线样式类似于对病毒去除实验模拟和实际工程观察结果。根据 Chick 定律，研究人员建立数学模型［式(7-8)］，描述了粪大肠菌在自然塘系统中随时间和温度变化而死亡的关系：

$$t = \frac{\ln(C_i/C_f)}{k_{fc}} \tag{7-8}$$

式中 t——实际水力停留时间，d；

C_i——自然塘入流中粪大肠菌浓度，个/100mL；

C_f——自然塘出流中粪大肠菌浓度，个/100mL；

k_{fc}——反应常数，20℃时等于 0.5。

在对美国犹他州某实际运行兼性塘系统对粪大肠菌去除研究中发现，该系统对粪大肠菌的去除均能达到灌溉用水水质标准 200 个/100mL 和娱乐用水水质标准 1000 个/100mL。研究中，式(7-8)中水力停留时间为粪大肠菌死亡研究中实地测值。在数学模型式(7-8)的研究中，考虑到自然塘中实际存在水力短流现象，因此数学模拟中实际水力停留时间取值为理论水力停留时间设计值的 25％～89％。使用的实际水力停留时间几何平均值为理论设计值的 46％。如果自然塘系统实际水力停留时间未知，则建议使用数学模型式(7-8)预测粪大肠菌死亡时应考虑保守系数，以确保对粪大肠菌死亡进行保守估计。

7.3.5 自然塘中重金属离子和痕量有机物去除

除高强度污水外，自然塘对常见市政污水中重金属离子的去除能力与污水初级处理工艺去除能力相当。当自然塘系统采用完全混合曝气技术时，对市政污水中重金属离子去除能力与活性污泥生物法相当。在去除痕量有机物方面，尤其是挥发性有机物，自然塘系统效果显著。例如，在美国密歇根州马斯基贡县的完全混合曝气自然塘系统中，市政污水入流中含 56 种有机污染物，经处理后自然塘系统出流中只检出 17 种，且浓度极低，远低于相应水质处理标准。

7.4 人工湿地对污水中污染物去除

在美国，人工湿地常被用于污水土地应用预处理，去除污水中 BOD、TSS、硝酸氮和重金属等污染物。人工湿地通常分为自由水面（FWS）型和地下水流（SF）型。人工建造的自由水面型湿地最适合于污水土地应用预处理，尤其当污水流量超过 $387m^3/d$ 时。

7.4.1 人工湿地去除 BOD 时所需面积

人工湿地去除污水 BOD 时，所需土地面积可用式（7-9）计算：

$$A = \frac{Q(\ln C_0 - \ln C_e)}{Ky\eta} \qquad (7\text{-}9)$$

式中 A——人工湿地面积，m^2；

     Q——平均流量，m^3/d；

     C_0——人工湿地入流 BOD 浓度，mg/L；

     C_e——人工湿地出流 BOD 浓度，mg/L；

     K——表观去除速率常数，20℃时 FWS 湿地为 0.678/d，SF 湿地为 1.104/d；

     y——水深，m；

     η——孔隙率，FWS 湿地为 0.75～0.85，SF 湿地为 0.28～0.45。

平均流量应为每年流入湿地的平均流量加上同年流出人工湿地平均流量除以 2。表观去除速率常数 K 与温度有关，不同水温下 k 值可用式（7-2）求解，θ 取值为 1.06。自由水面人工湿地的孔隙率取决于植物覆盖密度，高密度植物覆盖时该值一般取值 0.75，中等密度植物覆盖时一般取值 0.85。在开放水域中存在植被带时，孔隙率为 0.8～0.9。对于地下水流型人工湿地，孔隙率取决于所用砾石颗粒大小，粗砂和砾石砂孔隙率为 0.28～0.35，细粒砾石广泛应用于地下水流型人工湿地系统，孔隙率为 0.35～0.38，中、粗砾石孔隙率为 0.36～0.45。

7.4.2 人工湿地去除氮时所需面积

人工湿地可用于去除污水中硝酸盐。人工湿地硝化效率不高，尤其在低温条件下，但是反硝化过程相对较快。式(7-8) 可用 $K=1.0$ 和 $\theta=1.15$ 预测硝酸盐还原。当水温为 $1℃$ 或更低时，可保守假设反硝化过程停止。

7.5　储 存 池 设 计

对于慢速渗滤系统和地表漫流系统，当气候条件限制污水土地应用或污水土地应用中水力负荷率需要降低时，设计中必须设置储存池对污水进行储存。即使在寒冷冬季天气条件下，大多数快速渗滤系统均能全年运行。快速渗透系统也可能需要在污水土地应用场地污水温度接近冰冻和现场周围空气温度低于冰点的寒冷天气条件下对污水进行储存。一般情况下，冰冻问题只发生在用于污水预处理的自然塘中。污水土地应用系统也可能需要储存污水以实现流量均衡、系统备份、系统可靠性以及系统管理，例如慢速渗滤系统和地表漫流系统运行中作物收获季节就不需要继续进行污水土地应用，快速渗滤系统中布水盆或布水池维护期间也需要对污水进行储存。对于这些系统管理需求，设计中也可设置备用污水应用区域替代储存池。

在美国，污水土地应用系统规划过程中，可用地图法对慢速渗滤系统和地表漫流系统所需污水储存需求进行初步估计。该地图中的数值由美国北卡罗来纳州阿什维尔国家气象中心收集和分析数据结果进行确定。收集的数据通过计算机模型计算，根据各地气候特征估算特定地点的污水土地应用系统污水储存需求，经计算机绘制成图后供设计人员使用。该地图基于 20 年循环期内年冰冻天数。如果由于天气寒冷导致污水应用量降低，则需要额外的污水储存空间。在中国，规划设计工程师也可以利用类似方法进行设计。首先根据场地所处地的气象数据与该地图中美国相同纬度上地区的气象数据进行比较，选择类似区域，读取污水存储天数数据，然后进行接下来的计算。另外，所需的美国气象数据大多可以免费下载。

7.5.1　存储计算方法

储水量通常通过对每月进行水量平衡计算确定，其中水量平衡必须考虑储存池中的净降水量和蒸发量。设计时，由于计算起始时，储存池水面面积未知，因此水量平衡法需要假定初始条件，进行多次迭代才能求解。通常情况下，首先假定初始计算深度计算较为方便。每个月的水量平衡可由式(7-10) 计算。

$$S=(P-E)+Q-W-I \tag{7-10}$$

式中　S——计算月所需的储存水量；

　　　P——该月进入储存池降水量；

　　　E——该月蒸发损失的水量；

　　　Q——该月内进入储存池的污水量；

　　　W——该月内流出储存池的污水量；

　　　I——该月内因储存池渗滤而损失的水量。

降水量和蒸发量可根据气象数据估算。尽量选用离拟建污水土地应用场地最近的气象站汇编的所有可用的月度和年度数据。利用年度数据，计算降水和蒸发量10%的保守值。根据每个月降雨量和蒸发量的平均百分比对保守值进行分配。需要将降水量和蒸发量单位转换为体积。此时，必须确定储存池水面表面积。一种估计表面积的方法是：

① 估计所需污水储存天数。

② 将存储天数乘以平均每日设计流量，计算存储量。

③ 假定储存池设计水深，通过将蓄水量除以水深计算表面积。对于第一次估算，假定3m水深通常较为合理。

一旦确定了实际存储污水量，则可能需调整储存池水表面积。然而，调整储存池水面表面积需要重新计算降水量和蒸发量。另一种方法是调整试算水深。后一种方法是首选方法，因为降水量和蒸发量体积在计算中保持不变。每个月进入储存池污水量可通过将平均日设计流量乘以某月天数进行计算。

通过将污水应用深度乘以应用土地面积，则可计算得储存池中污水容积。应用污水深度可根据灌溉计划确定。应用土地面积可由式(7-11) 确定。

$$F=(Q+P-E)/L_w \tag{7-11}$$

式中　F——污水应用土地面积，m^2；

Q——进入储存池的污水量，m^3/a；

P——通过降水进入储存池中的水量，m^3/a；

E——储存池中的蒸发散失水量，m^3/a；

L_w——污水应用于场地的量，m/a。

在储存池设计运行年限内，储存池由渗漏而损失的水量很难估算。在美国，目前土地应用系统储水池渗漏率国家标准为$0.062 \sim 0.25d$之间。但是该标准正变得越来越严格，将来可能要求该类储存池原则上不允许有渗漏水量损失存在，也即该类储存池在设计和建造中必需设置防渗漏层。因此，保守的设计可假设渗漏水损失可忽略不计。

7.5.2　地表漫流系统污水储存

地表漫流系统可能需要储存设施，原因如下：

① 冬季由于水力负荷降低或系统关闭不运行而需要储存污水；

② 储存雨水径流以满足水中特定成分最大排放质量限制；

③ 均衡流入的污水量，以维持恒定的污水应用量。

一般而言，冬季必须关闭地表漫流系统，因为冬季低温会经常导致地表漫流系统出水水质无法满足设计要求和规范要求，即使应用或处理的污水量低也经常无法满足要求；另一原因是污水应用坡面上会出现结冰现象，导致系统无法运行。在美国新罕布什尔州汉诺威，研究人员对地表漫流系统进行了研究，研究发现如果将初级污水中BOD和TSS降低到限值为30mg/L以下时，预计需要112d的储存时间，其中存储时间包括污水适应和微生物驯化。该储存时间预测合理接近由美国国家环保署用计算机软件预测估计的储存时间 130d，该软件应用中，设定平均温度限制在 0℃。出于设计目的，美国国家环保署开发提供的计算机软件 EPA-1 或 EPA-3 程序均可用于保守估计地表漫流系统冬季储存要求。

在美国，由地图法读出的 40d 等储存线以下的地区，一般情况下，地表漫流系统均可全年运行。但是建议，应首先对规划的污水土地应用系统场地冬季气温数据与该场地周边全年正在运行的类似系统场地冬季气温数据进行比较，以确定规划设计的地表漫流系统是否可以全年正常运行。

冬季负荷率低于平均设计负荷率的地表漫流系统场地需要在冬季对污水进行储存。所需的存储容量可用式(7-12) 计算：

$$V = Q_w D_w A_s L_{ww} D_{aw} \tag{7-12}$$

式中　V——所需污水储存容积，m^3；

　　Q_w——冬季污水平均日流量，m^3/d；

　　D_w——冬季天数；

　　A_s——污水应用坡面的面积，m^2；

　　L_{ww}——地表漫流系冬季水力负荷率，m/d；

　　D_{aw}——冬季运行天数。

在美国的现有地表漫流系统中，实际冬季运行需要降低系统应用负荷率的持续时间一般约为 90d。

由于地表漫流系统的出水采用地面排水方式，因此必须考虑暴雨时雨水径流对坡面排水的影响。在美国，大部分情况下各州均允许地表漫流系统直接排放坡面上形成的雨水径流，但许多州对所排放的雨水径流水质质量进行了限制。在该情况下，系统中应用坡面上形成的雨水径流可能需要储存甚至处理，在满足水中成分排放质量要求后逐步分时段排放。

从工艺控制角度讲，设计人员期望地表漫流系统能够在污水应用设计期间内以设计的恒定的污水应用速率运行。因此即使对于由于其他原因无法设置储存池的地表漫流系统，也必须至少设置规模小的调节池平衡城市污水系统中发生的污水流量变化。经验表明，大多数情况下，设计储存 1d 城市污水流量的调节池一般足以平衡城市污水流量变化。储存池的水面表面积应尽可能小，以减少截留的降水量。但是，在潮湿气候地区，额外增加 0.5d 城市污水调节容积，经验证明足以满足截留的降水量储存需求。

对于仅提供筛分或初级沉淀的污水预处理系统，应考虑设计曝气装置，以保证储水池中污水充分混合，保持储水池中表层水有充足的污水好氧处理条件。大多数情况下，增加曝气的费用可以被缩小泵尺寸和减少峰值电能需求所抵消。设计人员应从经济上比较分析不同方案的成本效益。

7.6　储存池运行

储存池中污水入流或出流时间取决于整个污水土地应用系统工艺和对污水预处理单元池的处理预期。快速渗滤系统中储存池单元池通常仅用于紧急情况，因而只有在必要时才使用储存池。在该系统中，一般情况下储存池处于干燥状态，发生紧急情况时使用之后要尽快排空储存池。在某些情况下，在快速渗滤系统中不专设单独的储存池，但此时应在布水池或布水盆附近设置额外的干池。

在地表漫流系统中，晚春和夏季月份，为避免池中藻类滋生为系统运行带来的污水处理性能降低问题，在大部分情况下，系统中来自城市的污水不进入储存池而直接布水在应用或处理坡面上，此时可将储存池中原先存储的污水与市政污水混合后再进行土地应用，直至储存池中存储的污水达到最低设计水位。在藻类不严重或者间断性滋生地区，储存池中污水的排放应考虑藻类浓度高低情况。

在慢速渗滤系统中，储存池运行首先要考虑分配给储存池对污水的预处理能力和设计预期目标。当城市污水中氮含量和粪大肠菌达到应用水质要求时，市政污水来水可不经储存池而直接进行土地应用。藻类问题通常在慢速渗滤系统中无需考虑，因此储存池运行不需要针对藻类问题进行排水时间设计。但是，如果污水土地应用于城市园林绿化灌溉时，则可能需要采取步骤尽量减少储存池中的藻类浓度。通常这些步骤可包括人工湿地预储存处理、人工湿地的后储存处理、溶解气浮（DAF）、过滤或水池管理，其中水池管理可包括混合、曝气或选择适当水深排水以获取最高质量水等。

7.7 物理设计和建造

大多数农用储存池为土质池。设计采用小型水坝设计原则。在美国，各州根据项目规模对这些储存池设计进行审核管理。例如，在加利福尼亚州，储水池受州政府的监管，监管涉及储水池容积大小和深度。无需监管审核的情况包括：深度小于1.8m，容量小于$1.8×10^6 m^3$；或深度小于3.9m，容量小于$60000 m^3$。美国垦务局的《小型水坝设计》提供了储水池的设计标准和规范。大部分情况下，设计建造时应咨询专业土壤工程师对场地土壤进行分析并对储水池基础和筑堤设计进行充分论证。

除存储量外，储存池设计主要参数为深度和面积。设计深度和面积取决于储存池功能及场地地形。如果该储存池运行中兼作兼性池，则当储水量最小时，应在池内保持至少0.45~0.9m的最低水深。储存池水面面积必须足以满足在当地气候条件下去除污水中BOD的标准要求，或者如果水面面积不充足，则需要采用曝气装置以满足污水BOD去除要求。

储存池最大深度设计需要考虑储存池是否在地面水平面上建造或者该储存池是否同时还调节地表自然水流。最大深度通常为2.7~5.4m。其他设计考虑因素包括风向、是否需要设置抛石和内衬层等。工程标准参考资料涵盖了这些设计内容。

参 考 文 献

［1］ 孙铁珩，李宪法等.城市污水自然生态处理与资源化利用技术［M］.北京：化学工业出版社，2006.

［2］ Donald F Hayes，Trudy J Olin，J Craig Fischenich，Michael R Palermo. Wetlands Engineering Handbook［M］.

USA：U. S. Army Corps of Engineers，2000.

［3］　Eliot Epstein. Land Application of Sewage Sludge and Biosolids［M］. USA：Lewis Publishers，2003.

［4］　Jan Vymazal，Lenka Kropfelova. Wastewater Treatment in Constructed Wetlands with Horizontal Sub-Surface Flow［M］. USA：Springer，2008.

［5］　Neel J K，McDermott J H，Monday C A. Experimental Lagooning of Raw Sewage［J］. Journal WPCF，1961，33 (6)：603-641.

［6］　Nikolaos V Paranychianakis，Andreas N Angelakis. Treatment of Wastewater with Slow Rate Systems：A Review of Treatment Processes and Plant Functions［J］. Critical Reviews in Environmental Science and Technology，2006，36：187-259.

［7］　Peter D Moore. Ecosystem Wetlands［M］. USA：Facts On File，Inc. ，2008.

［8］　Thomas R E，Reed S C. EPA Policy on Land Treatment and the Clean Water Act of 1977［J］. Journal WPCF，1980，52：452.

［9］　Ronald W Crites. Land Treatment Systems for Municipal and Industrial Wastes［M］. USA：McGraw-Hill Professional，2000.

［10］　Ronald W Crites，Joe Middlebrooks，Sherwood C Reed. Natural Wastewater Treatment Systems［M］. USA：Taylor and Francis，2006.

［11］　Runbin Duan，Clifford Fedler. Performance of a Combined Natural Wastewater Treatment System in West Texas，USA［J］. Journal of Irrigation and Drainage Engineering，2010，136 (3)：204-209.

［12］　Reed S C，Crites R W，Middlebrooks E J. Natural systems for waste management and treatment［M］. USA：McGraw-Hill，1995.

［13］　Steve McComas. Lake and Pond Management Guidebook［M］. USA：Lewis Publishers，2003.

［14］　Takashi Asano，Franklin Burton，Harold Leverenz，Ryujiro Tsuchihashi，George Tchobanoglous. Water Reuse：Issues，Technologies，and Applications［M］. USA：McGraw-Hill，2007.

［15］　United States Environmental Protection Agency. Land Treatment of Municipal Wastewater Effluents［M］. USA：United States Environmental Protection Agency，2006.

［16］　United States Environmental Protection Agency. Constructed Wetlands Treatment of Municipal Wastewaters［M］. USA：United States Environmental Protection Agency，2000.

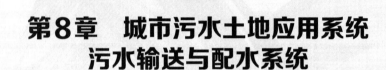

第8章 城市污水土地应用系统污水输送与配水系统

污水输送指将污水从收集地点运移至污水土地应用场地，包括污水泵站和压力流管道或重力流管道系统。在污水土地应用场地，需要将污水通过喷淋布水系统或地表配水系统应用至土地系统中。

8.1 泵站

不同类型的泵站用于污水输送、配水和尾水抽水。原污水或处理过的城市污水输送由传统的污水泵站进行。经处理后的污水配水可由传统污水泵站或建造的处理或储存构筑物完成。在地表配水系统或一些喷淋配水系统中，也可能使用尾水泵。

8.1.1 输送泵

污水输送泵站可位于污水收集系统内，或者当污水土地应用场地远离污水应用预处理站点时，则可位于污水应用预处理站点。泵通常是离心无堵塞泵或垂直涡轮泵。

泵安装数量取决于污水流量大小和污水流量范围。通常情况下，当其中一台泵停用时泵站总流量应等于最大预期污水流量。污水设计流量＜3785m³/d 时一般只需设置 2 台泵。泵的选择需要满足设计流量和污水输水系统中泵扬程需求，所选择的泵应具有与整个系统的流量和扬程要求尽可能相符的扬程特性。

泵的功率计算可由式(8-1) 进行：

$$h_p = \frac{QH}{\alpha e} \tag{8-1}$$

式中 h_p——泵所需功率；

Q——泵设计流量；

H——泵设计扬程；

α——单位换算系数；

e——泵系统效率。

当泵输送原污水时效率 e 从 40% 到 50% 不等；当泵输送初级处理或二级处理污水时，效率 e 从 65% 到 80% 不等。

8.1.2　配水泵

配水泵站可位于污水土地应用预处理设施旁，也可建在预处理构筑物和储存池堤坝中。配水泵站高峰流量取决于污水土地应用系统运行计划和整个运行季节中污水应用率变化。例如，如果土地应用站点每日只有 8h 时间接纳污水，则污水泵必须有能力配送至少 3 倍的平均日流量。

泵站设计依据为总扬程和峰值流量，流量需求是根据每天或每周的运行时数和系统容量进行确定。泵站设计详情可参见标准参考资料。

8.1.3　尾水泵

大部分地表配水系统都会产生地表径流，这部分水称作尾水。当部分处理后的污水被土地应用时，必须将尾水控制在土地应用现场之内并进行再利用。因此，尾水回水系统是慢速渗滤系统采用地表配水方法时整个系统的组成部分。典型的尾水回水系统由水池、污水泵和回水管道组成。

最简单和最灵活的系统类型是存储水池系统，其次污水土地应用产生的全部尾水或部分尾水存储在存储水池中供日后再次应用使用或者直接供给其他土地上进行应用。尾水回水系统的设计应将收集到的尾水分配到场地上的所有土地表面上，而不是持续分配给相同的同一土地表面积。如果所有的尾水都被储存，则尾水泵可连续运行，也可在工作人员方便时运行。尾水泵选择灵活，但通常流量至少为配水系统流量的 1/4。如果只有部分尾水流量被储存时，尾水存储水池容量可减少，但必须保证在尾水收集时就开始运行尾水泵。

可设计循环泵系统和连续泵系统以最小化尾水的存储容量需求，但这些系统的灵活性远远低于存储池系统。尾水回水系统的主要设计参数是尾水量和尾水流持续时间。二者设计值应考虑现场土壤的入渗能力。可参考表 8-1，根据推荐的最大尾水设计体积，估算尾水体积和尾水流持续时间。

表 8-1　尾水回水系统推荐设计参数（引自：Hart，1975）

场地土壤渗透性		土壤质地范围	尾水持续时间与污水应用时间最高比例/%	估计的尾水体积与应用污水体积比例/%	推荐最大尾水体积与应用污水体积比例/%
分类	渗透率/(cm/h)				
非常慢到慢	0.15～0.51	黏土到黏质壤土	33	15	30
慢到中度	0.05～1.52	黏质壤土到壤土	33	25	50
中度到中度快	1.52～15.24	粉质壤土到砂质壤土	75	35	70

通常在喷淋系统中，设计的污水应用速率小于土壤-作物表面的入渗速率，不会产生地表径流。但是，要注意在特殊场地中应考虑可能产生的地表径流，如土地应用场地

有坡度（10％～30％），此时要考虑地表径流的发生。在这种情况下，地表径流可暂存在自然排水通道小型坝体后，日后供便携式喷淋设备进行再利用。

8.1.4　压力干管

压力干管将污水从泵站输送到污水应用场地或储存池。设计参数为设计流速和水头损失。流速一般控制在 0.8～1.5m/s 范围内，以保证任何固体均处于悬浮状态，同时不会发生过多的水头损失。最佳流速和管径设计需要考虑电能消耗成本和管道成本。压力管道通常采用埋设。常见管道材料为球墨铸铁或塑料。

8.2　配水系统

配水系统设计包括两个步骤：一是配水系统类型选择；二是配水系统各部分详细设计。主要的两种配水系统是地表配水系统和喷淋配水系统。下面只介绍每种配水系统的基本设计原则，设计工程师应采用当地设计标准并参考当地设计资料进行详细设计。

8.2.1　地表配水

在地表配水系统中，应用场地的表面一端进行集中配水，应用的污水经重力作用在场地上流动进行分散配水。有利于选择地表配水系统的条件包括：无资金采用较复杂配水系统；应用场地的表面地形几乎不需要额外准备工作即可使地表配水达到一致配水。地表配水系统主要限制或缺陷包括：地形不平时，平整土地的费用可能过高；在高渗透土壤中不能达到均匀配水；应用污水时必须控制地表径流，设计建造运行尾水回水系统；运行中需定期维护和平整污水应用场地表面，以保持配水一致性。

8.2.2　喷淋配水

喷淋配水使用旋转喷头，而非喷雾配水，后者指固定喷头开孔。在污水土地应用系统中使用的喷头大多是洒水式。

喷淋配水系统通过旋转产生的水射流模拟降雨，这种射流会分解成小水滴落在田间表面上。喷淋配水系统与地表配水系统相比较时，其优点为：适用于多孔土质、浅土壤剖面、地形起伏、易侵蚀土壤、低流量、污水应用频繁的情况；可对各种类型水实施控制；不易受农艺活动干扰；无尾水。喷淋配水系统缺点为一次性投资高，运行费用高；黏质土壤中交通问题；运行易受风力和风向影响；喷头堵塞问题。

本书中喷淋配水系统分类基于它们在污水土地应用期间的运动方式，因为运动方式决定了设计程序。基于运动方式的喷淋配水系统主要有固定系统、移动-停止系统和连续移动系统三类。

表 8-2 概述了各类喷淋配水系统运行特征。

表 8-2 美国国家环保署提供的城市污水土地应用系统中喷淋配水系统运行特征

类型		典型应用率 /(cm/h)	每次污水应用人工需求/(h/hm²)	喷头压力范围 /kPa	单系统大小 /hm²	最大坡度 /%
固定系统	永久固定式	0.13~5.08	0.02~0.04	207~689	无限制	40
	便携固定式	0.13~5.08	0.075~0.1	207~413	无限制	40
移动-停止系统	手持移动式	0.03~5.08	0.2~0.6	207~413	0.8~16.2	20
	端拖式	0.03~5.08	0.075~0.15	207~413	8.1~16.2	5~10
	侧滚式	0.25~5.08	0.04~0.12	207~413	8.1~32.4	5~10
	固定水枪式	0.64~5.08	0.075~0.15	345~689	8.1~16.2	20
连续移动系统	移动水枪式	0.64~2.54	0.04~0.12	345~689	16.2~40.5	20~30
	中心枢纽式	0.51~2.54	0.02~0.06	103~413	16.2~64.7	15~20
	线性移动式	0.51~2.54	0.02~0.06	103~413	16.2~130.0	15~20

8.2.3 设计考虑

配水系统通用设计参数定义如下。

(1) 污水应用量

由深度表示，计算由式（8-2）确定：

$$D = \frac{L_w}{F} \tag{8-2}$$

式中　D——污水应用深度，cm；

　　　L_w——每月水力负荷，cm；

　　　F——污水应用频率，即每月应用次数。

(2) 应用频率

污水应用频率为每个月或每周污水应用次数。设计人员应综合考虑以下因素进行应用频率设计：

① 污水土地应用系统目标；

② 作物需水量或对水的耐受性；

③ 土壤保湿性能；

④ 配水系统人力需求；

⑤ 配水系统投资和运行费用。

以上因素仅供参考，建议具体污水应用频率设计要与当地农场或农民讨论。

除耐水牧草外，大多数作物，包括森林作物，在污水应用之间都需要一段干燥时间，以使根区土壤维持良好空气状态，以实现最佳生长和养分高效吸收。因此，随着水分蒸散速率和土壤渗透性增加，应采用高应用频率。在实际应用中，砂土上应用频率为每 3 天或 4 天 1 次；黏土成分高的土壤上，应用频率为大约每两周 1 次。常见应用频率为每周 1 次。

配水系统的投资和运行会影响应用频率设计。对于在配水系统中必须移动应用设备，如移动-停止系统，则通常希望最小化移动次数和应用频率以最小化人力成本和运行成本。另外，配水系统投资成本直接关系到系统流量大小。因此，可通过增加应用频率降低系统容量，从而降低投资成本。

（3）应用率

应用率指配水系统向土地系统施水的速率。一般情况下，应用率应与土壤或植被表面的入渗率相匹配，以防止产生过多的径流和增加尾水回流需求。在不同类型的配水系统中将讨论与渗透特性有关的具体设计方法和原则。

（4）应用期

应用期是应用必需水深所需时间。根据配水系统类型不同，应用期也不相同，但一般选择便于操作人员在正常工作时间内进行。对于大多数配水系统，应用期＜24h。

（5）应用区

在大多数系统中，污水在应用期不适于应用于整个土地区域。而是将土地划分为不同应用地块或区域，每次污水只应用于一个地块或区域。污水应用在各区块上轮转，使得整个土地在相同应用频率下预定时间间隔内接收污水。可使用以下方法计算应用区面积：

$$A_a = \frac{A_w}{N_a} \tag{8-3}$$

式中　A_a——应用区面积；

　　　A_w——应用的总土地面积；

　　　N_a——应用区数。

应用区数等于在应用频率指定的同一区上连续应用时间间隔内可进行的应用数。

例如，如果应用期为11h，每个工作日可有效进行2次应用；如果应用频率为每周1次，并且系统每周运行7d，则同一区域上连续应用之间有7个工作日，则应用区数N_a为2×7=14；如果应用场地总面积为70hm²，则应用区面积为5hm²。

（6）系统容量

无论选择哪种配水系统，都必须确定系统最大流量，这样才能确定管道和泵站等尺寸和型号。对于在整个应用期内采用恒定应用率的系统，可使用以下公式计算系统容量：

$$Q = \frac{CA_a D}{t_a} \tag{8-4}$$

式中　Q——系统容量，m³/h；

　　　C——单位换算常数；

　　　A_a——应用面积，hm²或m²；

　　　D——应用深度，cm或m；

　　　t_a——应用期，h。

8.3　地表配水设计

在城市污水土地应用系统中，地表配水类似于农业地面灌溉。我国农业地面灌溉包括畦灌、沟灌、淹灌、漫灌等方法。在美国，慢速渗滤系统中地表配水常用脊沟配水和边界分级配水。地表漫流系统中地表配水常用阀控铝管或鼓泡孔管配水。快速渗滤系统中地表配水常用水池漫流配水。

8.3.1　脊沟配水

美国的脊沟配水类似于我国的沟灌。其系统设计基于以往运行良好的灌溉系统和田间运行评价经验。

脊沟配水系统设计参数包括沟坡、间距、长度和沟内流量。沟槽坡度取决于场地地形。对于直线型沟槽，推荐最高坡度为 2%，一般适宜的坡度为 0.5%~2% 左右。为降低坡度，直线型沟槽可选择斜线式或对角线式，具体布置需要根据场地地形确定。轮廓型沟槽或波纹型沟槽坡度可用 2%~10% 不等。

沟间距取决于土壤的摄水特征。设计沟间距主要目的是确保相邻沟槽之间水能进行横向流动从而使整个土壤根区中水向下渗漏之前保持水分充分。

表 8-3 给出了基于不同土壤和底土条件的沟间距建议值。

表 8-3　美国国家环保署给出的基于不同土壤和底土条件的沟间距建议值

土壤条件	最优值/cm	土壤条件	最优值/cm
粗砂土-土壤剖面一致	30.5	中度砂土-粉质壤土-土壤剖面一致	91.4
粗砂土-位于密实底土上	45.7	中度砂土-粉质壤土-位于较多密实底土上	101.6
细砂土至砂质壤土-土壤剖面一致	61.0	粉质黏性壤土-土壤剖面一致	121.9
细砂土至砂质壤土-位于较多密实底土上	76.2	黏土成分高土壤-土壤剖面一致	91.4

沟槽长度应尽可能满足允许进行合理的一致的污水应用要求，且尽可能长。因为相同应用水量条件下，人工成本和投资运行成本随沟槽缩短反而会增加。

表 8-4 给出了不同沟坡、土壤和污水应用深度下最大沟槽长度的建议值。

表 8-4　美国国家环保署建议的最大沟槽长度　　单位：m

沟坡度/%	污水应用平均深度/cm											
	黏土				壤土				砂土			
	7.6	15.2	22.9	30.5	5.1	10.2	15.2	20.3	5.1	7.6	10.2	12.7
0.05	305	396	396	396	122	274	396	396	61	91	152	183
0.2	366	469	530	619	219	366	469	530	122	183	244	305
0.5	396	500	561	750	280	366	469	530	122	183	244	305
1.0	280	396	500	600	250	299	366	469	91	152	213	244
2.0	219	271	335	396	180	250	299	335	61	91	152	183

沟内流量或污水应用率表示为每沟的流量。最佳沟内流量大小通常是在系统安装完成后，通过现场测试和调整确定。最一致配水或最高应用效率一般通过能在沟内安全流动的最大起始应用量完成。一旦污水到达沟尾，则可通过降低应用率以减少必需处理的径流量。一般情况下，期望在 1/5 的总应用期内有足够多的污水流量到达沟槽末端。如果有尾水回流系统，则这种运行方法会使污水应用效率在大多数土壤中超过 90%。

应用期是渗透所需水深所需时间，再加上污水前进流动到沟尾所需时间。入渗所需时间取决于沟内摄水特性。目前尚无标准方法估算沟槽内水入渗速率。推荐通过田间试验确定入渗速率和入渗时间。

供水泵和输送系统设计基于最大沟内允许流量，当沟坡大于 0.3% 时最大沟内允许流量设计一般应考虑土壤侵蚀限制。无土壤侵蚀时，最大沟内允许流量计算由式(8-5)进行。

$$q_e = \frac{C}{G} \tag{8-5}$$

式中　q_e——最大单沟内流量，L/min；

　　　C——常数，2.64；

　　　G——坡度，%。

对于小于 0.3% 的坡度，允许最大沟内流量取决于沟槽流量能力，由式(8-6)估算：

$$q_c = CF_a \tag{8-6}$$

式中　q_c——沟槽流量能力，L/min；

　　　C——常数，1.815；

　　　F_a——沟槽断面面积，m²。

对于污水配水，通常使用管道系统而非明渠，埋设地下的管道在不同管段设竖管，加装阀门，上面连接地面管用于配水。

当边界分级配水和脊沟配水法在同一土地上交替使用时，竖管间距要么由阀控管中水头损失确定，要么由边界带宽度确定。在竖管中使用的阀门为苜蓿阀（安装在竖管顶部）或果园阀（安装在竖管内）。阀门大小选择必须满足设计流量要求。

阀控地面管可以是铝管、塑料管或橡胶管。沿管线开口间距要与沟槽间距匹配。这些管道和其上的出水栓应为便携式，以便在每次灌溉时都能移动。安装在有阀竖管上的出水栓，沿埋地管呈一定间距布置，现场提供污水。

8.3.2　边界分级配水

边界分级配水系统设计参数为边界带坡度、边界带宽度、边界带长度、单位流量。边界分级配水系统可用于不同坡度，最高坡度为 7%，梯田中，最高坡度达 20%。边界带宽度确定往往要与农艺机械匹配，但也在一定程度上要考虑坡度和土壤类型，坡度和土壤类型影响边界带配水均匀性。表 8-5 和表 8-6 给出了估算边界带宽度指南。

表 8-5　用于深根作物边界分级系统设计指南（引自：Booher 1974）

土壤类型和入渗率/(cm/h)	坡度/%	每米边界带宽度上单元流量/(L/min)	污水应用平均深度/cm	边界带	
				宽度/m	长度/m
砂土(>2.5)	0.2~0.4	189~265	10	12~30	61~91
	0.4~0.6	151~189	10	9~12	61~91
	0.6~1.0	95~151	10	6~9	76
壤质砂土(1.9~2.5)	0.2~0.4	113~189	13	12~30	76~152
	0.4~0.6	95~151	13	8~12	76~152
	0.6~1.0	49~95	13	8	76
砂质壤土(1.3~1.9)	0.2~0.4	95~132	15	12~30	91~244
	0.4~0.6	68~113	15	6~12	91~182
	0.6~1.0	34~68	15	6	91
黏质壤土(0.6~1.3)	0.2~0.4	49~68	18	12~30	182~305
	0.4~0.6	34~49	18	6~12	91~182
	0.6~1.0	19~34	18	6	91
黏土(0.3~0.6)	0.2~0.4	34~68	20	12~30	366

表 8-6　用于浅根作物边界分级系统设计指南（引自：Booher 1974）

土壤质地与深度	坡度/%	每米边界带宽度上单元流量/(L/min)	污水应用平均深度/cm	边界带	
				宽度/m	长度/m
黏质壤土(61cm深)	0.15~0.6	95~132	5~10	4.6~18	91~183
	0.6~1.5	68~114	5~10	4.6~6	91~183
	1.5~4.0	34~68	5~10	4.6~6	91~183
黏土(61cm深)	0.15~0.6	49~68	10~15	4.6~18	183~305
	0.6~1.5	34~49	10~15	4.6~6	183~305
	1.5~4.0	19~34	10~15	4.6~6	183
壤土(15~46cm深)	1.0~4.0	19~76	2.5~8	4.6~6	91~305

　　边界带应尽可能长，以尽量减少投资成本和运行成本。但是，边界带太长在实践中不可行，因为边界带过长会导致在边界带上巡察所需的时间过长，另外会导致确定流量调整幅度变得困难，因此一般边界带长度不宜超过 396m。一般来说，边界带不应分布在两种或两种以上具有不同摄水特性或持水能力的土壤类型上，边界带不应延伸到坡度相差很大的土地上。一个特定场地边界带适当长度取决于坡度、允许流量大小、应用水深、土壤摄水特性和场地边界配制。在初步设计中，可使用表 8-5 和表 8-6 估计边界带长度。

　　边界分级灌溉应用速率或单位流量表示为单位宽度边界带上流量。流量大小确定必须使应用于该边界带上的所需水量在等于或略少于水渗入土壤表面所需时间内渗入土壤。当所需水量被输送到边界带上时应及时关闭污水流。通常，当水流到达边界带 75% 时通常应关闭水流，目的是在关闭后有足够的水留在边界上，以便将期望水深的水应用于剩余的边界带长度上，尽量减少径流量。

　　实现一致和高效的污水应用需要合理选择和确定流量大小。流量过大会导致边界带上前端应用不充分而末端上出现过量地表径流；如果流量过小，边界带末端水量不够，而前端出现过多入渗和深层渗漏。实际上，实现一致布水同时最小化地表径流需要现场运行人员大量实践技巧和经验。流量预设计可参考表 8-5 和表 8-6 进行，数值选用需要考虑土壤和作物条件。应用设计所需水量和所需应用期可用式（8-7）进行计算：

$$t_a = \frac{LD}{Cq} \tag{8-7}$$

式中　t_a——应用期，h；

　　　L——边界带长度，m；

　　　D——应用深度，cm；

　　　C——单位换算常数；

　　　q——单元流量大小，L/（min·边界带宽度）。

　　边界分级配水系统中水输送和应用设备与脊沟配水系统基本相同。设计的流量配水至边界带常采用一些均匀布置的虹吸管将水引至明渠或明沟，再配水进入边界带。水输送采用埋管时，连接竖向管配水，竖向管布置应对应于边界带，竖管通常对应于边界带宽度中间。每根竖管上设一阀门控制流量。水从阀门控制的管子流至地面，通过重力流布水到边界带宽度上。边界带宽度大于 8m 时，至少应在边界带上设 2 个出口布水，实现良好布水。给水栓和闸门控制管都可用于边界配水系统。使用闸门控制管可以在边界带起端提供更一致的配水，如果作物种植经常发生变化，则可更易更灵活地转换为脊沟配水系统。

8.3.3　地表漫流系统地表配水

　　在地表漫流系统中，城市污水可直接由地面应用于处理坡面，但工业废水则应采用喷淋方法配水。地面配水方法包括常用于农业灌溉的门控铝管和开槽或开孔塑料管。市场上提供的门控管道上闸门间距常见为 0.6~1.2m，闸门可放置在管道的一侧或两侧。地表漫流系统中，建议采用 0.6m 间距闸门管，方便灵活操作。推荐采用滑动闸门而不是螺旋可调的孔口来分配污水。可以手动调整闸门，以实现管道沿线配水合理且配水分布均匀。但是，管道应在低压下运行，以便使设计的污水应用达到良好的均匀性。尤其对于长管，必须采用低压运行。尽管理论上管长最大可用 518m，但本书建议使用较短的管长。当管道长度大于 90m 时，管道沿线应安装管道内阀，以便对管段进行额外的流量控制和管道分隔，从而使分隔的管道得以单独运行。开槽或开孔的塑料管有固定的开口，间隔从 0.3m 至 1.2m 不等。该类管道系统在重力或非常低的压力下运行，管道必须水平安装才能达到配水均匀。因此，这种方法只应考虑用于小系统，具有相对较短的管道长度，且场地易平整。

8.3.4　快速渗滤系统地表配水

　　在快速渗滤系统中尽管也可以使用喷淋系统配水，但是由于系统要求污水能快速进行入渗和向下渗滤，因此常使用地面直接配水方式。配水技术常采用重力流由管道系统或者沟渠直接漫灌应用场地。为确保配水均匀，场地尽可能地要平整。

溢流堰可用于调节布水场地水深。溢流过溢流堰的水要么被收集并输送到蓄水池进行再循环，要么被分配到其他布水场地。如果每个布水场地要获得相同流量，则应调整配水管道通道尺寸，以使通往各布水场地或布水池的出口之间的水力损失差别最小化。美国农业与生物工程师协会（ASABE）公布了分配系统流量控制与测量技术的设计标准。目前在系统运行中使用的配水口包括用于地下管道系统的有阀立管和用于分配沟渠的道岔门。

污水布水池或布水场地的布置和尺寸需要考虑场地地形、配水系统水力学特征和设计负荷。污水布水池数量也受设计确定的配水周期影响。因此，快速渗滤系统应该有足够多的布水场地或布水池，以便在任何时候都至少有一个布水池或布水场地能够接受配水，除非该场地上的布水池因特殊需求而需要对污水进行临时存储。

污水布水池数量也取决于污水入渗所需的总面积。对于小型或中型快速渗滤系统，最佳污水布水池面积为 $0.2 \sim 2 \mathrm{hm}^2$，对于大型快速渗滤系统，最佳污水布水池面积为 $2 \sim 8 \mathrm{hm}^2$。对于一面积为 $24 \mathrm{hm}^2$ 的系统，如果选定的污水应用水力负荷周期是 1d，设定 10d 干燥期，则需要 22 个面积分别为 $1.1 \mathrm{hm}^2$ 的布水池。使用 22 个布水池，2 个布水池同时被污水漫灌，这样其他布水池或布水盆将会有充足的时间进行维护工作。

在许多污水应用场地，特殊的地形使布水池大小相等很难实现。事实上，污水布水池大小受限于适于配水的坡度和土壤类型。这种情况下，如果需要建造多个布水池或布水盆，则运行中应维持相对一致的应用负荷率和应用周期。但是，一些应用站点则要求应用负荷率或应用周期因具体布水池特殊情况而各有不同。

在平坦的布水场地，布水池应相邻布置，但未必一定都是方形或长方形，以最大限度地利用土地为准则进行布置。如果应用场地下面存在潜在的地下水水丘问题时，采用长度与主要地下水流相对应的长而窄的布水池，要比采用方形或圆形的布水池发生地下水水丘问题要少许多。布水池深度要高于最大设计水深至少 300mm，以防止初始渗滤速率慢于预期，或为出现紧急情况预留空间。布水池墙通常为压实土，坡度为 (1∶1) ～ (1∶2)（垂直距离到水平距离）。在常遇大风或暴雨的地区，应在布水池墙壁上种草或铺抛石，以防止对布水池墙的侵蚀。如果需在布水池内进行维护，则应预设入口坡道。这些坡道坡度为 10%～20%，使用压实土，宽度通常为 3～3.6m。这些坡道和墙坡的布水表面积不应被视为布水池起渗透作用的工作表面积。

8.4　喷淋配水

喷淋配水常用于慢速渗滤系统或者应用工业污水的地表漫流系统，也可用于快速渗滤系统。森林慢速渗滤系统、地表漫流系统和许多农业慢速渗滤系统使用固定喷淋配水系统，而移动-停止和连续移动喷淋系统仅用于慢速渗滤系统。

对于所有慢速渗滤喷淋系统，设计污水应用速率应小于场地土壤的入渗率，以避免发生地表径流。在最终设计中，污水应用速率应根据以往在类似土壤和作物方面的经验或在污水应用场地上直接实地测量的土壤入渗率结果进行确定。

8.4.1 固定喷淋系统

固定喷淋系统在污水应用期间，始终固定在相同位置进行喷淋配水。该系统由主干线和支管组成网格，覆盖要喷淋配水的土地系统。喷头安装在引自支管的垂直立管上。立管高度由作物高度和喷淋角度决定。喷头沿每一支管等间距布置，喷头间距通常为12～30m。当所有管路和洒水装置永久固定时，则该系统被称为完全永久固定系统。永久性固定系统通常埋设主干线和支管，以尽量减少对农业活动的干扰。当主干管和支管可移动时，固定装置系统被称为完全可移动系统；当可移动系统铺设在地面上不干扰农业活动，且期望在冬季不运行期间要移除固定装置喷淋系统时，则可考虑使用完全可移动固定装置喷淋系统。当主干线永久定位，支管为地面上便携式可移动管时，则该系统称为半移动式固定装置喷淋系统。

固定装置喷淋系统的主要优点是劳动力需求和维护成本较低，以及对各种地形、农田形状和作物的适应性。该系统也是最适应气候控制需求的系统。其主要缺点是安装成本高，固定立管阻碍农业设备的使用。

（1）污水应用速率

对于固定装置喷淋系统，污水应用速率是喷头泄水能力、支管上喷头间距和主管上支管间距的函数，可由式(8-8)进行计算：

$$R = \frac{q_S C}{S_S S_L} \tag{8-8}$$

式中　R——污水应用速率，cm/h；

C——单位换算常数；

S_S——支管上喷头间距，m；

S_L——主管上支管间距，m。

为实现设计污水应用速率，具体喷头选择和间距确定的详细步骤，可参考相关文献进行设计确定。

（2）喷头选择和间距确定

喷头选择和间距确定需要反复迭代试算。一般程序是先选择喷头和支管间距，然后确定在选定的间距处提供设计污水应用速率所需的喷头排放能力。所需的喷头排放能力可使用式(8-8)计算。

之后查阅制造商提供的喷头性能数据，确定喷头尺寸、工作压力和在设计应用速率工作时喷头喷水湿径。然后，根据第一步假定的间距检查湿径，以确保符合间距要求。建议的间距是根据湿径（淋湿直径）的百分比计算的，并随风的条件而变化。建议的间距标准见表8-7。

表 8-7　喷头建议的间距标准（引自：Mc Cullochet al.，1973）

平均风速 /(km/h)	喷头间距与喷头淋湿直径的比值/%	平均风速 /(km/h)	喷头间距与喷头淋湿直径的比值/%
0～11	40(喷头之间)	>16	30(喷头之间)
	65(支管之间)		50(支管之间)
11～16	40(喷头之间)		
	60(支管之间)		

喷头和喷嘴尺寸应在制造商推荐的压力范围内选择。操作压力太低会导致大的水滴集中在离喷头一定距离的圆圈上，而高压则会导致细滴落在喷头附近。从节能角度考虑，喷头设计工作压力期望采用低值。

（3）支管设计

支管设计包括选择支管尺寸，以满足支管流量要求，且使水力摩擦损失限制在预定范围之内。一般设计方法是限制支管上总水力损失（包括静态损失和动态损失）小于喷头工作压力的 20%。这种设计方法将确保支管上喷头实际应用速率变化<10%。因为污水出流是从多个喷头流出，则必须考虑多个出口对支管上水力摩擦损失的影响。一种简化的计算方法是将全流量（远端排放）时的整个支管水力摩擦损失乘以基于该支管上出口数的因子（表 8-8 中 F 值），确定多出口情况下支管上的总水头损失。表 8-8 列出了多出口情况下计算支管水头损失的因子。对于较长的支管，可使用满足水头损失要求的两个或多个管径以降低管道成本。

表 8-8　美国国家环保署列举的多出口情况下支管计算支管水头损失的因子

支管上出口数/个	F 因子值(无量纲)	支管上出口数/个	F 因子值(无量纲)
1	1.000	10	0.396
2	0.634	15	0.379
3	0.528	20	0.370
4	0.480	25	0.365
5	0.451	30	0.362
6	0.433	40	0.357
7	0.419	50	0.355
8	0.410	100	0.350
9	0.402		

布置支管时应采用下列准则。

① 在可能的情况下，将支管穿越主要土地坡面，并使主干线两侧支管长度相同。

② 在可能的情况下，避免支管爬坡。如果不能避免这种情况，则必须缩短支管长度，以尽量减少支管静压损失。

③ 支管可以从坡脊上的一条主干管上顺坡布置，前提是斜坡要相对均匀，而且坡度不能太陡。在这种布置下，静态水压随下坡距离而增大，相比于平坦地面，该种布置

允许使用较长或管径较小的支管。

④ 支管布置应尽量与主导风向成直角。

这种布置方法允许喷头而不是支管的间距更密，以应对风对喷淋面积的扭曲，并可减少所需支管管道数量。

8.4.2 森林固定装置喷淋系统

固定装置喷淋系统是污水土地应用于森林系统最常用的配水系统。将固定装置喷淋系统埋设于地下通常不易受冰雪破坏，也不影响森林管理活动（如砍伐、采伐和森林再生）。固定装置森林喷淋系统有一些特殊的设计要求。由于树干和树叶的干扰以及考虑到树皮可能会受到伤害，相比于其他植被系统，固定装置森林喷淋系统中喷头间距必须更密，操作压力必须要低于其他植被系统。喷头之间的间距一般为18m，支管之间间距为24m，这些设计需求已被实际工程应用经验所证实。这种间距设计，加上喷头喷淋范围的重叠，能提供良好的污水分配，同时成本最为合理。喷嘴处的工作压力不应超过379kPa，但是应用于成熟或厚皮硬木品种时喷嘴处的工作压力可高达586kPa。喷头立管应足够高，高度应超过大部分下层植被，但一般不超过1.5m。应采用低抛射喷水器，这样才不会把污水喷入树冠，尤其是在冬季，当松树和其他常绿树木结冰时，树木不会由于污水应用在树冠上结冰而折断树木或由于风作用和树冠过重导致树木压倒。

冬季临冻温度下，多种污水应用配水方法已被美国多地尝试。这些方法包括采用各种方法改造后的旋转喷头和非旋转喷头、脊沟配水以及地下土壤中配水等。经验表明，采用低抛射单喷嘴冲击式喷头或低抛射双喷嘴液压驱动喷头配水比较合适。

在现存森林中安装埋设固定装置喷淋系统必须格外谨慎，以避免对树木或土壤造成过度损害。如果有足够的管道系统进行排水，则可将固定装置喷淋系统安装在土壤地面上。对于埋地系统，施工期间必须移除足够植被，以确保安装顺利进行，同时尽量减少对污水应用场地的干扰，从而不降低森林系统生产能力或避免增加场地土壤侵蚀危险。一般情况下，3m宽的道路用于支管安装符合上述目标要求。施工后，扰动区必须覆盖碎木屑或播种树木种子，以恢复土壤入渗能力，防止土壤侵蚀。在污水土地应用系统运行期间，每个喷头周围应保持半径为1.5m的清晰区。这种做法可以更好地分配污水和更方便地观察喷头运行。固定装置森林喷淋系统中喷洒布水模式尽管不符合农业喷灌标准，但在森林系统中并不会引起严重问题，因为森林系统中树木的树根分布范围相当大。

8.4.3 地表漫流系统中固定装置喷淋系统

如前面章节所述，固定装置喷淋系统可用于地表漫流系统配水。工程经验和研究表明，喷头工作压力为高压（345～550kPa）时，固定装置喷淋系统可成功应用食品工业污废水，其中悬浮固体浓度可高达500mg/L。

喷头沿污水应用坡面的间距取决于设计污水应用量、喷头喷水能力以及喷头喷淋直径。污水应用率与喷头间距和喷头喷水能力之间的关系如式(8-9) 所示：

$$R = \frac{q}{S_S} \tag{8-9}$$

式中　R——地表漫流系统污水应用率，L/（min·m 坡宽）；

　　　q——喷头喷水能力，L/min；

　　　S_S——喷头间距，m。

喷头间距应允许喷头喷淋直径重叠。该系统中，喷头间距为大约 80% 喷头淋湿直径时即可满足运行要求。使用设计污水应用率和上述喷淋重叠标准，即可从制造商的产品目录中合理地选择喷头。

8.4.4　移动-停止喷淋配水系统

在移动-停止喷淋配水系统运行中，喷头在污水应用期间在现场的某个固定位置工作。当该处应用了所设计的污水量后，立即关闭系统，移动喷头至另一个位置，进行下一次污水应用。多喷头移动-停止系统包括便携式手动系统、末端拖曳（端拖）系统和侧轮滚动系统（也称侧滚或车轮系统）。单喷头移动-停止系统包括固定枪系统。

（1）便携式手动系统

便携式手动系统由连接到主干管的铺设在地面的铝支管网络组成，主干管可以是便携式，也可以是永久固定式。该类系统的主要优点包括投资成本低，能适应大多数农田条件和气候。为了避免对农业机械操作的干扰，也可以把它们从地里移走。该系统主要缺点是操作该系统所需的劳动力要求很高。

（2）端拖系统

端拖系统是将多个喷淋支管安装在滑车或车轮组件上，可使用拖拉机将连接在主干管上的支管拖动到下一个位置的系统。管道和喷头的设计同便携式管道系统，但管道接头机械强度要比便携式系统强，以满足拖动牵引力学要求。

端拖系统的主要优点是劳动力需求比手动系统低，系统成本相对较低，而且能够轻易地从田间移走，便于农业机械操作运行。该系统缺点包括作物限制支管移动，需要谨慎操作以避免损坏作物和农田设备。

（3）侧滚系统

侧滚系统基本上是将带喷头的支管悬挂在一系列车轮上的系统。支管通常为铝管，直径 100～125mm，长度可达 406m。车轮为铝制，直径为 1.5～2.1m。支管末端通过柔性水管连接到位于主干管沿线的出水栓上。该部分单元在污水应用期间是固定的，污水应用期之间的移动由位于支管中心的一体性发动机驱动，将该部分单元移动至下一个污水应用位置。侧滚系统的主要优点是劳动力需求和总体成本相对较低，且不受农具干扰。缺点包括受限于作物高度和污水应用场地形状，以及场地地形不均匀引起的支管定位困难。

（4）固定枪系统

固定枪系统是安装在滑轮或滑行装置上的单喷头单元系统。喷头依赖手动在沿支管的出水栓之间移动。固定枪系统的优点类似于便携式管道系统，在投资成本和多功能性方面具备优势。此外，喷枪式喷头上喷嘴口径较大，不易发生堵塞。这种系统的缺点类似于便携式管道系统，因为需要频繁地移动喷头，对劳动力的要求很高。由于喷嘴压力高，耗电相对较高，风对喷头在较高工作压力下所产生的细小液滴的分布会产生不利影响。

（5）设计程序

有关污水应用率、喷头选择、喷头间距、支管间距以及支管设计基本上和固定装置喷淋系统相同。不同之处为移动-停止系统需要设计覆盖给定区域所需的工作单元数。最低所需工作单元数是由每个单元所覆盖的面积、污水应用频率和污水应用期决定。可以选用大于最低所需工作单元数的工作单元，以减少所覆盖给定区域内所需的移动次数。该选择需要考虑额外设备成本和劳动力成本。

8.5　连续移动系统

连续移动系统在污水应用期间依靠自行驱动装置对应用场地通过连续移动配水。常见的三种类型为移动枪系统、中心枢纽系统和线性移动系统。

（1）移动枪系统

移动枪系统为自行驱动，单一大型枪喷淋单元组成的系统，通常通过直径为 63～127mm 的水龙带连接到污水源上。常见的有水龙带拖动式和卷绕式两种移动模式。水龙带拖动式由位于单元内的液压或气体驱动的绞车驱动，或由位于运行末端的气体驱动绞车驱动。两种情况下，锚定在运行末端的缆线引导单元装置在污水应用期间以直线路径行进。柔性橡胶水龙带在单元装置之后被拖动。卷绕式由一辆喷水枪车组成，由半硬质聚乙烯水龙带连接在卷绕轮上。当水龙带慢慢缠绕在液压驱动的卷筒上时，喷水枪被拉向卷筒。变速传动装置用于控制行驶速度。典型移动长度为 201～403m，而行车道之间的距离为 50～100m。在行车道上完成污水应用后，该单元装置将自动关闭。一些单元装置也会自动关闭水源。该运行单元必须用拖拉机移动到下一行车道的开始处。

移动枪系统更重要的优点是劳动力要求低和喷嘴相对无堵塞。该系统也可适用于有些不规则形状和地形的场地。缺点是耗能要求高，大多数作物需要用于拖曳水龙带的水龙带行进通道，以及在刮风条件下喷头配水的漂移。

除了污水应用率和应用深度外，移动枪的主要设计参数是喷水能力、行车道间距和行驶速度。大多数移动枪喷头的最小应用率为 5.8mm/h，高于低渗透土壤的入渗速率。因此，不建议在没有成熟作物覆盖的低渗透土壤上使用移动枪。喷淋水能力、车道间距、行驶速度和应用深度之间的关系由式(8-10) 确定：

$$D=\frac{q_S C}{S_t S_p} \tag{8-10}$$

式中　D——污水应用深度，cm；

　　　q_S——喷头喷水能力，L/min；

　　　C——单位换算常数；

　　　S_t——车道间距，m；

　　　S_p——行驶速度，m/min。

典型的设计程序如下：

① 选择一适当的污水应用期，每天几个小时，允许污水应用时至少 1h 用于移动枪行进。

② 估算一个运行单元所灌溉的面积。该面积一般不应超过 32hm²。

③ 使用式(8-11) 计算喷头喷水能力：

$$q_S=\frac{DAC_1}{Ct} \tag{8-11}$$

式中　q_S——喷头喷水能力，L/min；

　　　D——每次污水应用深度，cm；

　　　A——每个单元所灌溉的面积，hm²；

　　　C——污水应用之间的周期时间，d；

　　　t——运行时间，h/d；

　　　C_1——单位换算系数。

④ 从制造商产品目录性能表中选择适当尺寸和操作压力的喷头，估计喷头喷水能力。

⑤ 使用式(8-12) 计算污水应用率。

$$R=\frac{CQ}{\pi r^2} \tag{8-12}$$

式中　R——污水应用率，cm/h；

　　　C——单位换算常数；

　　　r——喷头喷淋湿半径，m。

　　　Q——喷头布水流量，L/min。

⑥ 根据表 8-9 中的间距标准计算车道间距占喷头喷淋湿直径百分比。

表 8-9　美国国家环保署推荐的移动枪喷头系统车道间距占喷头喷淋湿直径百分比

风速/(km/h)	车道间距与喷头淋湿直径的比值/%	风速/(km/h)	车道间距与喷头淋湿直径的比值/%
0	80	8～16	60～65
0～8	70～75	>16	50～55

⑦ 根据需要调整喷头的选择和车道间距，以匹配土壤的入渗率。

⑧ 使用式(8-10) 计算行驶速度，式(8-10) 此时可写作：

$$S_p=\frac{Cq_S}{DS_t}$$

⑨ 计算单个单元覆盖的灌溉面积。

⑩ 确定所需单元的总数。

⑪ 确定系统容量 Q。

（2）中心枢纽系统

中心枢纽系统由装有多个喷头或喷洒喷嘴的支管组成，为自行驱动的连续移动的塔式单元，围绕应用场地中心的固定枢轴旋转。支管上的喷头可以为高压冲击喷头。但是，当前设计趋势是使用低压喷头以减少能耗需求。污水由一根埋设于地下的总水管提供给中心枢轴，中心枢轴处也提供电力供应。支管结构通常是 150～200mm 钢管，长度为 60～780m。典型的中心枢纽系统有 393m 长支管，可覆盖 64hm² 地块。圆形模式会将覆盖面积减少到约 52hm²，但是带有移动喷头或高压角枪的系统可用来灌溉死角。

塔式单元由电驱动或液压驱动，可间隔 24～76m。支管由缆索或桁架支撑在塔型结构之间。通过改变塔型结构上电机的运行时间实现对运行速度的控制。

中心枢纽系统的重要应用限制是喷头污水应用率沿枢轴支管长度需要发生变化。由于给定枢轴支管长度所覆盖的圆形面积随着与枢轴距离的增大而增大，喷水器沿支管提供的污水应用率必须增加才可提供均匀的污水应用深度。通过减小沿支管上的喷头间距和增加喷头喷水能力，可以提高喷头的污水应用率。对大部分情况下的土壤而言，在枢轴支管末端外形成污水应用是不可接受的。

在 393m 长的支管距离上，也许必需形成 25mm/h 的污水应用率。设计工程师应特别注意支管覆盖圆圈内土壤渗透性发生变化的地方。土壤渗透较慢的地方可能会发生水淹，会造成农作物损坏和系统上驱动轮牵引问题。

中心枢纽系统污水应用率取决于喷嘴尺寸和工作压力、喷头间距、支管长度和喷头类型。污水应用速率不受中心枢轴转速影响。中心枢轴转速只影响污水应用时间和污水应用总深度。中心枢轴配水能力可由式(8-13) 计算：

$$Q = C_0 CA \tag{8-13}$$

式中　Q——配水能力，L/min；

　　C_0——单位换算常数；

　　C——污水应用深度，cm/d；

　　A——污水应用面积，hm²。

由于中心枢轴支管污水应用率样式是椭圆形，所以末端喷头最大污水应用率由式(8-14) 确定：

$$R = \frac{CQ}{r_1 r_2} \tag{8-14}$$

式中　R——末端喷头最大污水应用率，cm/h；

　　C——单位换算常数；

　　Q——中心枢轴配水能力，L/min；

　　r_1——中心枢轴系统支管淋湿半径，m；

r_2——最末几个喷头的淋湿半径，m。

制造商新产品可提供多种可变喷头间距，以及可变尺寸喷头。产品选择应考虑土壤入渗率、风条件、土壤压实可能性和工作压力要求。

中心枢纽系统另外一应用限制是在一定土壤条件下的移动性。有些黏土会在驱动轮上堆积，最终导致机组停止运转。驱动轮可能在光滑（淤泥）土上失去牵引力，并可能陷进软土中而卡住。

（3）线性移动系统

线性移动系统的构造和驱动方式类似于中心枢纽系统，不同之处在于该系统布水时是以直线路径而不是圆形路径连续前行布水，可完全覆盖矩形土地或场地上的矩形区域。水可以通过与机组一起牵引的柔性水龙带提供，也可以从沿直线路径侧边建造的敞开式中心沟渠中抽水。如果场地坡度超过 5％时，该场地坡度会限制中心沟渠的使用。具体设计细节需咨询线性移动系统制造商。

参 考 文 献

[1]　郭元裕．农田水利学（第三版）[M]．北京：中国水利水电出版社，1997.

[2]　许仕荣，张朝升，韩德宏．泵与泵站（第六版）[M]．北京：中国建筑工业出版社，2016.

[3]　严煦世，范瑾初．给水工程（第四版）[M]．北京：中国建筑工业出版社，1999.

[4]　张智．排水工程（上册）[M]．北京：中国建筑工业出版社，2015.

[5]　Adrian Laycock. Irrigation Systems：Design，Planning and Construction [M]. UK：Cromwell Press，2007.

[6]　McCulloch A W. Lockwood-Ames Irrigation Handbook [M]. USA：Lockwood Corporation，1973.

[7]　Eliot Epstein. Land Application of Sewage Sludge and Biosolids [M]. USA：Lewis Publishers，2003.

[8]　Asawa G L. Irrigation and Water Resources Engineering [M]. India：New Age International（P）Limited，Publishers，2008.

[9]　Jack Keller，Ron D Bliesner. Sprinkle and Trickle Irrigation [M]. USA：Van Nostrand Reinhold New York，1990.

[10]　Jose Albiac，Ariel Dinar. The management of Water Quality and Irrigation Technologies [M]. UK：Earthscan，2009.

[11]　Booher L J. Surface Irrigation，FAO Agricultural Development Paper NO. 94 [M]. Italy：Food and Agricultural Organization of the United Nations，1974.

[12]　Martin Burton. Irrigation Management Principles and Practices [M]. UK：CAB International，2009.

[13]　Ali M H. Fundamentals of Irrigation and On-farm Water Management [M]. USA：Springer Science＋Business Media，LLC，2010.

[14]　Neil Southorn. Farm Irrigation：Planning & Management [M]. Australia：Inkata Press，1997.

[15]　Richard H Cuenca. Irrigation System Design：An Engineering Approach [M]. USA：Prentice-Hall，Inc.，1989.

[16]　Reddy R N. Irrigation Engineering [M]. India：Gene-Tech Books，2010.

[17]　Ronald W Crites. Land Treatment Systems for Municipal and Industrial Wastes [M]. USA：McGraw-Hill Professional，2000.

[18]　Ronald W Crites，Joe Middlebrooks，Sherwood C Reed. Natural Wastewater Treatment Systems [M]. USA：Taylor and Francis，2006.

[19]　Reed S C，Crites R W，Middlebrooks E J. Natural systems for waste management and treatment [M]. USA：

McGraw-Hill，1995.

［20］ Takashi Asano，Franklin Burton，Harold Leverenz，Ryujiro Tsuchihashi，George Tchobanoglous. Water Re-use：Issues，Technologies，and Applications ［M］. USA：McGraw-Hill，2007.

［21］ United States Department of Agriculture. National Engineering Handbook：Irrigation Guide ［M］. USA：Un-ited States Department of Agriculture，1997.

［22］ United States Environmental Protection Agency. Land Treatment of Municipal Wastewater Effluents ［M］. USA：United States Environmental Protection Agency，2006.

［23］ Vinod Sharma，Agarwal R N. Planning Irrigation Network and OFD Works ［M］. India：New Age Interna-tional (P) Limited，Publishers，2005.

［24］ Hart W E. Irrigation System Design ［M］. USA：Colorado State University，1975.

第9章 城市污水土地应用系统工艺设计

9.1 慢速渗滤系统工艺设计

9.1.1 慢速渗滤系统分类

慢速渗滤系统通过将污水以受控的速率应用于种植作物的土地系统中，常见的系统有两种。

① 1型：优化水力负荷，尽可能在最小面积的土地上应用最多的污水，实质为污水处理系统。

② 2型：优化灌溉潜力，在维持作物正常生长的情况下尽可能应用最小量的污水，节水为优先考虑，污水处理与回用功能次之。

两种类型慢速渗滤系统中，大部分设计组分基本类似甚至一致，如作物、预处理、输水、配水等。但是，土地面积和运行程序不尽相同，因此对于每种类型慢速渗滤系统，必需采用不同的设计方法。

一般而言，在美国潮湿地区的市政污水和含易降解废物的工业污废水，其土地应用会选择最小化土地面积和配水系统投资，因此常用1型慢速渗滤系统。在世界各干旱和半干旱地区，水资源短缺，水本身具有重要的经济价值，经常采用2型慢速渗滤系统，尽可能最小化成本，最大化投资收益。

① 1型慢速渗滤系统的设计基于限制性设计参数（LDP）。对于典型的污水土地应用系统或许多工业污废水土地应用系统，限制性设计参数是土壤水力能力或氮负荷率。其他工业污废水土地应用系统，限制性设计参数可能为重金属、悬浮固体、有机物或其他污染物。

② 2型慢速渗滤系统的设计基于植物生长的用水需求，基本程序类似于灌溉系统设计。但是，必须符合限制性设计参数要求。限制性设计参数要求通常应考虑污水土地应用系统运行时对作物产量的影响，或者对地下水水质的影响。一般情况下，2型慢速渗滤系统的污水应用率远低于土壤摄水能力，因此土壤水力能力不是限制性设计参数。

9.1.2 最大水力负荷率

在所有情况下，最大水力负荷率由土壤入渗率限制，应该确定土壤剖面的水力能力，确定该因素是否为设计中限制性参数。设计水力负荷率为在至少一个应用期内单位土地面积上应用的污水量，通常表达为厘米/天、厘米/周、米/年。

一般场地水量平衡，假定地面径流为零，则可表达为：

$$L_w = ET - P_r + P_w \tag{9-1}$$

式中　L_w——污水水力负荷率；

　　　ET——蒸腾蒸发水散失；

　　　P_r——水量平衡期间内降雨量；

　　　P_w——设计下渗水率，一般单位为深度单位（cm）和时间单位（天、周或年）。

　　　基于年的水量平衡一般用于设计预选，常见时间单位为月，并以月的水量平衡作为最终设计。

9.1.2.1 设计下渗率

设计下渗率由土壤渗透能力和设计系统类型决定。在 1 型系统设计中，设计下渗率由限制性渗透率或者土壤剖面水力传导率决定。在 2 型系统设计中，设计下渗率的确定需要保证有足够的土壤水淋洗土壤中的盐分，确保土壤盐分不会对植物生长造成负面影响。

在 1 型系统中，设计下渗率取值为限制性水力传导率的百分数。限制性水力传导率由现场实测确定，如果该场地中，水力传导率不一致，则需要考虑土壤类型采用加权平均法确定场地限制性水力传导率，一般可用下式确定。

$$P_w = 24K\alpha \tag{9-2}$$

式中　P_w——设计下渗率，cm/d；

　　　K——场地中限制性饱和水力传导率，cm/h；

　　　α——百分数系数，一般取值 0.04～0.10。

该值选用具体由设计工程师自行判断。如果土壤相对一致且渗透性高，$K>5\text{cm/h}$，则选择上限 10％较为合适；如果土壤渗透性低或者场地中渗透性不一致，则选择下限 4％较为合理。

基于月值的设计下渗率需要考虑作物管理、降水和冰冻条件，设计月下渗率为：

$$P_w(月) = P_w(日) \times 每月运行天数 \tag{9-3}$$

系统每月运行天数依赖于下列因素。

1）作物管理　系统停止运行时间必须符合作物收获、种植和育种需求。

2）降水　系统停止运行时间已经考虑入场地水量平衡计算，不需要做进一步调整。

3）冰冻温度　亚冰冻温度会引起土壤表面结霜导致土壤入渗率降低。此时，系统应停止运行。最保守的方法是出现冰冻条件时，一般为低于 0℃时停止系统运行，调整月下渗率；但是也可以在较低温度下，如－4℃时，才停止运行系统。前面章节已经讨论过如何采用气象数据来源确定该月冰冻天数。对于森林污水土地应用系统，在亚冰冻条件下可以继续运行系统；

4）季节性作物　当场地上种植单一一年生作物时，通常在冬季不会进行污水土地应用，但是污水应用会发生在作物收获之后和下次种植之前。

前面章节已经讨论过冬季或者系统不运行期间储存污水的方法和储存池的设计。在起始设计阶段，有必要预先选择作物进行作物对氮摄取量和其他污水成分摄取量的估计。

2 型系统设计中，在潮湿季节月份，当自然降水超过蒸腾蒸发水散失时一般将设计下渗率设为零；在干旱季节月份，下渗率等于下渗需求（LR），也即需要将土壤中累积的盐分淋洗出植物根区所需的水量或者水力负荷率的百分比。灌溉会使水分子蒸腾蒸发散失从而导致盐分在土壤中累积。下渗需求以年计时，其计算由式(9-4) 确定：

$$LR = \frac{P_w}{L_w + (P_r - ET)} \tag{9-4}$$

下渗需求取决于灌溉污水的盐度和植物对盐分的耐受性。国际粮农组织（FAO）设计手册中收录了世界各地各农作物对盐分的耐受性和推荐的下渗需求 LR 值。该值对于不敏感作物和低盐灌溉水为 2％，对于敏感作物和高盐灌溉水该值可达 30％。

在干旱月份内，一般无过量的降水在土壤剖面中下渗，因此设计下渗率为：

$$P_w = \frac{LR(ET - P_r)}{100} \tag{9-5}$$

将该式代入式(9-1) 水平衡方程，则在 $ET - P_r \geqslant 0$ 期间，污水水力负荷率为：

$$L_w = (ET - P_r)\left(1 + \frac{LR}{100}\right) \tag{9-6}$$

工程应用中，有必要对上式进行进一步修改，以解释由于污水输送和配水过程中水渗漏和蒸发导致的水损失。系统整体效率为 65％～85％。最终用于污水灌溉为目的的水量平衡公式为式(9-7)。

$$L_w = (ET - P_r)\left(1 + \frac{LR}{100}\right)\left(\frac{100}{E_S}\right) \tag{9-7}$$

式中　E_S——配水系统效率,％,地面配水为 65％～75％,喷淋配水为 70％～85％。

9.1.2.2　设计降水率

在污水土地应用系统规划期间，通常基于年降水量估计设计降水率。在最终设计中，则需要确定基于月份的降水量。月降水量估计基于 5 年降水频率分析。通常将平均年降水量按照平均月份发生比例分配至各个月份。

9.1.2.3　设计蒸腾蒸发水散失率

设计蒸腾蒸发水散失率在水量平衡中对于作物生产和水质控制是关键设计组分。蒸腾蒸发水散失可能会导致土壤下渗水中化学成分浓缩。蒸腾蒸发水散失潜力定义为发生在种植作物的土地系统中的水损失，作物易获得土壤水分同时作物处于茂盛生长阶段。具体估计可参见前面章节。

在规划阶段，蒸腾蒸发水散失潜力可以由 Holdridge 法进行估计：

$$ET_p = 2.54 \times \left[1.07 \times \left(\frac{9}{5} T_m + 32 \right) - 34.24 \right] \tag{9-8}$$

式中　ET_p——蒸腾蒸发水散失潜力，cm/月；

　　　T_m——该月内月平均气温，℃。

在潮湿地区，当种植多年生全覆盖地面的作物时，上式估计蒸腾蒸发水散失潜力的值通常在工程设计中足够使用，不需要进一步调整。

9.1.2.4　基于限制性设计参数的水力负荷率

在许多情况下，污水中水质方面的限制性设计参数为氮。该限制性设计参数主要考虑保护地下含水层免受氮污染。工业污废水中其他污染物也可能是限制性设计参数。本书中将氮作为限制性设计参数时的设计方法，同样适用于污水中的其他污染物。场地中污水氮平衡由下式表达：

$$L_n = U + D + C_p P_w \tag{9-9}$$

式中　L_n——单位时间内单位土地面积上氮的质量负荷量；

　　　U——单位时间内作物对氮的摄取量；

　　　D——单位时间内由于反硝化、氮素挥发等导致的氮损失；

　　　C_p——渗漏水中氮浓度；

　　　P_w——渗漏水流量。

场地上土地系统中氮损失 D 与应用的氮量相关，可写作 $D = f(L_n)$，f 为氮损失系数，因此式(9-9)可写作：

$$L_n = U + f(L_n) + C_p P_w \tag{9-10}$$

由式(9-10)可推导出：

$$P_w = \frac{L_n - f(L_n) - U}{C_p} \tag{9-11}$$

场地上土地系统中水量平衡式为：

$$L_{wn} = ET - P_r + P_w \tag{9-12}$$

式中　L_{wn}——以氮作为限制性设计参数时的水力负荷。

年水力负荷 L_{wn} 中的氮为：

$$L_n = C_n L_{wn} \tag{9-13}$$

式中 C_n——应用的污水中氮浓度，mg/L。

由式(9-12)可得：

$$P_w = L_{wn} + (P_r + ET) \tag{9-14}$$

可设式(9-11)和式(9-14)相等，经推导可得：

$$L_{wn} = \frac{C_p(P_r - ET) + 0.1U}{(1-f)C_n - C_p} \tag{9-15}$$

　　该公式能用于确定特殊污水所允许的水力负荷、特定场地因素组合下的水力负荷以及相应于对 C_p 不同浓度要求或设定下的水力负荷。通常将氮作为限制性设计参数时，环境管理限制要求则是项目边界地下水中氮浓度。为确保设计趋于保守，式中氮的浓度采用总氮浓度，而不是硝酸氮浓度，因为其他形式的氮有可能在土壤剖面中最终转化为硝酸氮。但在一些特殊情况下，C_n 也许采用硝酸氮或总氮。该公式非常保守，因为它的推导和应用基于下渗水中氮浓度，而没有考虑下渗水和地下水混合以及在地下水中弥散。对于大型项目，尤其位于干旱地区，确定发生在污水应用点和项目边界处的混合、扩散和稀释程度具有明显优点。在这种情况下，下渗水中氮浓度值可设定为等于边界处硝酸氮的最高浓度，10mg/L。利用式(9-15)则可计算允许的氮渗漏量以及允许的水力负荷。

　　取决于污水特征和应用方法，f 值的范围为 0.1～0.8。对于高 BOD/N 比值(＞5)的食品加工污水，f 值可选用 0.8；对于初级污水出流，f 值约为 0.25；对于二级污水出流，f 值为 0.15～0.2；对于高度氧化过的三级污水，f 值只有 0.1。

9.1.2.5　关于补充氮的设计修改

　　一些情况下，需要在进行污水应用时补充氮。补充的氮形式为商业化肥、粪便和生物固体。此时式(9-15)应修改为下式：

$$L_{wn}=\frac{C_p(P_r-ET)+0.1(U-S)}{(1-f)C_n-C_p} \tag{9-16}$$

式中　S——补充氮量，kg/(hm² · a)。

9.1.2.6　其他化学成分作为限制性设计参数

　　其他化学成分作为限制性设计参数时，基本计算方法类似于上述针对氮的方法。例如，假定一小型镀锌工厂污水应用于土地系统，据式(9-9)，质量平衡方程可写作：

$$L_{zn}=U+D+SA+C_pP_w$$

式中　L_{zn}——锌的质量负荷；
　　　U——作物对锌的摄取量；
　　　D——场地上锌的损失，对于锌，因无挥发损失，可设定为 0；
　　　SA——土壤剖面锌的累积；
　　　C_p——下渗水中允许锌浓度；
　　　P_w——下渗水量。

上述方程指一年内或设定时间范围内。

　　同理，$L_{zn}=C_{zn}L_{wzn}$。可推导出式(9-17)：

$$L_{wzn}=\frac{C_p(P_r-ET)+U+SA}{C_{zn}-C_p} \tag{9-17}$$

　　理论上，确保下渗水中锌浓度值不超过 5mg/L 时，则可用式(9-17)计算特定时间范围内污水负荷。事实上，锌和其他重金属通常会被土壤剖面中土壤颗粒强吸附去除，因此下渗水中锌含量几乎接近零，除非土壤剖面中锌吸附达到饱和。因此，在这种情况下，限制性水力负荷计算仅基于作物对锌的去除和土壤对锌的吸附累积，即：

$$L_{wzn} = \frac{U+SA}{C_{zn}}$$ （9-18）

9.1.2.7 最终设计中的月水量平衡和水量负荷

基于限制性设计参数的允许水力负荷应和基于土壤渗透性的最大可能水力负荷进行比较，二者中较低的值控制设计。最终设计中应进行月水量平衡计算分配，确定每个特定月份的水力负荷。对于两种不同类型慢速渗滤系统，月水量平衡计算分配因污水应用目的不同而不同。对于2型系统，某月中当蒸腾蒸发水散失量小于降水量时，该月内污水应用负荷应设为0。如果基于土壤渗透性的污水应用负荷小于基于氮和其他化学成分的污水应用负荷，则污水应用负荷应基于土壤渗透性。如果氮和其他化学成分控制设计参数时，则必需进行额外计算。

如果作物摄取或者补充氮是计算中需要确定的参数，则必需确定它们在每月中的量。补充化肥量需要由当地农业部门确定。在美国，许多情况下作物对氮的月摄取量可以从当地农业管理部门获得。其他情况下，如这些数据无法获取时可以先计算一年内作物的总摄取量，然后根据每月蒸腾蒸发水散失量与生长季节总的蒸腾蒸发水散失量的比例关系，将总摄取量分配到每个月份中。如果基于土壤渗透性的污水应用水力负荷控制设计，则月水量平衡和年水量平衡已经在水量平衡预先计算中确定。如果基于氮或其他化学成分的污水应用水力负荷控制设计，则必需使用式(9-16)据特定化学成分进行修改计算每月的污水应用负荷。月计算值与预先计算值进行比较，采用低值作为该月的设计水力负荷。

干旱地区氮负荷比潮湿地区氮负荷更有可能控制系统设计水力负荷，其原因为干旱地区蒸腾蒸发水散失净值为正，会引起下渗水中氮的浓缩。在干旱地区的系统中，有可能基于氮限制的月水力负荷设计值小于作物灌溉需求。设计工程师应比较污水应用负荷设计值和灌溉水需求值确定这种情况是否存在。如果存在这种情况，设计工程师可考虑下列3个选项：

① 通过预处理减少应用污水中氮浓度；

② 解释验证以高于式(9-16)中下渗水中氮要求的浓度设计下渗水中氮浓度时，下渗水中的氮在现存的地下水流中可以得到充分的混合和稀释；

③ 选择氮摄取量高的作物。

9.1.3 土地面积确定

污水应用的土地面积需求确定基于设计水力负荷率，L_{WD}。实际接收污水的土壤表面积计算由式(9-19)进行：

$$A_F = \frac{CQ+V_S}{L_{WD}}$$ （9-19）

式中 A_F——污水土地应用场地实际有效面积；

　　C——单位换算常数；

　　Q——平均年污水应用流量；

　　V_S——污水在储存池中由于降水、蒸发和渗漏引起的净损失或水获取量；

　　L_{WD}——设计年水力负荷。

　　由于污水储存面积和污水土地应用之间存在关联，因此计算中需要反复验算。计算首先要在不考虑 V_S 的情况下，估算土地面积。计算过程如下：

　　① 初步确定土地面积：$A_F = CQ/L_{WD}$。

　　② 使用月 L_{WD} 和 A_F 确定月污水体积应用量：$W = L_{WD}A_F$，其中，W 为每月从储存池抽走污水的量。

　　③ 假定储存池深度，列表计算储存池容积的月水量平衡。

　　④ 在假定的储存池深度和面积下，计算降水净值（＋）、蒸发净值（－）和渗漏净值（－）。

　　⑤ 通过式(9-19) 求解 A_F，计算中要包括 V_S。

　　⑥ 重复步骤②～④直至达到平衡；必要时调整储存池假定的面积或深度。

　　总的土地需求包括污水应用面积、道路面积、缓冲区面积、储存池面积、管理和维护建筑物占地以及无法使用的面积。在预设计中，额外面积一般取值 15%～20%。如果冬季需要大量污水储存，则储存面积和预处理系统占地面积应分开单独估算。在最终设计中，必须确切地计算各方面土地具体需求。

9.1.4　缓冲区需求

　　在污水应用场地周边设置缓冲区的目的是阻止公众进入，有时也出于项目形象美观考虑。到目前为止，尚无针对慢速渗滤系统缓冲区宽度的标准。在美国的工程实践中，缓冲区的宽度在无人涉足地区可设置为 0，在人口众多地区可设置为 60m 或更宽。在美国某些州，缓冲区宽度由管理部门决定，设计工程师应咨询当地相关部门进行决策。

　　森林慢速渗滤系统中，缓冲区宽度要求一般小于其他作物系统，因为森林一般会降低风速从而减少空气悬浮颗粒移动；同时，森林在视觉上也会对公众形成屏障。如果森林区生长茂盛树冠树木时，缓冲区宽度大于 15m 一般能满足设计要求。

9.1.5　储存需求

　　前面章节已经详细讨论过污水储存的计算。储存池是慢速渗滤系统中的组成部分，即使在污水应用季节，为减少污水中粪大肠菌数和降低氮浓度，污水应用前也不应绕流而不经过储存池。储存池中藻类生长一般不会影响慢速渗滤系统的运行。

9.1.6　作物选择

　　如果作物摄取在设计水力负荷中是关键因素，则作物类型将直接影响污水应用土地所需面积。在大部分情况下，作物选择是慢速渗滤系统初始设计中首先考虑的因素之一。作物选择可参见前面章节具体步骤。

9.1.7 配水系统

在设计早期阶段，有必要对 2 型系统确定配水方式。在确定污水应用量和灌溉所需面积中，系统效率是重要考虑因素。对于 1 型系统，早期决定配水方法不如 2 型关键。

9.1.8 应用制度确定

在此，应用制度指具体每日需要应用污水的量。对 1 型系统，为运行方便，一般采用常规例行应用方案。在慢速渗滤系统中，如果采用喷淋配水，污水应用率为 0.5～0.8cm/h。该应用率一般不会超过大部分土壤的入渗能力，因此也不会产生地表径流。可以连续运行系统完成设计的周污水应用负荷目标。7d 后，重复应用污水。运行可以手动、自动，或者二者组合。

2 型系统的污水应用制度取决于天气条件和种植的作物，目的是维持植物根区土壤水分以供作物正常生长。允许土壤缺水常见范围为植物根区植物可获得水分的 30%～50%。该值取决于作物类型和生长阶段。当土壤水分达到事先确定的缺水条件时，进行灌溉。土壤湿度计可用于完全自动控制系统开启、关闭和更换应用的地块。每次灌溉应用的污水量由下式确定：

$$I_T = I_D\left(1+\frac{LR}{100}\right)\left(\frac{100}{E_a}\right) \tag{9-20}$$

式中　I_T——一次污水应用中污水应用的深度，cm；

　　　I_D——土壤水分亏缺量，cm；

　　　LR——下渗需求，%；

　　　E_a——应用效率，%，地面配水为 65%～75%，喷淋配水为 70%～85%。

9.2　地表漫流系统工艺设计

9.2.1　系统组成

地表漫流系统是指将污水在受控的情况下应用于作物覆盖的、一致坡度的、坡度平缓的、具有相对不渗透的土壤表面。该工艺首次应用于美国俄亥俄州的拿破仑市和德克萨斯州的巴黎市，最早应用的污水为工业废水。如前文所述，美国有大量的地表漫流系统应用工业废水，尤其是来自食品加工业废水。早期应用城市污水的系统在英国，污水处理过程在当地被称为"草过滤"，最先应用该工艺的地区还包括澳大利亚的墨尔本。在美国，自 19 世纪后期以来，大量这些早期使用的地表漫流系统一直成功延用。美国国家环保署和美国陆军工兵部队一直致力于该系统的研究，开发了系统模型，并发展出合理的设计标准。

9.2.2 场地特征

地表漫流系统最适合于具有缓慢渗透（黏土）层或具有限制性层的场地，如在土壤剖面中 0.3~0.6m 深度具有硬质层或黏土层。如果压实土壤表层下的土壤层，该系统也可用于中等渗透的土壤表层。

地表漫流系统可用于坡度为 1%~12% 之间的场地。可以在平坦的地形上建造 2% 的斜坡。如果场地坡度大于 10%，则应建造梯级坡度，以便最大限度地减少暴雨造成的土壤侵蚀。在所需的 2%~8% 的坡度范围内，具体实际坡度并不影响处理性能。场地坡度低于 2% 时，则可能需要采取特殊措施，以避免斜坡上积水；对于坡度超过 8% 的斜坡而言，短流和土壤侵蚀的可能性大。

9.2.3 系统布置

一般的地表漫流系统布置应尽可能与场地现场的自然地形相匹配，以尽量减少土方工程造价。本章将描述确定污水应用所需总场地面积的计算方法。在选定场地地形图上布置单独的处理斜坡，直到满足所需的场地总面积为止。单个斜坡必须与收集经处理的径流及雨水径流的沟渠进行连接，以便将处理后的污水输送至最终的系统排放点。

系统布置方案的选择也受污水配水方式与类型影响。固体含量高的废水通常使用高压喷头，以确保处理坡面上固体的均匀分布。低压系统包括阀控管道或喷头也已能成功应用格栅处理过的污水、初级污水、二级污水或自然塘污水出流。

9.2.4 运行标准和系统能力

大多数地表漫流系统都将经处理后的径流排出至地表水，因此在美国大部分州需要办理排放许可证。大多数情况下，许可证限制 BOD 和 TSS 的含量，因此 BOD 和 TSS 是本章提出的设计方法的基础。如许可证有其他成分要求（如氨氮硝化、除磷等要求），则需要确定限制性设计参数（LDP）。在此情况下，多步骤设计程序如下所示：

① 确定去除 BOD 所需的处理坡面坡长、污水应用负荷率等；

② 确定其他参数所需的处理坡面坡长、污水应用负荷率等；

③ 选择导致应用速率最低的参数作为限制性设计参数（LDP）。

设计得当的系统出水水质可连续实现出流污水中 BOD<10mg/L 和 TSS<15mg/L；地表漫流系统可将氨氮硝化降低至 1mg/L 以下，使出水总 TN 浓度<5mg/L。在理论上，系统可视为具有作物表面的活塞流附着生长的生物反应器。近地表土壤和地表沉积物以及作物根茎为微生物系统提供了基质，从而能实现对污水进行大范围处理。作物也可以去除污水中的营养物污染，同时也会通过蒸腾蒸发损失水量。

处理斜坡上的植被对于调节水流、减少土壤侵蚀、减少短流和减少沟道形成是必不可少的。与慢速渗滤系统相比，地表漫流系统中植被的选择更为有限，因为多年生、耐水的草本作物是系统运行中唯一可行的选择。芦苇金丝雀草、高羊茅和其他类似的草可以承受日常的土壤水饱和条件，并可在常见的厌氧条件下茂盛生长。

在某些方面，与快速渗滤系统和慢速渗滤系统相比，地表漫流系统提供了更大的灵活性和更多的出水水质控制。对于大多数快速渗滤系统和慢速渗滤系统，一旦将污水应用到土壤中就无法控制土壤中的污水。在这两种系统中，设计中必须考虑所有的反应和限制，因为系统一旦开始运行，控制响应的机会将非常有限。相反，在地表漫流系统中，大部分污水可持续控制，因此在操作调整方面具有更大的灵活性。由于BOD通常是市政污水系统的限制性设计参数（LDP），因此设计工程师通过使用本章中的设计程序，可优化处理坡面的长度，实现污水水质要求和污水排放要求的特定组合。

9.2.5 设计程序

下面介绍用于BOD、N、P和其他限制性设计参数（LDP）污水水质成分的设计方法。此外还介绍物理设计，因为地表漫流系统必须要确保应用的污水均匀流动实现页片流，并具有输送雨水径流的能力。

9.2.5.1 BOD

当BOD为限制性设计参数（LDP）时的地表漫流系统设计方法，最先由美国加州大学戴维斯分校通过实验室模拟研究和现场场地研究开发和验证。该设计方法基于活塞流一级动力学模型，描述如下：

$$\frac{C_z - R}{C_0} = A \exp\left(\frac{-kz}{q^n}\right) \tag{9-21}$$

式中　C_z——沿处理坡面距离为 z 处径流中 BOD_5 浓度，mg/L；

R——BOD_5 背景浓度，mg/L，一般为 5mg/L；

C_0——应用污水中 BOD_5 浓度，mg/L；

A——依赖于 q 值的经验确定的系数；

k——经验确定的指数，<1；

z——沿处理坡面距离，m；

q——污水应用率，m³/(h·m)；

n——经验推导的指数。

该公式已经在格栅处理过的污水和初级污水的应用中得到验证，但是对于BOD浓度高于400mg/L的工业废水，该公式尚未验证。尽管BOD浓度为5mg/L被称为残余或背景浓度，但是它更多时候是代表来自处理坡面上的正在腐烂的有机物而不是入流中的部分BOD。对于兼性塘出流，污水应用率不应超过 0.10m³/(h·m)。

9.2.5.2 污水应用率

场地研究证明，污水应用率对BOD去除有直接影响。同时气候特征也是另外一重要影响因素。表 9-1 列出了不同气候和所需BOD去除水平的建议污水应用率范围。

表 9-1 美国国家环保署建议的地表漫流系统设计中的污水应用率

单位：m³/(h·m)

预处理	需求严格且冷天气[①]	中度需求和中度天气[②]	需求不严且暖天气[③]
格栅处理/预处理	0.07～0.10	0.16～0.25	0.25～0.37
曝气塘,停留时间为 1d	0.07～0.10	0.16～0.33	0.33～0.40
二级处理	0.16～0.20	0.20～0.33	0.33～0.40

① 需求严格指 BOD=10mg/L，TSS=15mg/L。

② 中度需求指 BOD≤20mg/L，TSS≤15mg/L。

③ 需求不严指 BOD≤30mg/L，TSS≤35mg/L。

9.2.5.3 处理坡面长度

在工程实践中处理坡面长度通常在 30～60m 之间，坡度越长，BOD、TSS 和 N 的去除就越大。处理坡面长度推荐值取决于污水应用方法。对于使用阀控管道或喷头将污水应用于处理坡面的系统，建议处理坡面长度为 36～45m。如果采用高压喷头，处理坡面长度应在 45～61m 之间。采用喷淋系统配水时，最小坡长为喷头的淋湿直径再加 19～21m。

9.2.5.4 水力负荷率

水力负荷率是美国国家环保署设计手册中主要设计参数，单位为 cm/d 或 cm/周。选择适当的污水应用率计算水力负荷率有更合理的依据。二者之间的关系可由式(9-22)确定。

$$L = \frac{qPF}{Z} \tag{9-22}$$

式中 L——污水水力负荷率，m/d；

　　q——每单位坡宽的应用率，m³/(h·m)；

　　P——应用时间，h/d；

　　F——单位换算常数；

　　Z——处理坡面长度，m。

污水水力负荷率范围一般为 20～100mm/d。

9.2.5.5 污水应用时间

污水应用时间通常为 6～12h/d，每周 5～7d。对于城市污水，常用污水应用时间为 8h/d。对于工业废水，应用时间可缩短至 4h/d。有时，市政污水地表漫流系统可以在相对较短的期间内以 24h/d 运行。应用制度为超过 12h/d 运行和 12h/d 关闭，则系统硝化氮的能力会减弱。如果需要，典型的应用制度为每天 8h、运行 16h 关闭，可将污水应用土地面积分成 3 个区域，从而使整个系统可以每天 24h 运行。

9.2.5.6 有机物负荷率

有机物负荷率通常小于 100kg/(hm²·d)。通过薄水膜（通常为 5mm）的氧传递效率限制了地表漫流系统工艺的好氧处理能力，不能超过限制。有机物负荷率可用式(9-

23）方程计算：

$$L_{BOD} = 0.1 L_w C_0 \tag{9-23}$$

式中　L_{BOD}——BOD 负荷率，kg/(hm² · d)；

　　　L_w——水力负荷率，mm/d；

　　　C_0——污水入流 BOD₅ 浓度，mg/L。

当应用的污水 BOD 超过 800mg/L 时，氧转移效率降低导致污水处理能力下降。据报道，这种情况下有工程项目将地表漫流系统出流污水回用于污水应用，可将系统中处理坡面上起始 BOD 浓度降至 500mg/L 左右，并在 BOD 负荷率为 56kg/(hm² · d) 情况下，使系统中污水 BOD 去除率达到 97%。

9.2.5.7　总悬浮固体

除藻类外，污水中的固体不是地表漫流系统设计的限制性设计参数（LDP）。由于处理坡面流速低，流深浅，地表漫流系统能有效地去除悬浮固体和胶体颗粒。为去除污水中的固体，必需用一层厚的草覆盖，减少甚至消除沟渠流动。悬浮物的去除相对而言不受寒冷天气或其他工艺负荷参数的影响。

当地表漫流系统采用自然塘或储存池时，由于无法去除某些类型的藻类，污水中藻类的存在可能会导致系统出水中悬浮固体含量过高。许多直径小、自由漂浮的藻类和硅藻很难团聚或基本没有团聚倾向，特别难以去除。例如绿藻类的衣藻和小球藻，以及硅藻类异菱藻等；但是相反，绿藻类原球藻表面具有"黏性"，就很容易被处理坡面去除。由于控制自然塘或储存池中藻类的种类几乎不可能，因此在藻类大量繁殖和存在季节，地表漫流系统在运行中有必要绕开或隔离藻类大量繁殖的水塘或水池。一旦藻类大量繁殖期过后，受影响的水塘或水池则可以恢复使用。

如果地表漫流系统最适合于有现存自然塘系统的场地，则可采用设计和运行程序提高藻类去除率。这类系统的污水应用率不应超过 0.10m³/(h · m)，在藻类大量繁殖期间可采用非排放运行方式。在非排放模式下，短污水应用期（15～30min）后为 1～2h 休息期和干燥期。在藻类大量繁殖季节，位于美国俄克拉荷马州希夫纳市和密歇根州萨姆罗尔市的地表漫流系统就以这种方式运行。

9.2.5.8　氮

地表漫流系统对氮的去除依赖于硝化、反硝化和作物吸收。污水中大部分氮的去除由硝化和反硝化完成，硝化和反硝化又依赖于污水在系统中的停留时间、温度和 BOD 与 N 的比值。经过格栅处理的原污水或初级污水出水中由于 BOD/N 比高，反硝化效果最好。土壤温度低于 4℃时将限制硝化反应。

据报道，在美国加利福尼亚州戴维斯市的地表漫流系统中，污水应用率为 0.10m³/(h · m)，NH₃-N 去除率可高达 90%。要达到这一 NH₃-N 去除水平，处理坡面长度可能需要 45～60m。

在美国得克萨斯州的加兰德市，研究人员实地研究了应用二级污水出流时，地表漫流系统是否能在夏季实现出流 NH_3-N 浓度<2mg/L，冬季氨氮浓度<5mg/L。夏季和冬季时期不同污水应用率下，氨氮浓度见表 9-2。冬季气温范围为 3～21℃。经研究，在该处使用喷淋配水时，推荐污水应用率为 0.43m³/(h・m)，处理坡面长度为 60m。

表 9-2　美国得克萨斯州加兰德市地表漫流系统中氨氮浓度（引自：USEPA，2006）

单位：mg/L

月份	污水应用率/[m³/(h・m)]	处理坡面长度/m		
		46	61	91
3～10 月	0.57	1.51	0.40	0.12
	0.43	0.65	0.27	0.11
	0.33	0.14	0.03	0.03
11 月～翌年 2 月	0.57	2.70	1.83	0.90
	0.43	1.29	0.39	0.03
	0.33	0.73	0.28	0.14

注：3～10 月应用污水中 NH_3-N 浓度为 16mg/L；11 月～翌年 2 月应用污水中 NH_3-N 浓度为 14.1mg/L。

9.2.6　土地面积需求

地表漫流系统中污水应用土地面积取决于流量、污水应用率、处理坡面长度和污水应用时期。如果系统不需要对污水进行季节性储存，则可使用式(9-24)计算土地面积需求。

$$A = \frac{QZ}{qPF} \tag{9-24}$$

式中　A——污水应用土地面积需求，hm^2；

　　　Q——污水流量，m³/d；

　　　Z——处理坡面长度，m；

　　　q——污水应用率，m³/(h・m)；

　　　P——污水应用时间，h/d；

　　　F——单位换算常数，使用米制时为 10000。

如果系统需要对污水进行存储，则污水应用土地面积可由式(9-25)进行计算。

$$A = \frac{365Q + V_S}{DL_w F} \tag{9-25}$$

式中　A——污水应用土地面积需求，hm^2；

　　　Q——污水流量，m³/d；

　　　V_S——由于降水、蒸发和渗漏导致储存池中水的净损失或获得，m³/a；

　　　D——一年内系统运行天数；

　　　L_w——水力负荷率，cm/d；

　　　F——单位换算常数，米制时为 100。氨氮浓度如表 9-2 所列。

9.2.7 设计考虑

地表漫流系统设计考虑因素包括冬季运行、污水储存、雨水径流储存、配水系统、径流收集、植被选择和管理、污水处理斜坡设计和建造以及控制系统。

9.2.7.1 冬季运行

一般情况下，由于冬季气候寒冷或者处理坡面上形成冰层而无法满足污水处理要求时，地表漫流系统就需要关闭。某些情况下，在寒冷天气条件下，可通过降低污水应用使系统继续运行；一旦需要关闭系统运行，则必须存储污水。最保守的方法是假定存储时间与慢速渗滤系统所需时间相同。在污水温度大于8℃时，BOD去除率则不受温度显著影响。在美国新罕布什尔州地表漫流系统低温运行研究中，研究人员建立了出水BOD与温度的关系：

$$E_{BOD} = 0.226T^2 - 6.53T + 53 \tag{9-26}$$

式中　E_{BOD}——系统出水BOD浓度，mg/L；

　　　T——土壤温度，℃。

式(9-26)的建立基于污水应用率为$0.048m^3/(h \cdot m)$。当土壤温度<3.9℃时通过式(9-26)计算可知出水BOD将超过30mg/L。

当斜坡上形成冰盖时污水应用应停止运行。在气温低于0℃的情况下，喷淋系统的运行可能非常困难。在夜间温度低于0℃，但白天温度超过2℃的场地，在所有的污水应用面积上，一天的运行时间只可选择在10～12h内进行。

9.2.7.2 雨水径流储存

在大量地表漫流系统中进行实验室研究和实地研究发现，在污水应用期间或之后，雨水径流对污水径流中主要成分浓度变化没有显著影响。但是，由于处理坡面上总流量增加，系统出流中化学成分的质量也随之增加。

根据美国加利福尼亚州戴维斯市地表漫流系统的研究结果，研究人员发现雨水径流中化学成分的排放是由处理坡面上天然有机物和杂质引起，而不是由污水中化学成分引起，实际上比没有使用污水应用的对照坡面形成的化学成分质量排放要小。当化学成分质量排放是许可证控制参数时，必须在降雨事件期间或在受纳河流高峰流量期内获得较高的排放许可。可供选择的方法是收集和回用部分雨水径流，或将其储存，直至达到可接受的质量排放允许为止。

9.2.7.3 配水系统

城市市政污水系统可通过地面应用于处理坡面，但工业废水应采用喷淋配水。采用阀控管道的地面应用配水方法能降低运行中的能耗，并可避免气溶胶产生。推荐采用间距为0.6m的滑动阀门，而不是螺杆调节的孔口配水。管道长度为100m或更长时，需要在管道上不同位置安装阀门实现对管段进行足够的流量控制和分隔，以便各管段单独操作运行。

在开孔管或扇喷类型低压配水情况下，污水应用主要集中在每个坡顶的窄带上，因此应设置一条 1.2～2m 宽的无草污水应用带，以方便运行人员能够检查该处理坡面。其优点为操作人员在检查时进出该处理坡面不会损坏湿坡。无草污水应用带常用砾石铺设，但运行时间足够长后砾石往往会进入土壤中，因此需要随着时间推移而进行更换。

当污水中 BOD 或 TSS 浓度超过 300mg/L 时，建议采用喷头配水方式。常将冲击喷头布置在处理坡面上部约 1/3 处。喷头间距布置时必需考虑风速和风向。

9.2.7.4　处理坡面设计和建造

一般应将地表漫流系统场址划分为不同设计长度的处理斜坡。场地的特殊几何形状可能需要处理坡面的坡度有一定的变化。处理坡面应按水力学分组成至少四或五个组，每组污水应用区面积大致相等，以方便灵活运行和收获作物或割草。这种场地布置方法可使一组污水应用区在割草和维护期间，其他污水应用区可以继续进行污水应用满足设计污水应用负荷。

处理坡面上维持一致的平滑页片流是地表漫流系统工艺性能的关键，因此必须强调处理坡面施工合理。自然形成的斜坡，即使它们的长度和坡度符合设计需求，但是很少有一致的坡度和一致的平滑性。一致的坡度和平滑性，可防止处理坡面上产生沟渠、短流以及局部积水。因此，符合设计坡度和长度的自然斜坡也必须要彻底清除所有植被，并将其修改为一系列的设计坡度并在其上建造径流收集渠道。分坡度建造的第一阶段应在 0.03m 的坡度差范围内完成。如果使用埋地管道，该分坡度阶段通常是安装配水管道和附属设备。

在第一次分坡度建造形成斜坡后，应该用农用圆盘机械破碎土块，然后用地面平整机械平整土壤。通常情况下，经过 3 次土地地面平整后，可实现正负 0.015m 的坡度差。在这个阶段可以安装地面配水管道。

重新分坡度的场地的土壤样品应由农业实验室进行采集和分析，以确定所需石灰（或石膏）和肥料的需求量。此后，应在作物播种之前添加适当的石灰和肥料量。在最后播种作物前，还应使用农用轻型圆盘去除处理坡面上形成的任何车轮轨迹道。

9.2.7.5　植物选择和植被建立

前面章节叙述了地表漫流系统中的多种草本混合种植。在美国北部潮湿地区，果园草、芦苇金丝雀草、高羊茅和肯塔基蓝草的各种组合应用最为成功。推荐使用护理类草，如多年生黑麦草。护理类草可在其他类草覆盖前快速生长，及时保护处理坡面上的土壤表面。

通常一台种草机足够能在处理坡面上完成草籽播种作业。专用种草机带有精密装置可进行种草，在刮水器式滚筒间撒下草籽，从而使种子牢固地凹陷入土壤浅层，这样可使草籽迅速发芽，同时保护土壤免受侵蚀。如果分配器范围足以覆盖整个处理坡面，操作车辆不需要在处理坡面上行驶，也可使用水力播种。在可能的情况下，应尽量避免在处理坡面上沿水流方向行驶操作车辆，以尽量减少处理坡面上形成沟渠。操作车辆应在横坡方向通行，只有在土壤干燥时才允许通行。

良好的植被覆盖在污水应用之前必不可少。植草只应在最佳种植期内进行，而整体施工进度也须进行相应调整。在干旱和半干旱地区，为加快草籽发芽和生长，也许有必要使用便携式喷头。在建立草覆盖之前，不应使用污水配水系统，以避免侵蚀裸露土壤。施工合同应包括在最后场地分坡度和草覆盖建立期间强降水后进行的应急补种或土壤侵蚀修复。

一般情况下，在草长到足以可被收割之前，地表漫流系统中不应以设计污水应用率进行污水应用。第一次割草后，只要收割的草屑不超过 0.3m 就可以将收割的草屑留在处理坡面上，以帮助处理坡面形成有机垫层；较长的草屑往往会留在被割草的顶层，会遮盖土壤表面，延缓草的再生。

在系统工艺达到满意水平之前，往往在系统运行启动之后，需要经过一段时间处理坡面的老化或成熟和驯化。在此期间，斜坡上的微生物数量增加，黏液层形成。初始驯化期可长达 3～4 个月。如果在此期间地表漫流系统处理后的污水无法获得排放许可，则应运行调整措施。通过储存系统出流和循环再处理系统出流，可持续提高系统出水水质，直至出水质量达到排放许可。

在寒冷的气候条件下，地表漫流系统在冬季存水期结束后，还应提供驯化期。冬季停用后的驯化期通常少于 30d。因收割植被而关闭系统后，一般不需要驯化期，除非由于天气恶劣而不得不将作物收获期延长到 2～3 周以上。

一般，每年应对处理坡面上的草进行收割修剪 2～3 次，然后将收割后的草和草屑从处理坡面上移除。其目的主要是让草快速再生和生长，并避免收割后的草或草屑在处理坡面上腐烂分解形成新的污染物，并经坡面上污水流从坡面上排放至受纳水体。在割草之前，必须使每个处理坡面充分干燥，这样收割设备才不至于在土壤表面留下车辙。车辙的问题是有可能在处理坡面上发展形成沟渠，尤其是当操作车辆的车辙方向与水流方向相同时。割草前处理坡面所需的干燥时间通常为 1～2 周左右。但是该时间段长度往往取决于土壤和气候条件。收割后的草在被移除之前应充分干燥，取决于气候条件，该阶段可能还需要 1 个星期左右的时间。

9.3　快速渗滤系统工艺设计

美国国家环保署将污水快速渗滤系统称为污水土壤含水层处理系统，但是学术界和工程界仍在沿用快速渗滤系统这一名称。因此，本书仍使用污水快速渗滤系统这一设计术语。

污水快速渗滤系统的工艺设计要考虑土壤的入渗能力和渗透性。水力负荷率的设计也会影响氮磷的去除。

快速渗滤系统污水应用预处理范围包括初级处理和二次处理。水力负荷率范围为 6～120m/a。如表 9-3 所列，美国有大量快速渗滤系统一直在应用初级污水，运行长达 50 多年。美国加利福尼亚州惠蒂埃耐绕斯市的快速渗滤系统地处城市区域，一直用于补充饮用水地下水含水层，系统的污水预处理为三级处理（污水二级处理后再进行过滤）。美国有 320 个快速渗滤系统，大多数系统将处理过的水间接排放到附近的地表水中。

表 9-3　美国国家环保署列举的快速渗滤系统案例

位置	污水类型	开始运行年份	流量/(m³/d)	水力负荷/(m/a)
密歇根州卡柳梅特	原污水	1887	6057	35.36
加利福尼亚州丰塔纳	初级污水	1953	10978	17.37
马萨诸塞州德文斯堡	初级污水	1941	3785	30.48
加利福尼亚州霍利斯特	初级污水	1946	3785	15.24
纽约州乔治湖	二级污水	1939	4164	42.67
威斯康星州密尔顿	二级污水	1937	1136	109.73
亚利桑那州凤凰城	二级污水	1974	49210	60.96
新泽西州锡布鲁克农场	格栅处理过的罐头厂污水	1950	12870	16.15
新泽西州瓦恩兰	初级污水	1927	15520	21.34
加州惠蒂埃耐绕斯	三级污水	1963	47318	48.77

常见快速渗滤系统的布水池设计步骤如下：

① 确定设计渗透率；

② 根据现场水文地质条件和系统出水排放至地表水或地下水的水质要求，确定快速渗滤系统水力路径；

③ 通过比较污水特征和水质要求确定处理需求；

④ 选择适用于场地和处理需求的应用前预处理级别；

⑤ 根据处理需求、入渗率和预设干湿比计算水力负荷率；

⑥ 计算土地面积需求；

⑦ 检查地下水水丘可能性，并确定是否需要地下排水管道系统；

⑧ 选择水力负荷循环周期和布水池组的数量；

⑨ 计算污水应用率并检查最终的干湿比例；

⑩ 布置布水池，护堤设计和结构设计等；

⑪ 确定监测需求并确定监测井的位置。

9.3.1　处理需求

对大多数污水成分而言，快速渗滤系统处理性能相对独立于土壤渗透速率。污水入渗速率会影响污水中氮的处理效果，在一定程度上也会影响污水中磷的处理效果。

9.3.1.1　硝化作用

如前面章节所述，在快速渗滤系统中，即使当应用的污水中 NH_3-N 浓度为 20mg/L 时，污水应用率达 0.3m/d 时，也可产生硝化过的出水。随污水温度降低，硝化速率也随之降低。例如，当污水温度为 4~7℃时，系统中硝化速率大大低于污水温度为 21℃

时的硝化速率。美国科罗拉多州博尔德的快速渗滤系统工程实践经验表明，即使硝化速率下降，在4℃污水温度下污水中NH_3-N的去除率仍可从9mg/L左右降至1mg/L以下。在寒冷天气条件下，考虑硝化速率降低，则可降低污水应用率，同样也可以使更多的NH_3-N在土壤剖面中被吸附。对于硝化作用，污水应用周期应包括1d左右的短污水应用时间和5～10d左右相对较长的干燥时间。

9.3.1.2 氮去除

反硝化除氮既需要足够的有机碳，又需要足够的水力停留时间。有机碳对脱氮量的限制可以用以下公式近似估计：

$$N = \frac{TOC-5}{2} \tag{9-27}$$

式中 N——总氮浓度变化，mg/L；

TOC——应用污水中总有机碳，mg/L。

通常，市政污水进入土壤后，向下渗流经过1.5m左右深度后，下渗水中残余有机碳浓度为5mg/L左右。上述公式分母中的系数2是根据实验数据确定的，一般反硝化1g污水氮需要2g污水有机碳。

美国亚利桑那州凤凰城二级出水快速渗滤系统实验研究表明，氮去除与污水入渗率相关。尽管当土壤入渗率为0.3m/d时污水中氮的去除率为30%，但当污水入渗率为0.15m/d时，污水中氮的去除率能提高到80%。基于该研究，建议当应用二级污水需要脱氮率为80%时，最佳污水应用率为0.15m/d。当使用初级污水时，建议最高污水应用率不超过200mm/d。由于快速渗滤系统很少需要脱氮，因此如果污水应用率要超过上述列举的速率，建议进行现场实地研究，通过使用真实应用污水和场地土壤进行土壤柱测试或中试，最后验证所要采用的污水应用率是否合理可行。

为达到所期望的脱氮效果，污水排放到快速渗滤系统布水池的应用率可能需要低于场地的实测土壤入渗速率。如果采用该种设计，则采用漫灌布水方式很难实现一致性布水。因此，在这种情况下可能必需采用喷淋配水方式。

研究表明，最优化脱氮方式为1d淹水随后1d干燥。在美国亚利桑那州凤凰城的一次全规模快速渗滤系统实际运行中发现，9d淹水随后12d干燥（淹水与干燥的时间比例接近1∶1），获得了最佳脱氮效果。

相同系统的运行试验发现，喷淋布水15min后干燥75min，对污水脱氮效果不佳。在这种系统运行方式下，只有16%～23%的氮（质量）能够被去除，表明反硝化条件没有发展形成。对土壤-含水层处理市政污水的研究结果也证实了以上原创研究结果。

如果脱氮对快速渗滤系统的设计至关重要，则设计应遵循专门特殊程序，以确保在特定场地、气候条件、污水特性和所需系统性能要求情况下，能优化系统氨氮吸附、硝化和反硝化。

9.3.1.3 磷去除

快速渗滤系统中对磷去除能力可用式(9-28)进行保守估计。

$$P_x = P_0 \left[e^{-kt} \right] \tag{9-28}$$

式中　P_x——流动路径上 x 处渗滤液中的总磷，mg/L;

　　　P_0——应用污水中总磷，mg/L;

　　　k——速率常数，0.048/d;

　　　t——到点 x 的停留时间，d。

入渗速率和流动距离决定了水力停留时间。如果入渗率太高，无法在特定场地的流动路径内实现充分的除磷。此时应通过压实土壤降低土壤入渗率或者减少污水应用深度实现除磷目标。如果计算出的除磷量不可接受，则应进行磷吸附试验。测试结果应乘以5，以解释随时间推移发生的磷缓慢沉降。除磷效果也可使用数学模型进行测算。

9.3.2　水力负荷率

选择适当的设计水力负荷率是工艺设计过程中最关键的一步。如前面章节所述，必须对土壤入渗率和地下土壤层渗透性进行适当测量。水力负荷率是场地特有水力特性的函数，包括入渗、渗滤、侧向流动、地下水深度以及应用污水的水质以及污水处理需求。

9.3.2.1　设计入渗率

应认真审阅前面章节描述的土壤入渗率测试方法，并选择最适合特定场地测试要求的测试方法。根据场地测试数据计算土壤平均入渗率。在初步设计过程中，可利用基于土壤质地的美国自然资源保护服务机构土壤渗透性数据估算污水在场地土壤中的入渗率。但是，在最后设计中应使用实地测量数据。

9.3.2.2　干湿比例

间歇应用是所有污水土地应用系统成功运行的关键。在成功的快速渗滤系统中，淹水与干燥的比例不同，但该比值总是小于1.0。典型的湿干比见表9-4。对于初级污水，该比例一般小于0.2，以便能够充分干燥、刮除或去除所应用的固体。应用二级污水，湿干比随污水处理目标不同而不同，从以硝化或最大化水力负荷为目标的0.1或更低，到以脱氮为处理目标的0.5~1.0。为恢复土壤入渗能力和更新土壤系统生物和化学处理能力，必须设计适当的干燥期。

表 9-4　美国快速渗滤系统典型湿干比（引自：Crites et al.，2000）

位置	预处理	应用时间/d	干燥时间/d	湿/干比例
马萨诸塞州巴恩斯特布市	初级污水	1	7	0.14
科罗拉多州博尔德市	二级污水	0.1	3	0.03
密歇根州卡柳梅特市	原污水	2	14	0.14
马萨诸塞州戴文斯堡市	初级污水	2	14	0.14
加利福尼亚州霍利斯特市	初级污水	1	14	0.07
纽约州乔治湖市	二级污水	0.4	5	0.08
亚利桑那州凤凰城市	二级污水	9	12	0.75
新泽西州瓦恩兰市	初级污水	2	10	0.20

9.3.2.3　设计水力负荷率

快速渗滤系统的设计水力负荷率取决于设计入渗率和处理需求。设计程序是根据快速渗滤系统场地测试的土壤入渗率的百分数进行水力负荷率计算。然后将该值与基于处理要求的污水应用率进行比较，选择较低的速率进行设计。

最常用的场地土壤入渗率测量方法是土壤池入渗试验和圆筒式入渗仪，不同实地测量推荐的水力负荷率见表 9-5。

表 9-5　美国国家环保署基于不同实地测量推荐的水力负荷率

实地测量方法	年水力负荷率
圆筒入渗仪或进气渗透测量法	入渗率测量最小值的 2%～4%
竖向水力饱和传导率测量	限制性最大的土壤层水力传导率的 4%～10%
土壤池入渗测试	入渗率测量最小值的 7%～10%

竖向饱和水力传导率随时间变化最终呈常数，而渗透速率会因污水中的悬浮固体堵塞土壤表面而降低。因此，竖向水力传导率的测量通常会过高地估计系统中可长期维持的污水渗透率。因此，快速渗滤系统运行需要有充足的时间进行干燥和适当的布水池管理，每年的水力负荷率应限制为在最严格的土壤层中使用清洁水实测得到的渗透速率的百分数。

场地土壤池入渗试验是首选方法。但是，与全规模布水池相比，测试用土壤池面积相对较小，相对于布水池而言使得相对更大一部分污水水平流过测试场地土壤。因此，这种方法测试的渗透率高于系统实际运行所能达到的渗透率。基于此考虑，一般设计的年水力负荷率不应超过土壤池入渗试验所测得的入渗率的 7%～10%。

圆筒式渗透仪测量值高于系统运行时的土壤入渗率。当使用圆筒式渗透仪测量土壤入渗率时，年水力负荷率不应超过测得的最小入渗率的 2%～4%。通过进气渗透仪试验结果估计的年水力负荷率也应在同一入渗率范围内。

表 9-5 也概述了水力负荷率的设计指南。在气候温和地区且系统可采用高湿干比时水力负荷率的设计可采用表中的上限值；相反，当系统需要长干燥时间时，水力负荷率的设计应采用表中的下限值。另外，需要注意在确定水力负荷率时也应考虑处理需求并计算水在亚表层中的流量。

9.3.3　土地需求

快速渗滤系统中所需污水应用面积可由式(9-29)进行计算。

$$A = \frac{CQ}{L_w} \tag{9-29}$$

式中　A——快速渗滤系统中所需污水应用面积，m^2；

　　　Q——设计平均流量，m^3/d；

　　　L_w——年污水应用水力负荷率，m/a；

C——单位换算常数。

其他土地需求包括污水应用预处理、道路、护堤和污水存储（如有必要）等所需面积。通常需要 3～3.6m 宽的通道，以便干燥期维护机器设备能够进入每个布水池。对于快速渗滤系统而言，通常不需要存储池。短期应急需要污水储存可通过加深布水池以满足临时存水需求。土地需求还应考虑将来扩建需求和规划。

9.3.4 水力负荷周期

选择水力负荷循环周期的目的是最大化入渗率、氮去除或硝化作用。为最大化提高入渗率，设计工程师应考虑采用足够长的干燥时间，以便土壤再充气和过滤性土壤层干燥和氧化。

用于除氮最大化的水力负荷循环周期设计随污水预处理水平以及气候和季节的不同而不同。一般来说，污水应用时间必须足够长，使土壤微生物有足够时间耗尽土壤中的 O_2，从而导致厌氧条件。硝化则需要较短的污水应用时间随后为较长的干燥期。因此，用于实现最大化硝化作用的水力负荷循环设计与用于最大化入渗率的水力负荷循环设计基本上相同。推荐的水力负荷循环周期见表 9-6。通常，气候温和，则应选择表 9-6 中较短的干燥时间。天气寒冷，应选择较长的干燥时间。

表 9-6 美国国家环保署关于快速渗滤系统水力负荷循环周期推荐

水力负荷循环目的	应用污水类型	季节	污水应用时间/d	干燥时间/d
最大化除氮	初级处理	夏季	1～2	10～14
		冬季	1～2	12～16
	二级处理	夏季	7～9	10～15
		冬季	9～12	12～16
最大化硝化作用	初级处理	夏季	1～2	5～7
		冬季	1～2	7～12
	二级处理	夏季	1～3	4～5
		冬季	1～3	5～10
最大化入渗率	初级处理	夏季	1～2	5～7
		冬季	1～2	7～12
	二级处理	夏季	1～3	4～5
		冬季	1～3	5～10

9.3.4.1 布水池数

布水池或布水池组的数量取决于场地地形和水力负荷循环设计。布水池数量确定和一次淹水的布水池数量确定影响配水系统水力学和最终湿/干比。快速渗滤系统至少应有足够的布水池，在任何时候至少应有一个布水池能淹水运行。布水池数量和污水应用水力负荷周期有关，二者之间的关系以及布水池最小池数可参考表 9-7。

表9-7 美国国家环保署推荐的污水连续应用时快速渗滤系统布水池最小池数

每循环周期内污水应用天数/d	每循环周期内干燥天数/d	布水池最小池数/个
1	5～7	6～8
2	5～7	4～5
1	7～12	8～13
2	7～12	5～7
1	4～5	5～6
2	4～5	3～4
3	4～5	3
1	5～10	6～11
2	5～10	4～6
3	5～10	3～5
1	10～14	11～15
2	10～14	6～8
1	12～16	13～17
2	12～16	7～9
7	10～15	3～4
8	10～15	3
9	10～15	3
7	12～16	3～4
8	12～16	3
9	12～16	3

9.3.4.2 污水应用率

污水应用率由年水力负荷率和水力负荷周期决定。污水应用率用于输水至布水池管道系统的水力容量。污水应用率计算步骤如下：

① 将污水应用时间和布水池干燥时间相加，计算总的水力负荷循环时间，以天数计；

② 一年的总天数365（不包含污水存储天数）除以一个水力负荷周期天数得一年内水力负荷循环数；

③ 一年内的总水力负荷除以每年的水力循环次数，以获得每次水力循环的负荷；

④ 每次水力循环的负荷除以污水应用天数，即为每天污水应用率，以 m/d 计。

随后，可用式（9-30）确定每个布水池的流量。

$$Q = CAR \qquad (9\text{-}30)$$

式中 Q——布水池的渗水容量，L/min；

C——单位换算常数；

A——布水池面积，m²；

R——污水应用率，cm/d。

9.3.5　冷天气运行

在天气寒冷地区，冬季月份可能需要更长的水力负荷周期。在寒冷天气条件下，硝化、反硝化、土壤中累积的有机物的氧化以及布水池干燥速率都会下降，尤其是当应用污水温度降低时。反硝化需要较长的污水水力负荷周期，随氮去除率降低，污水应用率也应随之降低。同样，需要更长的间歇时间应对硝化率和干燥速率的降低。

如果冬季天气寒冷而且快速渗滤系统使用自然塘进行污水预处理，则可能需要在冬季储存污水。这是因为在土地应用之前，污水温度已经相当低，使应用的污水很容易在布水池内长期冻结。另外，如果使用预处理系统自然塘中第一个单元池中水温较高的污水出流时（如果自然塘系统管道布置使之有可能的情况下），则可在寒冷天气中继续使用快速渗滤系统。

据报道，美国的一些快速渗滤系统，如密歇根州的维克托、蒙特和卡卢梅特和马萨诸塞州的戴文斯堡等地的系统，在冬季寒冷天气条件下，在运行方面不经调整，仍可成功运行。但是，在其他地方的快速渗滤系统中，为使冬季运行，都采用了一些针对冷天气的改进措施。秋季时，布水池如果被作物或杂草覆盖，则应割除干净。割草后再平整土壤表面以免在布水池内植被层形成冰冻层。浮冰有助于应用的污水保温，但是冻结在土壤表面的冰则会阻止污水渗透。据报道，位于南达科他州布鲁克林市的快速渗滤系统，由于未及时割除植被，系统又采用自然塘进行污水预处理，冬季冰冻对系统运行造成了严重问题。

其他冬季冷天气运行，运行改进措施为在布水池表面挖掘脊沟系统。随污水应用，冰在水面上形成，当水位下降时在脊沟之间形成冰桥。随后的污水应用于冰表面之下，这样，冰桥或冰表面反而能对污水和土壤表面起到保温作用。为形成冰桥，在污水液面下降到脊顶以下之前就必须要形成一层厚厚的冰层。该运行改进措施已经在美国科罗拉多州博尔得市和华盛顿州韦斯特比市成功应用。第三种类型布水池运行改进措施包括采用雪栅栏或其他材料，以保持积雪覆盖在渗水布水池上。雪对污水和污水之下的土壤都起到了保温作用。

9.3.6　排水

快速渗透系统需要适当的排水，以维持适当的入渗率和处理效率。渗透速率可能受到下垫层水平方向上水力传导率的限制。此外，如果排水不足，土壤将一直维持饱和状态，使土壤孔隙再充气变得困难，将降低氨氮氧化速率。

可将经快速渗滤系统处理后的水进行隔离，以保护地下水或者快速渗滤系统处理后的水。在这两种情况下，必须有某种工程排水措施，以防止快速渗滤系统处理后的水与场地下的地下水混合。

自然排水往往涉及快速渗滤系统处理后的水从地下流向地表。如果必须考虑水权问题，则工程师必须确定快速渗滤系统处理后的水是否会流向正确的集水区，或者是否需要水井或排水渠将快速渗滤系统处理后的水输送到所需的地表水中。在这些情况下，工程师都需要确定来自快速渗滤系统排水形成的地下水流方向。

9.3.6.1 地下排水至地表水

如果快速渗滤系统规划中地下排水通过自然的方法排水到地表水，可分析土壤特性，以确定快速渗滤系统处理后的水是否会从系统布水场地流向地表水。若发生向地表水排水的快速渗滤系统处理后的水流量，则快速渗滤系统入渗面积的宽度必须限制在等于或小于下列公式中计算的宽度范围内（见图 9-1）：

$$W=\frac{KDH}{dL} \tag{9-31}$$

式中 W——处于地下水流方向上的入渗面积总宽度，m；

K——地下水流方向上含水层渗透能力，m/d；

D——低于地下水位垂直与地下水流方向上含水层平均厚度，m；

H——地下排水水流方向上水位与布水面下最大允许地下水水位高程差，m；

d——入渗面到地表水侧向流动距离，m；

L——快速渗滤系统年水力负荷率，m/d。

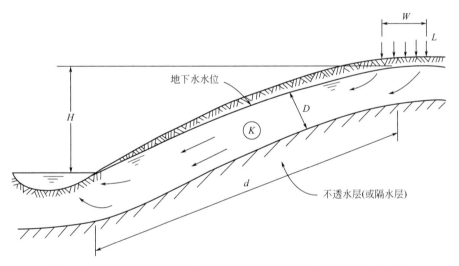

图 9-1　快速渗滤系统侧向排水至地表水示意（引自：US EPA，2006）

9.3.6.2 地下排水系统

过高的地下水水丘会抑制污水入渗，降低系统处理污水的效果。因此，地下水水丘上方毛细管边界不应位于入渗布水池底部之下 0.6m 内。该距离对应的地下水水位约 0.9～2.1m，土壤质地不同对应的地下水水位不同。到地下水的距离应为污水应用后 2～3d 内低于土壤表面 1.5～3m。前面章节提供了估算地下水水丘和地下排水管间距的方法。

一般情况下，排水管间隔为 15m 或更宽，深 2.4～4.8m。在侧向渗透性高的土壤中，间距可接近 150m。虽然较近的排水间距可允许对地下水位的深度进行更多的控制，但随着排水间距的减少，投资和运行费用会增加。在设计排水系统时，应选择不同的入渗面到地表水侧向流动距离值计算排水管间距，从而确定入渗面到地表水侧向流动距离、地下排水水流方向上水位与布水面下最大允许地下水水位高程差、排水管间距的最佳组合。在美国，有关地下排水的详细资料在各地均可获得，也可参考美国国家垦务局排水设计手册和美国农学协会农业排水手册。一旦计算了排水管间距，则可确定排水管尺寸。通常使用口径为 150mm 或 200mm 的排水管，横向连接到收集主管道，必须根据预期排水量确定各管道尺寸。排水管布置应满足自由流动要求，工程师应根据排水水力学要求，确定必要的排水坡度。

9.3.6.3　恢复井

快速渗透系统中如要提高排水能力或回用处理过的水，则在无隔水层和地下水相对深的场地上设恢复井。在美国亚利桑那州凤凰城和加利福尼亚州弗雷斯诺市均采用了该技术收集回用处理后的水。此外，在美国加利福尼亚州惠蒂埃耐绕斯地区，恢复井也用于污水回用，不过该处恢复井不仅抽取处理后的水，同时也抽取了含处理后水与地下水的混合水。在美国各地，恢复井和布水区布置各不相同；恢复井可位于两个布水区之间，也可放置在单个布水带的任何一侧，也可围绕布水区中央进行周边布置。

参 考 文 献

[1]　孙铁珩，李宪法等. 城市污水自然生态处理与资源化利用技术 [M]. 北京：化学工业出版社，2006.

[2]　Eliot Epstein. Land Application of Sewage Sludge and Biosolids [M]. USA：Lewis Publishers，2003.

[3]　Nikolaos V Paranychianakis，Andreas N Angelakis. Treatment of Wastewater with Slow Rate Systems：A Review of Treatment Processes and Plant Functions [J]. Critical Reviews in Environmental Science and Technology，2006，36：187-259.

[4]　Richard H Cuenca. Irrigation System Design：An Engineering Approach [M]. USA：Prentice-Hall，Inc.，1989.

[5]　Ronald W Crites. Land Treatment Systems for Municipal and Industrial Wastes [M]. USA：McGraw-Hill Professional，2000.

[6]　Ronald W Crites，Joe Middlebrooks，Sherwood C Reed. Natural Wastewater Treatment Systems [M]. USA：Taylor and Francis，2006.

[7]　Runbin Duan，Clifford Fedler. Field Study of Water Mass Balance in a Wastewater Land Application System [J]. Irrigation Science，2009，27（5）：409-416.

[8]　Reed S C，Crites R W，Middlebrooks E J. Natural systems for waste management and treatment [M]. USA：McGraw-Hill，1995.

[9]　Takashi Asano，Franklin Burton，Harold Leverenz，Ryujiro Tsuchihashi，George Tchobanoglous. Water Reuse：Issues，Technologies，and Applications [M]. USA：McGraw-Hill，2007.

[10]　United States Department of Agriculture. National Engineering Handbook：Irrigation Guide [M]. USA：United States Department of Agriculture，1997.

[11]　United States Environmental Protection Agency. Land Treatment of Municipal Wastewater Effluents [M]. USA：United States Environmental Protection Agency，2006.

第10章 城市污水土地可持续应用系统设计案例分析

10.1 基于水平衡、氮平衡、盐平衡的系统设计新方法与运行

10.1.1 城市污水土地可持续应用系统设计新方法目标与意义

10.1.1.1 简介

城市污水土地应用系统中渗滤液的水质和水量是污水土地可持续应用系统设计和运行的首要关注参数，也是评价和衡量城市污水土地应用系统是否环境友好、是否功能完善和是否具有可持续性的指标。

本节将介绍引入"可持续性"概念的慢速渗滤城市污水土地应用系统设计新方法，即基于水平衡、氮平衡、盐平衡等综合设计新方法，通过真实污水处理厂实地工程研究、水质分析和统计分析，验证系统设计新方法的可行性和效果。该设计方法由美国得克萨斯理工大学 Drs. John Borrelli，Clifford Fedler，Runbin Duan 等提出并进行了设计细化。

10.1.1.2 工程研究目标

正如前面章节介绍，城市污水土地应用已成为世界范围内一种节约淡水资源实现水资源可持续利用的工程措施，但是这种污水处理和处置方法作为城市污水最终安全处置措施仍然受到一些环境方面和社会方面的质疑。这些质疑主要集中在对土壤和地下水的污染。本研究针对减少甚至消除城市污水回用于农业灌溉的风险，提出了一种可供选择的设计方法即综合质量平衡法。

众所周知，城市污水中污染物成分多且复杂。如第 9 章所述，当前城市污水土地应用设计中首要污染物为氮污染。在干旱和半干旱地区，农业灌溉的负面影响使土壤盐度和碱度增加，可能会导致土壤功能退化。限于研究经费，该新设计方法目前只考虑了 3 个因素，即水、氮和盐。这 3 个因素对污水进入土壤后，渗滤通过植物根区进入地下水的水量和水质都有重要影响；同时，这些因素在污水土地应用系统中也有组合作用和相

互作用。土壤盐分的积累量和氮素从植物根区被下渗水携带至地下水的流失量与污水土地应用的水量以及土壤中渗滤液的水量密切相关。一般来说，较多的灌溉用水会导致较多的渗滤水将更多的盐分冲洗至下层地下水中，从而减少土壤中的盐分积累，但过量浸出的水可能会冲洗更多的氮素进入地下水，导致地下水氮素污染。此外，地下水的氮素污染在某种程度上取决于灌溉用污水和土壤中渗滤液的水质和水量。

本工程研究中的城市污水土地应用系统设计新方法，即综合质量平衡法，科学理论依据充分，方法成熟。相比于第 9 章介绍的美国等国家使用的设计方法，更强调污水土地应用的可持续性。但是，国际上在当时还未对该方法进行过实地研究，也没有现场真实数据来验证该设计方法。如前文所述，国际污水处理和回用工程界形成的共识为，系统设计更多时候依赖于实际工程运行情况、数据和经验。本研究的总体目标是，调查经综合质量平衡法设计的城市污水土地应用系统中，植物根区以下渗滤液的水量和水质。从由城市污水土地应用方法有可能导致的土壤中盐分积累和氮对地下水污染角度，考察污水土地应用系统的潜在环境影响。重点分析渗滤液中氮和盐的质量和浓度。实地收集阶段性数据，结合数据分析，为在一些工程应用实践中应用综合质量平衡法设计城市污水土地应用系统提供实地污水土地应用系统运行数据和设计参考。

10.1.1.3　意义

首先，本工程案例研究探讨了城市污水土地应用中将处理后污水作为园林草坪灌溉用水的可行性。正如上述内容提到的，虽然城市污水土地应用已被世界各国广泛接受为一种缓解有限淡水资源供应压力，减少总体淡水用水需求的工程措施，和其他污水回用工程措施类似，该污水回用方法仍然受到质疑和关注。

其次，本工程案例研究在真实场地上调查研究了采用新型污水土地应用系统设计方法即综合质量平衡法后污水土地应用系统的污水处理效果。如第 9 章所述，尽管美国等国家多年来一直采用美国国家环保署推荐的系统设计方法，但国际工程界一直致力于研究设计新方法，限于实地工程研究需要大量经费，这些新设计方法中大部分仍处于理论阶段和实验室研究阶段，并未进行过真实场地工程研究。本研究中提出的综合质量平衡法是一种设计城市污水土地应用系统，指导城市污水土地回用工程实践和管理的创新方法。该方法的提出背景为国际污水工业界强烈呼吁工程设计必须考虑可持续性新理念。

再次，本研究通过现场采样、实验室分析和统计分析，探索采用综合质量平衡法设计的城市污水土地应用系统中渗滤水的水质和水量模型。如上所述，该设计方法是一种新型设计方法，一旦证明该方法可行且合理，将有助于建立采用该方法设计的城市污水土地应用系统中渗滤水水量和水质模型，以便在城市污水土地可持续系统设计和管理中预测渗滤水的水量和水质，为城市污水管理提供理论和实践参考。

10.1.1.4　工程研究中污水和场地特点

在本研究中，所使用的污水来自位于美国得克萨斯州西北部某城镇的污水处理厂，该污水处理厂处理的污水主要为家庭生活污水和少量的牛仔布印染厂工业废水。该污水处理厂污水处理工艺为污水经格栅后，进入曝气自然塘系统处理，处理后的污水流入储存池储存供污水土地应用。少量水用于当地公共草坪和园林灌溉，大部分污水出流经长距离输送至农田进行灌溉。污水处理工艺属于典型的自然处理工艺，污水处理主要依赖曝气自然塘，其处理效果受气候条件影响，水质呈明显的季节性变化。这种污水处理方法出水水质不如传统生物处理法稳定，但出水水质完全符合当地污染物排放标准。

除污水水质不稳定之外，另外一个缺陷为气候条件对喷淋布水的影响。研究场地位于该地污水处理厂内，该地靠近美国新墨西哥州和俄克拉荷马州，是美国西南部著名的龙卷风高发地区，风速大，风向不稳定，气候干燥。本研究中所使用的污水布水方式为一系列弹出式可旋转喷头组成的土壤表面喷淋布水系统。这类布水装置的自身特征和运行情况决定了污水土地应用系统的实际污水应用效率，并最终影响着土壤-水-植物系统中土壤水以及渗滤水的水量和水质。该类布水系统的均匀性是系统工程设计中需要考虑的问题，而实际工程应用中布水均匀性很显然是要受到喷淋系统的设计和布置，以及在污水布水过程中风速、风向和温度等当地气候条件的影响，这些因素又是研究人员无法控制的。选择该地区进行实地研究，是考虑了综合质量平衡设计方法在工程应用中的最不利情况，尽量在不利情况下进行工程实地研究，其结果适用范围就会更广泛。

10.1.2　城市污水土地可持续应用系统设计新方法

城市污水土地可持续应用系统设计需要考虑大量环境和系统运行因素。在污水土地应用系统设计中，至少要考虑水、氮和盐 3 种主要因素。水是氮和盐在土壤中运移的载体。如果污水土地应用系统设计不当，就有可能对地下水和地表水造成潜在的污染。国际上，当前该系统的设计中氮是主要关注点之一。盐分是土壤属性潜在变化的关键因素。此外，这 3 种设计要素在污水土地应用系统中相互影响和相互作用。这些相互影响和相互作用的科学机理相当复杂，它们之间的关系至今为止并未得到充分揭示和理解。

一般来说，污水土地应用系统设计需要考虑许多设计因素以及他们之间的相互作用，如需要考虑土壤入渗速率、土壤含水量、植物对氮的需求量、植物用水量（工程上用 ET 代替）、土壤微生物对氮的消耗能力（如硝化、反硝化过程等）、植物的耐盐性、盐分和氮的淋失，以及土壤中盐分的累积等。对于某一污水土地应用系统，这些设计因素的数据需要实地量化，以便更好地理解系统设计程序和实际运行系统。尽管污水土地应用系统设计考虑因素众多而且各因素之间关系复杂，但是为简化工程设计，同时满足可持续性设计要求，美国得克萨斯理工大学提出了综合质量平衡法优化改良了原有污水土地应用系统的设计方法。

该方法简便，易于执行，考虑了环境友好因素。该综合质量平衡法包括水平衡、氮平衡和盐平衡。对于常见城市污水土地应用系统各种条件和规模，该方法均适用。同时，随着对污水土地应用中新受关注的污染物问题的逐步提出，如污水中药物和个人护理品污染物（PPCPs）的潜在污染问题，该设计方法也需要进一步改进。

10.1.2.1　水平衡

水平衡是污水土地应用系统整体设计的基石。在污水土地应用系统中，水平衡考虑的几个组成部分如图 10-1 所示。如果把植物根区看作一个系统，则该系统的水输入包括应用的污水和有效降水。

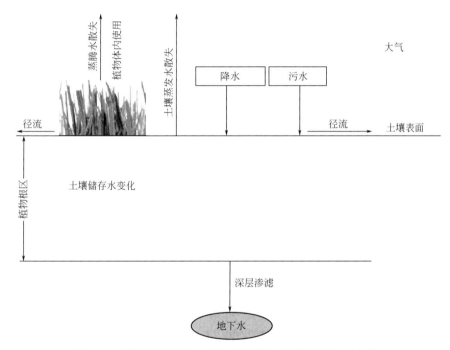

图 10-1　慢速渗滤污水土地应用系统中水平衡及其组成部分

应用的部分污水在灌溉过程落在土壤表面并入渗土壤，部分水会被植物使用，包括自身用水和植物蒸腾散失至大气中的水分，另外一部分通过土壤表面蒸发进入大气，在设计中，这部分水损失用蒸发蒸腾量（ET）计算。部分水通过根区渗透到地下水中，一部分水则停留在土壤中储存。由式(10-1) 可知，土壤储存水量会随着植物生长和气候条件变化而变化。用于进行水平衡计算和灌溉制度制定的公式如下：

$$SM_i = SM_{i-1} + P_i + I_i - ET_i - L_i \tag{10-1}$$

式中　SM_i——第 i 月土壤水分平均含量，cm；

　　SM_{i-1}——第 $i-1$ 月土壤水分平均含量，cm；

　　　P_i——第 i 月的总降水量，cm；

I_i——第 i 月应用的污水量，cm；

ET_i——第 i 月植物蒸腾和水蒸发总量，cm；

L_i——第 i 月发生的下渗通过植物根区至地下水的总水量，cm。

在污水土地应用系统中，请注意式（10-1）中所有变量均为在某个月的深度为单位。土壤水含量不可能小于零，也不可能超过植物根区土壤的最大含水能力。植物根区土壤存水量随系统运行时间变化，可以通过第 i 月土壤水分和第 $i-1$ 月土壤水分的差值确定。式（10-1）的应用有两个基本假设，即污水土地应用系统设计和控制足够好，土壤表面没有产生灌溉引起的地表径流，地下水水位足够低，以确保没有地下水进入植物根区。通过确定式（10-1）中的各个变量，可以确定灌溉制度。式（10-1）也可用于实际研究中估算渗滤水量。

在实际工程运行中，污水布水或者灌溉需要保证足够的布水均匀性，因为布水均匀性很大程度上决定着污水土地应用系统成功与否。本研究中一个研究子任务是确定研究所用污水土地应用系统站点的灌溉布水均匀性。

与第 9 章慢速渗滤系统设计中，灌溉制度制定方法不同的是，新方法考虑了土壤水储存和其变化，此考虑在干旱与半干旱地区的系统设计和运行中尤为重要。污水土地应用面积需求以及污水应用率设计计算在该新设计方法中仍沿用传统方法。

10.1.2.2 氮平衡

城市污水的氮主要形式包括有机氮、氨氮、硝酸氮和亚硝酸氮等。

城市污水土地应用系统中，应用污水中的常见残留氮主要包括不完全降解或未降解的有机氮、氨氮和硝态氮。在土地应用系统中，氮的转化和循环相当复杂，如图 10-2 所示。

为全面理解本研究中所用的氮平衡模型，需要对污水土地应用系统中的氮循环进行描述（见图 10-2）。在此，氮平衡模型的系统是指植物根区。

氮素进入污水土地应用系统的途径有：通过污水应用进入的有机氮、硝酸氮、氨氮；含氮雨水进入系统；植物残渣和动物粪便中的氮；如果污水中植物营养物不能满足植物需求则系统需要添加氮肥；如果系统中种植豆科类农作物，空气氮可以通过固氮菌进入系统。

系统中部分氮可以通过挥发散失至大气中，部分氮在反硝化过程中以 N_2、N_2O 和 NO 的形式释放至大气中，部分氮会被渗滤水带至地下水中。在植物根区，有机氮可转化为 NH_3 和 NH_4^+，该过程为氮矿化；而硝酸盐和 NH_4^+ 可被植物和一些微生物在新陈代谢过程中吸收利用，该过程为氮固化；NH_4^+ 在硝化过程 I 中被微生物转化为亚硝酸盐，在硝化过程 II 中再转化为硝酸盐，此过程为硝化过程；硝酸氮在反硝化过程中转化为亚硝酸盐，然后转化为 N_2 或 N_2O 而释放至大气中。由于 NO_3^- 在土壤中具有相对较高的迁移能力，所以极易随渗滤液进入地下水，甚至形成氮污染。

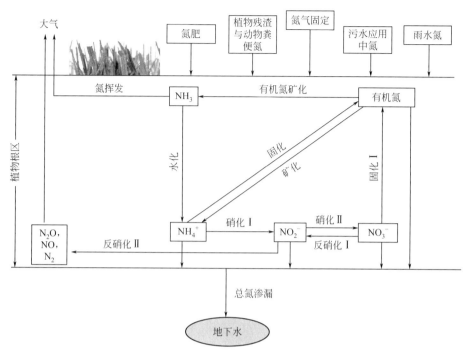

图 10-2　污水土地应用系统中氮循环与氮平衡

污水土地应用系统中完整的氮平衡可以由式（10-2）表示。

$$V_n C_n = V_p C_p + V_g C_g + V_i C_i + N_r + N_f + N_l - N_{pl} - N_d - N_a - \Delta N_s \quad (10\text{-}2)$$

式中　V——水容积或者体积，L；

　　　C——总氮浓度，mg/L；

　　　N——总氮质量；

　　　n——渗滤水中总氮质量；

　　　p——降水；

　　　g——地下水；

　　　i——应用的污水；

　　　r——来自植物残渣的总氮；

　　　f——来自化肥的总氮；

　　　l——由于种植豆科植物发生固氮而进入系统的总氮；

　　pl——由于收获农作物系统损失的总氮；

　　　d——由反硝化过程损失的总氮；

　　　a——由于氨气挥发损失的总氮；

　ΔN_s——由于系统植物根区中土壤微生物对氮固化或者土壤颗粒对氮吸附，导致总氮从土壤水中损失（＋），或者由于氮矿化或者氮从土壤颗粒表面解吸导致总氮在土壤水中的增加（－）。

式（10-2）完整地描述了污水土地应用系统中的氮平衡，有助于完整理解污水土地应用系统中的氮平衡。但是在系统设计中式(10-2) 不易使用，也缺乏工程实际应用的便捷性。因此，为方便土地应用系统设计，该公式需要进一步简化。假定污水土地应用系统中的氮输入仅来自处理后应用的污水，植物收割后大部分植物茎秆没有被移走，该部分植物中的氮并未从系统中移除，土地应用系统不需要施用化肥，也没有地下水进入植物根区，也不考虑降水输入的总氮，植物根区中总氮的储存量变化很小，则土地应用系统中的氮损失仅为反硝化过程导致的氮损失和由于水渗滤通过植物根区导致的氮损失。

式(10-2) 可以简化为式(10-3)。

$$V_n C_n = V_i C_i - N_d - N_{pl} \tag{10-3}$$

为研究系统中氮平衡，本工程研究收集和分析了污水中氮和渗滤水中氮的相关数据。每个月反硝化导致的氮损失可由式(10-3) 计算。虽然植物吸收的氮没有被计入氮平衡中，但是本研究实地测量分析了植物氮，并对该部分数据进行了收集、记录和分析。在本研究中，所用植物为草，维护工程中，割草后草茎和叶未被移除出场地外，也即草中所含有机氮和少量无机氮仍然留在系统中。

10.1.2.3　盐平衡

图 10-3 描述了污水土地应用系统中盐平衡和盐运移路径。污水土地应用系统中，盐分通过降水、化肥或者土壤调节剂、土壤盐溶解、地下水和污水进入系统；盐损失为植物摄取、盐从土壤水中沉降到土壤颗粒表面，或者通过水渗滤漏失至地下水中。

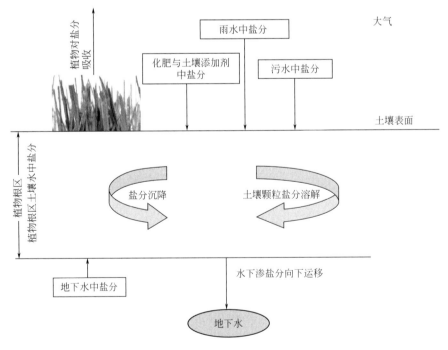

图 10-3　污水土地应用系统中盐平衡和盐运移路径

Umali-Deininger 提出的式(10-4) 可以用于理解城市污水土地应用系统中的盐平衡
(盐平衡模型的系统是指植物根区)：

$$S_s = V_p C_p + V_g C_g + V_i C_i + S_m + S_f - V_l C_l - S_{sp} - S_c \tag{10-4}$$

式中　S——盐分质量，mg；

　　　s——植物根区水分含盐量；

　　　V——水容积或者体积，L；

　　　C——水中盐浓度，mg/L；

　　　p——降水；

　　　g——地下水；

　　　i——应用的污水；

　　　m——来自土壤矿物质溶解或解吸的盐；

　　　f——来自化肥或者土壤调节剂的盐；

　　　l——由水渗滤导致的盐损失；

　　　sp——由盐分沉降或吸附导致土壤水中的盐损失；

　　　c——农作物收割导致的盐损失。

同理式(10-4) 在系统设计应用中相当复杂，因此将之简化为式(10-5)：

$$S_{\text{rootzone}} = V_i C_i - V_l C_l \tag{10-5}$$

式中　S_{rootzone}——植物根区含盐质量。

在本研究的盐平衡研究中，收集相关数据，计算土壤中盐分累积量。

10.1.3　系统设计新方法场地测试设计介绍

10.1.3.1　研究地点

本研究地点为位于美国得克萨斯州羔羊县 Littlefield 市的市政污水处理厂，地理坐标为 $33°55'10''N$，$102°19'58''W$。该市人口为 6500 人，总面积为 $15.5km^2$。

该市污水处理厂处理能力为 $5700m^3/d$，该厂于 2001 年投入运行。污水厂工艺流程如图 10-4 所示。

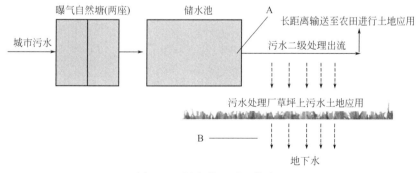

图 10-4　污水处理厂工艺流程

A—二级污水出流采样位置；B—渗滤水样品采集位置

　　整体而言，该污水处理厂为污水自然处理系统，由两座曝气自然塘（见图 10-5）和一座储水池（见图 10-6）组成。处理后的污水，大部分由污水泵送至 5km 外的农田进行土地应用；少部分处理后的污水应用于公共草坪和污水处理厂周边草坪（见图 10-7）。本研究的渗滤水收集自污水处理厂周边草坪土壤（见图 10-4 中位置 B），二级污水样品采集来自图 10-4 位置 A，即图 10-6。

图 10-5　污水处理厂曝气自然塘

图 10-6　污水处理厂二级污水储水池

图 10-7　污水处理厂污水土地应用系统部分布水区域

10.1.3.2　实验现场布置与设计

一系列土壤渗滤水采样装置就地安装于污水处理厂污水土地应用场地上，这些采样装置用于收集靠近二级污水储水池经污水灌溉草坪土壤中的渗滤水（见图 10-8）。土壤渗滤水采样装置呈直线布置，整体埋设于土壤中，采样装置顶部与土壤表面齐平。每一土壤渗滤水采样装置直径为 203mm，高度为 458mm。土壤渗滤水采样装置间距为 3m。该污水土地应用系统中布水喷头间距为 18m。

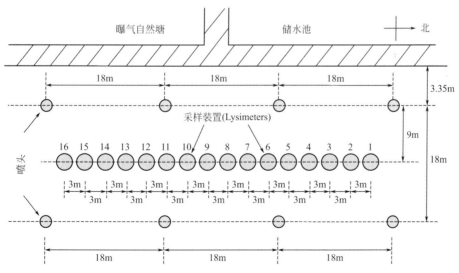

图 10-8　污水土地应用系统设计研究渗滤水采样装置现场平面布置图（未按比例绘制）

在土壤渗滤水采样装置中（见图 10-9），顶部填充原地未受扰动的土壤塞 305mm，土壤塞顶部为原地草，底部为承托层，自上而下大致布置厚度分别为 51mm 的河沙、细石粒和粗石粒。每一土壤渗滤水采样装置内测沿管壁布置一直径为 1cm 的 PVC 管用于抽取渗滤水（见图 10-9）。土壤渗滤水采样装置安装过程如图 10-10～图 10-12 所示。这些土壤渗滤水采样装置中的植物百慕大草与采样装置外种植的草相同，土壤质地和布水区相同，主要土壤为黏土和砂质黏壤土。

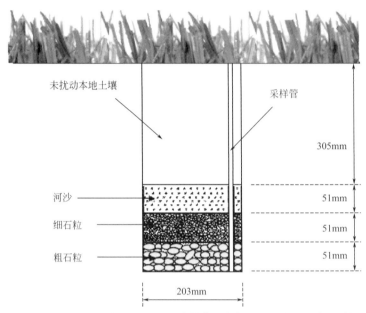

图 10-9 安装于土壤下的渗滤水采样装置侧剖面图（未按比例绘制）

图 10-10 渗滤水采样装置支托层安装

180

图 10-11　单一渗滤水采样装置安装完成后

图 10-12　渗滤水采样装置安装完成后现场（点处为采样装置埋设位置）

　　该污水土地应用系统中布水是通过固定弹出式可 360°旋转的喷头进行。该污水处理厂所有操作均通过中央控制台进行，无人员手动干预。这些喷头将储水池中的污水应用于土地应用系统场地上。研究开始后，按照原设计人员设计的应用污水量和应用速率进行，每日自动布水 20min。9 个月后，按照新设计方法拟定的污水应用制度表（见表10-1）进行布水，该污水应用制度表根据上述提到的综合质量平衡法制定，同时也考虑了污水水质、研究地点土壤特征、植物以及气候等因素。

表 10-1 拟定污水应用制度表 单位：mm

月份	1	2	3	4	5	6	7	8	9	10	11	12
污水	48	54	86	101	97	80	120	98	70	73	65	59
ET	50	59	97	122	143	155	161	149	114	93	64	51

注：计算过程中，降水使用就近气象站 30 年月平均值，ET_0 和百慕大草 K_{cb} 值来自 Borrelli et al，1998。

该污水土地应用系统中渗滤水水样大致每月收集一次，并测量水量和分析水质。渗滤水水样通过手泵和真空装置组合采集。水质指标包括 COD、TN、硝酸氮、氨氮以及电导率。

应用的污水和渗滤水水质分析方法见表 10-2。

表 10-2 应用的污水和渗滤水水质分析方法

项目	TN/(mg/L)	NO_3^-、-N/(mg/L)	NH_3-N/(mg/L)	COD/(mg/L)	EC/(μS/cm)
分析方法	Hach；M10071	Hach；M8039	Hach；M10023	Hach；M8000	ORION model 162

土壤样品的收集分别在渗滤水采样装置安装前后进行；现场随机分别采集 20 个土壤样品，采样深度范围为 0～122cm。土壤采样网格分布见图 10-13(4×5格)，现场采样机器操作见图 10-14。另外，每年要随机从土壤中挖掘出渗滤水采样装置 3 个，并对其中的土壤进行分析。

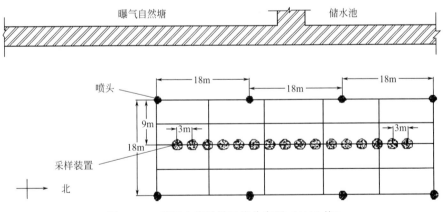

图 10-13 现场土壤采样网格分布图（4×5 格）

为探究系统中渗滤水水质水量变化的潜在成因，本研究每年选择不同季节进行现场喷淋布水均匀性系数（UCC）测试。每次 UCC 测试需要 100 个测试点，每个测试点位于边长为 1.83m 的正方形内。一般测试操作过程为，一排喷头布水 30min，同时其他所有喷头关闭；然后关闭布水喷头，打开另外一排喷头布水 30min。测试场所中 100 个测试点只需要启闭两排喷头。每一个测试点，固定布置一水杯收集喷头布水，测试结束

图 10-14　现场土壤样品采样机器操作

时，测量各测试点水杯中水量，进行单位换算，计算 *UCC* 值。另外，使用手持式仪器（Model 45158，Mini Hygro Thermo-Anemometer，EXTECH Instruments）对测试过程中风速和空气温度同时进行连续测量。

图 10-15 为 *UCC* 测试的测试网格和测试过程。

UCC 计算采用了 Karmeli 等的方法，计算方法如式（10-6）所示。一般讲，*UCC* > 70，则认为系统布水均匀可靠。

$$UCC = \left(1 - \frac{\sum_{i=1}^{n} |X_i - \overline{X}|}{n\overline{X}}\right) \times 100 \tag{10-6}$$

式中　*UCC*——Christiansen 布水均匀性系数，%；

X_i——第 i 个观察深度或体积，cm（或 mL）；

$\overline{X}$——所有单个观察的平均值，cm（或 mL）；

n——观察或测量总数。

10.1.4　场地运行测试结果与分析

数据分析与结果包括水平衡、氮平衡与盐平衡三个部分。三个部分均包含质量平衡

图 10-15　测试网格和测试过程

原始结果。

10.1.4.1　水平衡

（1）UCC 测量

在实地工程设计研究中，一年内 UCC 随机测量 6 次，代表了 4 个季节。

测试时间为：2006 年 3 月 3 日和 24 日（春季 UCC）、2006 年 6 月 20 日（夏季 UCC）、2006 年 10 月 10 日与 12 日（秋季 UCC）、2007 年 2 月 23 日（冬季 UCC）。UCC 测量值和测试期间的气象数据见表 10-3。春季 UCC 测量中，喷头压力为 35psi（1psi＝6.895kPa，下同），测试范围为 100 个测试点；其他 UCC 测量中，喷头压力为 58psi，测试范围为两个场地，每个场地 100 个测试点。测试过程中，所应用的水、氮、盐分均计入相应的质量平衡中。测试过程中的污水应用速率均通过测试压力计算确定。UCC 测量值为：春季，31%～56%；夏季，49%～66%；秋季，52%～75%；冬季 37%～51%。在所有的测试中，UCC 值的范围为 31%～75%；年 UCC 为 83%，如果不考虑低压测试结果，则年 UCC 为 84%，表明有无低压测试，其结果差别很小，该差别可以忽略。年 UCC 的计算由式(10-6)进行，式中 n 为 100，是测试网格数。在测试年中，将所有测试中同一网格内得到的水量叠加得到 X_i 的值，然后计算所有网格（本研究中为 100 个网格）的水量均值，最后将这些值分别代入式(10-6)计算年 UCC 值。年 UCC 代表的是试验年内应用于土壤表面污水的累积效应或平均效应。风速对现场 UCC 试验有显著影响。记录到的风速范围从秋季的 9.66km/h（该值对应于最高的季节 UCC）到冬季的38.14km/h（该值对应于最低的季节 UCC）。标准 UCC 测试中，风速需要小于12.87km/h。事实上风速大，UCC 测量值就会偏小。在本研究中，UCC 的测量在一些时间段内风速大于 12.87km/h。该污水土地应用系统位于龙卷风多发带上，风向和风速变化频率快，无法人为控制。但是在真实场地测试中得到的 UCC 值更能代表真实的布水均匀性，因此也可以解释各渗滤水采样装置收集到的渗滤水水量之间以及渗漏的氮之间和盐分之间在空间上存在差别的原因。此外，风向是另一现场随机因素，对研究地点的喷淋布水样式有显著影响。低 UCC 数据部分预示了该污水土地应用系统中渗滤水在土壤中下渗时水平面上变化大，尤其是本研究中这个位于风活动频繁地区的污水土地应用系统，其土壤中渗滤水的水量和发生时间都可能具有很高的变异性。

表 10-3 UCC 测量值和 UCC 测试期间的气象数据

测试时间与地点		测试时间长度/min	平均风速/MPH	平均空气温度/F	UCC/%
2006 年 3 月 3 日	Test1	30	9.2	57	31
2006 年 3 月 24 日	Test1	40	11.8	59	56
	Test2	43	7.5	59	56
2006 年 6 月 20 日	Test1-South Block	60①	9.4	73	59
	Test1-North Block	60①	9.4	73	49
	Test2-South Block	90①	10.6	88.5	66
	Test2-North Block	90①	10.6	88.5	57
2006 年 10 月 10 日	Test1-South Block	80①	8.8	69.8	66
	Test1-North Block	80①	8.8	69.8	75
2006 年 10 月 12 日	Test1-South Block	50①	5.7	62.8	61
	Test1-North Block	50①	5.7	62.8	52
	Test2-South Block	60①	5.8	57.6	68
	Test2-North Block	60①	5.8	57.6	66
2007 年 2 月 23 日	Test1-South Block	40①	23.7	77.2	37
	Test1-North Block	40①	23.7	77.2	40
	Test2-South Block	40①	19.5	77.5	41
	Test2-North Block	40①	19.5	77.5	51

① 一半时间内上排喷头打开，下排喷头关闭；然后在另外一半时间内上排喷头关闭，下排喷头打开。

注：1. 1MPH＝1.609km/h。

2. 温度换算：摄氏度＝(华氏温度 F－32)×(5/9)。

3. UCC 为布水均匀性，%。

UCC 代表灌溉系统的分布均匀性。低的 UCC 会导致农作物产量下降，原因是低 UCC 意味着农田土壤表面水分布不均匀，局部土壤表面接收的水多会引起其下面出现过多的超过设计设定的深层渗滤水，可能会导致较多的氮素进入地下水。另外，许多情况下同一面积单位时间内土壤表面收到的水量多，更可能会超过土壤的水入渗能力，形成地表径流，此时污水应用对周边水环境造成污染的可能性就会增大，同时水应用效率大幅度降低；但是有的土壤表面收到的水少，导致其下面的土壤中水分含量不足，不能满足农作物用水需求，同时土壤水中盐分浓度升高形成大量盐分积累，增加了植物提取土壤水分的难度，导致处于这些位置的农作物枯萎甚至死亡，出现减产。因此一般推荐，喷淋式污水土地应用系统中年 UCC 应该≥80%。喷淋式污水土地应用系统中年 UCC 是由多因素决定的，这些因素包括：喷淋系统压力、运行装置压力变化幅度、喷灌器（喷头）间距、影响布水速率和覆盖面直径的喷头参数、布水样式以及气候条件如风速方向变化样式以及温度等。

（2）渗滤水时空分布

在每一采样期末进行渗滤水收集取样。2006 年 6 月 16 日，在渗滤水水样采集之后，从 1~16 个编号中随机抽号，根据随机数结果，挖取 6、7 和 14 号渗滤水收集装置，并运回实验室进行装置内土壤分析，其后现场剩余 13 个渗滤水采样装置工作。2007 年 6 月 28 日，另有渗滤水收集装置 3、6 和 9 号从现场土壤中移走，进行土壤分析，其后现场剩余 10 个渗滤水采样装置工作。

在每一采样期间，均可采集到渗滤水，每一渗滤水采样装置中渗滤水平均水量为 23~1722mL；变异系数（CV）值为 28%~217%。由此可知，每一采样期间，不同采样装置中渗滤水量的差异性较大。原因可能是研究中系统采用的布水喷头在低压下运行。该污水土地应用系统在研究执行前设计人员选用的压力比研究进行时高 7~30psi。工程研究中，采用较低系统运行压力目的在于降低喷头布水流速，避免土壤表面形成地表径流。系统低压运行后，喷头布水半径会减小。现场喷头灌溉系统喷头布置间隔为高压 65psi 时喷头最大布水半径，这种喷头布置方式是为了增加整个土地应用系统布水均匀性，但是这种布置方式并不一定能保证布水面上水能够平均分布。一旦土地应用系统中的喷头无法保证在设计压力下工作就会降低瞬时 UCC，会造成布水不均匀和渗滤水在各个采样装置里不一致。另外，风干扰频繁，风向风速变化都会大幅度降低瞬时 UCC。

不同采样周期内，渗滤水通过植物根区的深层渗滤水水量不同（见表 10-4）。渗滤水水量范围为 23~1722mL。每个采样周期内渗滤水量反映了时间积累效应。由于每个采样周期的天数不是完全一致，从 20d 到 55d 不等，因此，某些采样周期内渗滤水的水量较高，是由于采样周期内天数较多。另外是由于部分采样周期内发生降雨或者该周期内进行过 UCC 测试。例如，在采样期间 2006 年 2 月 10 日至 4 月 6 日，预计渗滤水量为 23mm，但由于进行过 UCC 测试，实际渗滤水量为 45mm。同时表 10-1 水量平衡计算应用制度时，雨水量为 30 年平均值，比实际研究发生的降雨量少 12mm，UCC 测试布水量可能解释了渗滤水量另外多 10mm 的原因。相对高的集中降水也会引起高的渗滤水量，例如第 9、16 和 17 采样期间。此外，冬季和春季日平均渗滤水量高于夏季和秋季。

表 10-4　每个采样期内渗滤水水量统计

序号	采样日期	n	平均值/mL	SD/mL	C.V./%
1	10/7/2005	16	456	242	53
2	11/28/2005	16	686	455	66
3	12/29/2005	16	23	49	217
4	2/10/2006	16	1422	688	48
5	4/6/2006	16	1451	409	28
6	5/25/2006	16	397	481	121
7	6/16/2006	16	530	382	72
8	7/21/2006	13	518	305	59
9	9/1/2006	13	615	515	84
10	9/22/2006	13	1029	370	36
11	10/12/2006	13	797	935	117
12	11/22/2006	13	310	349	113
13	1/9/2007	13	927	638	69
14	2/23/2007	13	984	404	41
15	3/30/2007	13	1722	515	30
16	4/25/2007	13	793	433	55
17	5/29/2007	13	1582	522	33
18	6/28/2007	13	1421	477	34
19	7/31/2007	10	459	378	82
20	8/31/2007	10	528	719	136
21	9/28/2007	10	780	527	68

注：n 为采样数；SD 为标准方差；C.V. 为变异系数。

（3）污水应用量

在采用综合质量平衡设计法之前，即 2006 年 6 月 16 日之前，研究场地上二级污水按照原来设计进行应用布水；之后，污水应用水量按照表 10-1 由中央控制台自动运行。在研究期间，实际场地上接收的污水为表 10-1 中的水量和进行 UCC 测试的水量之和。具体应用的污水量见表 10-5。

表 10-5　污水土地应用场地上应用的污水量

序号	采样期间	天数/d	污水应用量/mm	UCC 是否测试
1	10/07/2005～11/28/2005	53	238	否
2	11/28/2005～12/29/2005	31	142	否
3	12/29/2005～2/10/2006	43	197	否
4	2/10/2006～4/6/2006	55	275	是
5	4/6/2006～5/25/2006	49	224	否
6	5/25/2006～6/16/2006	22	123	否
7	6/16/2006～7/21/2006	35	139	是
8	7/21/2006～9/1/2006	41	136	否
9	9/1/2006～9/22/2006	22	51	否
10	9/22/2006～10/12/2006	20	68	是
11	10/12/2006～11/22/2006	41	75	否
12	11/22/2006～1/9/2007	48	74	否
13	1/9/2007～2/23/2007	45	89	是

续表

序号	采样期间	天数/d	污水应用量/mm	UCC 是否测试
14	2/23/2007～3/30/2007	35	93	否
15	3/30/2007～4/25/2007	26	87	否
16	4/25/2007～5/29/2007	34	108	否
17	5/29/2007～6/28/2007	30	81	否
18	6/28/2007～7/31/2007	33	125	否
19	7/31/2007～8/31/2007	31	98	否
20	8/31/2007～9/28/2007	28	65	否

该污水土地应用系统中土壤饱和水含量、土壤水最大持水量、土壤植物枯萎点由美国得克萨斯理工大学植物与土壤系实验室分析。渗滤水采样装置中这些参数经计算确定结果为 14.97cm、9.17cm、5.91cm。该研究中渗滤水采样装置中 2.54cm 水相当于 820mL。

（4）降水

在本工程案例研究期间（2005 年 10 月至 2007 年 9 月），现场安装的自动雨水计测量结果和美国国家气象中心在当地安装的距离最近的气象数据显示，有 14 个月份的降水超过表 10-1 计算过程中使用的 30 年平均值，另外 10 个月则低于 30 年平均值。30 年降水月平均值中，最低值发生在 1 月，为 16mm；最高值发生在 6 月，为 76mm。而实际最低值发生在 2006 年 1 月，为 1mm；最高值发生在 2006 年 12 月，为 181mm，该值包括雨水、融雪和雪。实际月份降水和 30 年降水月平均值差距大的情况为（见图 10-16）：2006 年 12 月，实际值高于历史平均值 163mm；2006 年 6 月，实际值低于历史平均值 62mm；2006 年 5 月和 10 月的实际值最接近于 30 年平均值。实际值与 30 年历史平均值差距百分数为 2006 年 5 月的 3.2％到 2007 年 1 月的 1040％。

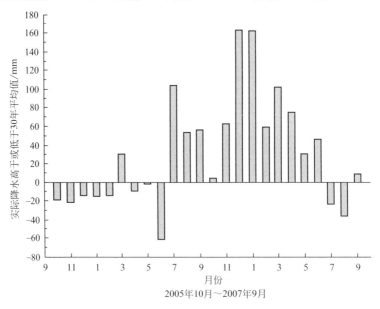

图 10-16　2005 年 10 月～2007 年 9 月期间实际降水与 30 年月平均值差值

（5）累积水输入和累积下渗

在研究期间，每个采样期间，下渗水与场地总水输入的比例见图 10-17，范围为 0.49%～37.05%。场地累积总水输入（污水与降水）与累积渗滤水量之间关系见图 10-18，它们之间线性拟合曲线的 R^2 为 0.98。该拟合曲线可用于预测在已知累积总水输入情况下累积渗滤水量。某一阶段的渗滤水量可通过该阶段前后累积量差值进行估计。由图 10-18 可知，在利用综合质量平衡法设计污水应用制度后，在该场地条件下，统计学上 13% 的斜率代表了 13% 的总水输入量将通过植物根区下渗。在不同采样期间，累积下渗水量与总累积水输入的比例为 12%～14%。美国得克萨斯理工大学 Drs. John Borrelli 和 Clifford Fedler 提议设计中，下渗水量与水输入量目标比例为 10%～15% 时，

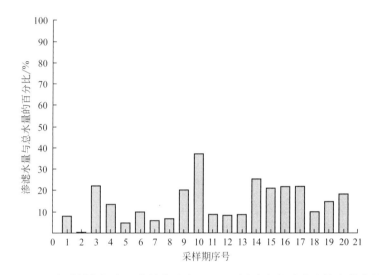

图 10-17　各采样期间内（序号参见表 10-5）下渗水与场地总水输入的比例

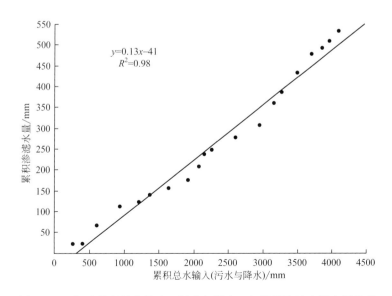

图 10-18　场地累积总水输入（污水与降水）与累积渗滤水量之间关系

慢速渗滤污水土地应用系统最为节水，可持续性最佳。经测算，新设计方法比原有设计方法节水 53%。

10.1.4.2 氮平衡

城市污水土地应用系统中，由于应用的污水中含氮，有可能对场地下地下水和场地外地表水形成潜在氮污染。氮随渗滤水下渗通过植物根区有可能进入地下水，特别是硝酸氮，是地下水中受关注的重要污染物。在美国，约有 50% 的人口使用地下水作为饮用水源。据报道，饮用水中的硝酸盐污染会对健康造成严重的负面影响，例如血红蛋白血症、胃癌、非霍奇金淋巴瘤、高血压、婴儿中枢神经系统出生缺陷和婴儿出生高死亡率等。随着人们对地下水氮污染认识的提高，对城市污水土地应用系统中氮渗漏的关注更加突出。但是，在实地条件下准确地量化或测量城市污水土地应用系统中氮的下渗非常困难，因而历史上缺乏城市污水土地应用系统中实地研究相关数据，大部分氮渗漏数据来自未使用城市污水应用的农田研究。

（1）应用污水和渗漏水中的氮

表 10-6 列举了各采样期间污水土地应用系统，应用污水（即自然塘和储水池系统出水）中和污水土地应用系统出流（即渗滤水）中氮的浓度，以及污水土地应用系统中氮的质量去除效率。

表 10-6　污水土地应用系统中各采样期间氮的浓度和质量去除效率

序号	应用的污水/（mg/L）			渗滤水/（mg/L）			去除率/%		
	TN	NO_3^-	NH_4^+	TN	NO_3^-	NH_4^+	TN	NO_3^-	NH_4^+
1	12.00	5.75	2.90	0.00	0.00	0.00	100	100	100
2	16.00	3.35	4.50	2.24	0.00	0.00	100	100	100
3	16.50	3.40	5.30	3.81	2.24	0.01	95	85	100
4	19.00	2.40	5.20	4.97	3.29	0.19	96	78	99
5	18.00	2.70	6.40	0.31	0.00	0.00	100	100	100
6	15.00	5.00	2.80	1.95	0.34	0.08	97	98	99
7	8.50	5.00	0.12	2.06	0.24	0.08	97	99	92
8	7.00	5.20	0.14	1.99	1.08	0.07	96	97	93
9	6.00	3.90	0.02	0.73	0.54	0.01	92	91	85
10	5.00	4.15	0.16	2.78	2.06	0.04	80	82	91
11	12.00	4.70	1.80	0.49	0.03	0.03	99	100	100
12	16.00	4.10	2.60	5.12	1.45	0.33	88	86	95
13	10.00	5.75	3.50	1.82	1.48	0.01	94	91	100
14	17.00	4.25	4.10	3.10	1.36	0.03	89	82	100
15	17.00	4.70	4.70	0.28	0.16	0.01	100	99	100
16	12.50	8.20	0.01	1.60	1.13	0.01	94	94	74
17	8.00	5.10	1.05	1.87	1.08	0.03	87	88	99
18	6.00	4.70	0.30	1.61	1.13	0.05	97	97	98

续表

序号	应用的污水/(mg/L)			渗滤水/(mg/L)			去除率/%		
	TN	NO_3^-	NH_4^+	TN	NO_3^-	NH_4^+	TN	NO_3^-	NH_4^+
19	5.00	3.15	0.49	3.50	1.77	0.06	88	91	98
20	7.50	5.75	1.44	3.27	1.52	0.01	84	90	100
最大值	19.00	8.20	6.40	5.12	3.29	0.33	100	100	100
最小值	5.00	2.40	0.01	0.00	0.00	0.00	80	78	74

在各采样期间，储水池系统出水总氮、硝酸氮和氨氮的变化范围分别为 5~19mg/L、2.4~8.2mg/L 和 0.01~6.40mg/L；污水土地应用系统出水即渗滤水总氮、硝酸氮和氨氮浓度范围分别为 0~5.12mg/L、0~3.29mg/L 和 0~0.33mg/L；其质量去除率分别为 80%~100%、78%~100% 和 74%~100%。污水土地应用系统对总氮、硝酸氮和氨氮的平均质量去除率分别为 94%、92% 和 96%；在两年的试验期内，总氮、硝酸氮和氨氮的累积质量去除率分别为 96%、93% 和 100%。

自然塘系统出水总氮浓度随时间变化而波动。总氮浓度在冬季至春季甚至初夏最高，夏季和秋季最低。氨氮也表现出相似的变化趋势。氨氮的变化趋势与以往对其他自然塘处理污水的研究结果一致。但是，在本污水处理厂中，硝酸氮浓度相对稳定。在自然塘系统中，氮去除是 pH 值、温度和水力停留时间综合效果。美国国家环保署报道，自然塘系统氮的潜在去除率可达 95%。长期和永久的氮去除使自然塘系统中的氨挥发，氨挥发主要取决于 pH 值和温度，随 pH 值和温度的升高而增加。该机理近似解释了本研究中总氮和氨氮的变化趋势。曝气自然塘系统是一种常用的污水土地应用之前的预处理方式。由于氮许多情况下是限制性设计参数，因而自然塘系统中氮的去除直接影响着慢速渗滤污水土地应用系统的设计。

虽然渗滤水中的总氮没有像自然塘系统中一样具有明显的变化趋势，但是渗滤水中的总氮浓度直接或间接与温度相关。植物根区氮的长期和永久去除主要受植物根区氮素吸收和反硝化的控制，这与土壤系统的温度和水分状况呈正相关。此外，自然塘系统二级出水冬季和春季硝酸氮浓度均高于一年中的其他季节，因此，污水土地应用系统渗滤水在冬季和春季时总氮浓度一般也较高。在本研究中，城市原污水中氨氮的去除几乎完全可由自然塘系统和污水土地应用系统组合完成。污水土地应用系统中氨氮的主要去除机制是植物吸收、氨挥发和硝化；而硝酸氮的去除机制主要是植物吸收、反硝化和硝酸氮固化。在所有采样期间，本污水土地应用系统渗滤水中的硝酸氮远低于美国国家环保署规定的上限值 10mg/L。

本工程研究中发现，每个采样期间各采样装置中渗滤水中总氮变异系数（C.V.）在 47%~261% 之间，说明渗滤水中总氮的空间变异性较大。一个原因是渗滤水量具有较大的空间变异性，也可能因为在场地条件下部分时候喷淋布水分配均匀系数 UCC 偏低。因此，在设计和管理中提高布水分配均匀性有助于降低渗滤水中氮空间变异性，有利于系统中氮素管理。此外，场地条件下氮素植物吸收和反硝化的空间变异性大也可能是解释从污水土地应用系统中渗漏的总氮质量空间差异大的另一个原因。由于有机氮转化为硝态氮或铵态氮需要超过 5 年的时间，因此，在分析污水土地应用系统中氮的去向时应考虑具体的季节或年度数据。

（2）非渗滤性氮去除

城市污水土地应用系统中这部分氮去除（N_{loss}）包括反硝化（N_d）引起的脱氮、土壤吸附氮储存和细菌固化（ΔN_s）和植物吸收（N_{pl}）（割草并被移除）[见式(10-7)定义]。日平均非渗滤性氮去除量与日平均氮应用量基本一致。总氮、硝酸氮和氨氮的日平均非渗滤性氮去除分别为 0.13～0.91kg/(hm² · d)、0.06～0.28kg/(hm² · d) 和 0～0.29kg/(hm² · d)。通过数据分析，可以推断出，N_{loss} 是该污水土地应用系统中氮的主要归宿。

$$N_{loss} = N_d + N_{pl} + \Delta N_s \tag{10-7}$$

反硝化在冬季和春季草地干燥时的系统脱氮过程中起着重要作用。尽管反硝化脱氮机理已经广为证实，但是，污水土地应用工程实践中反硝化脱氮很难预测和管理，因为脱氮过程受场地多种因素影响。据报道，在污水土地应用系统中，土壤中反硝化对氮的去除率范围为 0～80%。但是，植物对氮的吸收被认为是污水土地应用系统主要的脱氮机制；国际上大部分污水土地应用系统脱氮管理策略均为提高植物吸收氮能力而制定。

（3）作物产量和作物氮素吸收

研究场地上种植百慕大草坪草，每月修剪，但在研究期间和该污水土地应用系统运行期间一直没有从现场移除，目的为补充土壤氮。因此，从长期来看，百慕大草摄取的氮并没有在污水土地应用系统中完全被去除。因此，该系统潜在的污水应用对地下水污染风险由经污水应用的氮量、原位反硝化能力和土壤中的氮储量决定。百慕大草吸收氮并从污水土地应用系统中移除氮发生在表 10-7 所列的采样期内，割草和移除用于分析作物产量和作物氮素吸收。在采样期内，10 月份干草产量最高，为每公顷 572kg，5 月份最低，为每公顷 178kg。5 个月的总干草产量为每公顷 1968kg。作物月吸收氮量以 TKN 表示，10 月份最高，为每公顷 12.9kg TKN；5 月份最低，为每公顷 2.90kg TKN。在 5 个月的采样时间段中，草吸收的总氮量为每公顷 46.88kg TKN。

表 10-7　不同采样时间内作物吸收氮的数据

采样时间	2007 年 4 月	2007 年 5 月	2007 年 8 月	2007 年 9 月	2007 年 10 月
水分含量/%	70	70	64	70	38
湿草产量/(kg/hm²)	1260	593	1329	1230	929
干草产量/(kg/hm²)	373	178	473	372	572
TKN/%	2.82	1.63	2.11	2.85	2.25
TKN 质量/(kg/hm²)	10.51	2.90	9.97	10.62	12.88

（4）土壤氮

2006 年 6 月 16 日抽取 3 个采样装置，2007 年 6 月 28 日再次抽取 3 个采样装置，分析土壤中的 TKN、氨氮和硝酸氮的质量平均值（见表 10-8）。统计学 t 检验得出 P

值均大于 0.05，因此，从统计上来说，这 6 个渗滤水采样装置内土壤中 TKN、氨氮和硝酸氮的平均值在一年内没有显著差异或变化。

表 10-8　渗滤水采样装置内土壤中 TKN、氨氮和硝酸氮的质量平均值

年份	TKN/(g/100g 干土)	氨氮/(mg/kg 干土)	硝酸氮/(mg/kg 干土)
2006	0.09	5.15	25.2
2007	0.11	5.69	18.87
P 值	>0.05	>0.05	>0.05

10.1.4.3　盐平衡

城市污水慢速渗滤土地应用系统和常见淡水农业灌溉类似，都需要关注土壤盐分累积问题，因为土壤盐分在植物根区的累积直接关系到该土地的可持续性使用。土壤中的高盐分会抑制种子萌发，对植物的生长速率产生负面影响，甚至导致作物总产量大幅下降。土壤中的盐分累积，会导致黏土膨胀和分散，降低土壤水入渗能力和水在土壤中的流动能力，从而对土壤性质产生不利影响。

土壤中盐分的累积主要是土壤中水分蒸腾蒸发散失机制引起的，土壤水分中的盐浓度在污水土地应用后会升高。盐分的累积可以用盐质量平衡方法研究。盐质量平衡的概念，最初是用于植物根区尺度上。判断农业灌溉或城市污水土地应用期间是否发生了盐分累积的指标有盐平衡指数（SBI）和盐输出比（SER）两个。SBI 和 SER 在数学上是相同的。SBI 定义为盐分输出除以盐分输入，$SBI<1$ 表明盐分发生了累积；$SBI>1$ 或 $SBI=1$ 则表明盐未发生累积。

尽管多年来人们提出并应用盐平衡评价农业灌溉系统是否存在盐碱化的风险，但对污水土地应用系统中盐质量平衡的研究很少。本工程研究，调查研究了在短期（约 2 年）内真实场地条件下，执行利用综合质量平衡法制定的污水应用制度时，城市污水土地应用系统中植物根区盐分的质量平衡。

（1）测试

污水和渗滤水中盐分由电导率仪（ORION model 162）在 25℃时测定的电导率（EC）表示。6 个随机抽取的渗滤水采样装置中土壤采用美国土壤协会土壤分析标准程序测试 pH 值、EC_e、Na、Ca、Mg、SAR。

为便于进行盐分质量平衡，由电导率表达的盐分浓度需要转换为质量浓度。经研究，二者关系为：

$$y = 0.68x + 5.68 \tag{10-8}$$

式中　y——水样中总溶解性固体的质量浓度，mg/L；

　　　x——水样中由电导率表达的盐分浓度，μS/cm。

在研究中，上式单位转换模型的 R^2 为 0.9999。

（2）盐分浓度、质量和质量平衡

应用污水中的盐分浓度变化比渗滤水中盐分浓度变化小，研究期间，应用污水中由电导率表达的盐分浓度平均为 $(963 \pm 95) \mu S/cm$（平均值±标准方差），变异系数 ($C.V.$) 仅为 9.88%，标准误差 (SE) 为 2.16%，由电导率表达的盐分浓度范围为 $839 \sim 1147 \mu S/cm$。渗滤水中的电导率表达的盐分范围为 $1261 \sim 2794 \mu S/cm$。采样期间，渗滤水中盐分质量的 $C.V.$ 范围为 $31\% \sim 199\%$。该 $C.V.$ 范围显示，在每个采样期间，不同采样装置收集到的盐分质量在空间上变化很大。造成这一高变异性的一个原因是，应用污水时部分情况下污水布水均匀性低，这可能是由于研究地点风向变化很大，风速超过 $16km/h$ 的频率较高，导致一些采样装置接受较多污水和盐分，而其他采样装置接收的污水和盐分则较少。

在 2005 年 10 月 7 日至 2007 年 9 月 28 日的研究期间，植物根区（液相和固相）由污水应用接收的总盐量为 $1608g/m^2$，由于水下渗通过植物根区的总盐量为 $636g/m^2$，植物根区总储盐量为 $973g/m^2$。在采样期间，2006 年 9 月 1～22 日和 2007 年 5 月 29 日至 6 月 28 日，植物根区盐质量平衡小于零，SBI 分别为 1.28 和 1.01，即输出盐量大于输入盐量。在其他 18 个采样期间，盐质量平衡均高于零。在 2007 年 2 月 23 日至 3 月 30 日的采样期间，SBI 为 0.95，盐质量平衡接近于零。在整个研究期间，SBI 的范围为 $0.01 \sim 1.28$，累积输出的盐分质量小于累积应用的总盐量（见图 10-19）。因此，百慕大草根区的累积总储盐量呈上升趋势。虽然在约 2 年的研究中发现，植物根区盐分发生储存，但并不能说明该系统设计和运行失败。因为盐分在土壤中累积是长期过程，如果出现大暴雨，植物根区的盐分很容易被冲刷向下运移。本研究期间，未发生强降雨，另外污水应用量相对其他设计低，主要是出于节水考虑。此外，必须对土壤中的盐分浓度进行测量考察盐分累积，以证明土壤水中盐分是否增加，因为有些盐类可能以固体形式储存。

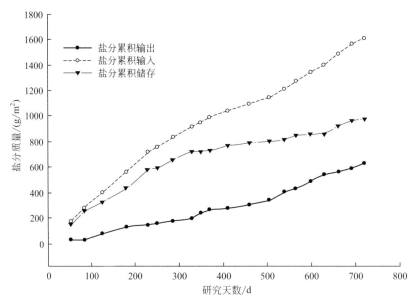

图 10-19　植物根区盐分累积输入、累积输出和累积储存

（3）渗滤需求和渗滤分数

根据实测的水盐度，所有 20 个采样期的渗滤水比例 (LR) 在 $0.02 \sim 0.03$ 之间。

根据 Ayers 和 Westcot 推荐，本污水土地应用系统中土壤目标 EC_e 为 8.5dS/m（8500μS/cm），可实现百慕大草产量维持在正常产量的 90％以上。渗滤分数（LF）定义为所测量的渗滤水量与系统水总输入（包括污水和降水）的比例。在研究期间，LF 范围为 0.00~0.30。在 2006 年 9 月 1~22 日，2007 年 5 月 29 日~6 月 28 日，2007 年 2 月 23 日~3 月 30 日，LF 值相对较高，分别为 0.20、0.22、0.26，在这些采样期间，SBI 值高于或接近于 1。

除 2005 年 11 月 28 日至 12 月 29 日的采样期外，各采样期的渗滤分数均高于渗滤需求比例。但是，在大多数采样期间，植物根区的盐质量平衡高于零。这说明，即使在场地条件下满足了渗滤需求，在植物根区仍有可能发生大量盐累积。因此，即使在设计中满足了 LR 需求，也有可能存在土壤盐渍化风险。原因为传统农业灌溉和城市污水土地应用系统设计中，渗滤需求只是用于考虑盐分累积不会伤害作物，以至大幅减少产量，而并没有真正考虑植物根区的盐分累积。

（4）土壤 pH 值、盐度和钠度

表 10-9 显示了 2006 年 6 月 16 日和 2007 年 6 月 28 日分别从现场抽取的渗滤水采样装置中土壤分析结果。

表 10-9　采样装置中土壤分析结果

年份	土壤核	深度/cm	pH 值	EC_e/(μS/cm)	SAR
2006	Sampler 6	0~7.6	8.7	2500	12
2006	Sampler 6	7.6~15.2	8.4	1000	8
2006	Sampler 6	15.2~22.9	8.1	700	7
2006	Sampler 6	22.9~30.5	8.1	900	9
2006	Sampler 7	0~7.6	8.8	2000	11
2006	Sampler 7	7.6~15.2	8.5	1500	13
2006	Sampler 7	15.2~22.9	8.6	1100	9
2006	Sampler 7	22.9~30.5	8.7	1300	12
2006	Sampler 14	0~7.6	9.0	2100	11
2006	Sampler 14	7.6~15.2	8.6	1300	10
2006	Sampler 14	15.2~22.9	8.4	1700	11
2006	Sampler 14	22.9~30.5	8.8	1100	14
平均			8.6	1433	11
2007	Sampler 3	0~7.6	8.6	2810	15
2007	Sampler 3	7.6~15.2	8.7	1760	15
2007	Sampler 3	15.2~22.9	8.9	1550	16
2007	Sampler 3	22.9~30.5	9.0	1360	14
2007	Sampler 9	0~7.6	8.8	2330	17
2007	Sampler 9	7.6~15.2	9.0	1140	17
2007	Sampler 9	15.2~22.9	8.8	1110	15

年份	土壤核	深度/cm	pH 值	$EC_e/(\mu S/cm)$	SAR
2007	Sampler 9	22.9~30.5	8.9	1390	10
2007	Sampler 12	0~7.6	8.4	5090	11
2007	Sampler 12	7.6~15.2	8.6	1410	13
2007	Sampler 12	15.2~22.9	8.9	1030	13
2007	Sampler 12	22.9~30.5	8.6	1100	12
平均			8.8	1840	14

t 检验表明，0~30.5cm 深度土壤 pH 均值由 8.6 显著增加到 8.8（$p=0.041$）。表 10-9 显示了该污水土地应用场地在一年运行期间，场地土壤呈碱化趋势。单因素方差分析表明，2006 年第一层土壤平均 EC_e 显著高于其他层（$p<0.05$），其他 3 层土壤平均 EC_e 差异不显著（$p>0.05$），说明在土壤剖面中，靠近地面的土壤盐分积累更多。由于 2007 年收集到的数据正态性检验失败（Kolmogorov-Smirnov 检验，$p=0.011$），2007 年取样的不同层土壤平均 EC_e 没有进行单因素方差分析。但是，2007 年采样装置土壤中，第一层土壤 EC_e 平均值高于其他层。2006 年和 2007 年土壤剖面 EC_e 平均值没有进行 t 检验，但如表 10-9 所列，整个土壤剖面的平均土壤 EC_e 从 2006 年的 $1433\mu S/cm$ 上升到 $1840\mu S/cm$，一年内增加了 28%。但是，在不同深度的土壤中，所有测定的 EC_e 值都远远低于 $8500\mu S/cm$，即盐分导致百慕大草减产 10% 的上限值。因此，土壤盐分的增加不影响百慕大草的产量。t 检验表明，在 2006 年 6 月 16 日至 2007 年 6 月 28 日期间，被测土壤剖面（0~30.5cm）的平均土壤 SAR 值显著从 11 增加至 14（$p<0.001$）。单因素方差分析表明，2007 年土壤样品中，不同层土壤 SAR 平均值无显著差异（$p=0.513$）。对于 2006 年土壤，由于数据分布不满足等方差要求，不能进行方差分析比较土壤中不同层土壤 SAR 平均值，但是从表 10-9 可以看出，随着深度的增加各层 SAR 有一定的差异。

（5）土壤盐沉淀

土壤盐沉淀是场地土壤条件下盐分累积的一种机制，可溶性盐离子和土壤矿物以及土壤水条件变化，经常会引起盐沉淀，使盐分以固体形式储存在植物根区，在半干旱和干旱地区土壤盐沉淀尤为突出。在半干旱和干旱地区，当渗滤分数降低时，盐沉淀的可能性增大；当土壤水溶液为碱性（pH>7）时，条件适当，有可能发生下列反应，形成沉淀。

$$Ca^{2+} + 2HCO_3^- \longrightarrow CaCO_3 + CO_2 + H_2O \tag{10-9}$$

上述化学反应的产物则很容易在土壤中沉淀。本工程研究地点所处位置为美国得克萨斯州西北部。研究表明，由于在类似本研究地点等干旱半干旱地区的土壤蒸腾蒸发水散失量大，大量的盐类会在污水应用后的土壤水中形成沉淀而储存。在干旱半干旱地区碱性土壤中，这些盐类可能至少包括 $CaCO_3$、$MgCO_3 \cdot 3H_2O$、$CaMg(CO_3)_2$ 和 $CaSO_4$ 等。植物根区的盐沉降速率与应用污水中的离子组成和浓度、土壤可交换复合体、土壤摄水分布、土壤入渗速率等因素有关。在本研究中，土壤水溶液为碱性，pH平均值高于 8.6（见表 10-9），气候为半干旱气候，因此盐类沉淀的可能性较大。此类盐沉淀可能是植物根区土壤盐分累积的原因之一，也是造成整个研究阶段累积盐质量平衡未能接近于零的原因之一。

（6）管理渗滤分数减少盐分累积

国外污水处理工程界普遍认为，额外的污水量可以将部分盐分从植物根区运移到土壤剖面较深的土壤层中。因此，在工程实践中，可通过调节应用污水量或通过在污水中加入淡水稀释污水中盐浓度降低污水含盐量，控制植物根区盐质量的输入。本研究发现，当渗滤分数值较高时可在短期内实现盐质量平衡，例如，在 2007 年 5 月 29 日至 2007 年 6 月 29 日采样期间，渗滤分数为 0.22，$SBI=1.01$。尽管土壤和渗滤水中的盐度低于植物耐盐极限，但根区的盐质量（包括固体盐和液体盐）有增加的趋势。因此，如果以良好的盐分平衡为管理目标，则应提高这一特定污水土地应用场地的渗滤分数。

（7）污水应用布水均匀性和盐分积累

在实际工程应用中，除了设计原因外，在真实场地条件下，污水不可能总是均匀地应用于土地应用场地。因此，在同一污水土地应用场地上，就会出现局部土地面积上得到的污水比其他面积上多，而另外局部土地面积上得到的污水则比平均布水量少。该实际情况不可避免地导致部分土地面积上渗滤分数高，而另外部分土地面积上渗滤分数低，导致这些土地面积上盐分出现累积。污水应用分布均匀系数仍以 UCC 表示，通常污水土地应用系统或灌溉系统中 $UCC>70\%$，则被认为应用分布均匀性是可接受的。污水土地应用系统的 UCC 偏低是内因和外因所致。其内在原因是系统设计上的缺陷。设计中，可通过重叠喷头喷淋半径，调整喷头压力和横向间距，优化喷头布置，优化特定类型喷头压力，最小化污水管道系统中压力波动等措施提高布水均匀性。外部原因是风向和风速不稳定，这些气象条件在实际系统运行中很难控制。

（8）气候和土壤条件对盐质量平衡影响

除上述提到的风速和风向影响植物根区盐质量平衡外，其他气象条件如降雨和降雪也会影响盐质量平衡。大量降水可将大量的盐从植物根区冲淋出植物根区。Thayalakumaran 等于 2007 年提出，一年内的极化气象条件对植物根区盐分的质量平衡会产生重大影响。在本研究中也有同样证据表明，当出现足够降水时就会出现高的渗滤分数值，在此期间，植物根区盐分几乎达到盐质量平衡，也即基本没有盐分积累，如 2007 年 5 月 29 日至 2007 年 6 月 29 日采样期间。土壤条件对盐分质量平衡也有重要影响。在场地条件下，虫洞、根孔和裂缝的存在会引起优先流动，即水或溶质在土壤中不均匀、快速的运动。优先流可以抵消高渗滤分数的积极影响和其产生的盐质量平衡效果，因为应用的污水以优先流模式直接绕过土壤基质，而无法冲淋土壤中累积的盐分。优先流现象解释了即使渗滤分数很高，植物根区中积累的盐分在某些情况下仍然无法完全被冲淋出植物根区的原因。此外，在实验室和温室条件下，很难评估优先流对盐分平衡的作用，因而在污水土地应用领域，国际上共识为，实验室和温室条件下模拟工程应用的结果，很难被应用于真实污水土地应用系统中，因此实际场地研究意义更大。

（9）传统 LR 模型和盐质量平衡

传统 LR 模型［见式(10-10)］是世界范围内广泛应用的一种设计和管理干旱半干旱地区污水土地应用系统或灌溉系统的方法。此处 LR 指为控制盐分在植物根区累积和土壤中的盐度所需的最小渗滤分数，即 LR_{min}。关于系统设计中常见 LR 的计算方法在第 4 章和第 9 章已经介绍过。

$$LR_{min} = \frac{EC_w}{5EC_e - EC_w} \qquad (10\text{-}10)$$

式中　EC_w、EC_e——灌溉水或应用污水中的电导率和土壤中对应于作物维持 90% 以上正常产量可忍耐的电导率，dS/m 或 μS/cm。

本工程研究中，应用综合质量平衡法制定污水应用制度时，考虑了 EC_e 和 LR_{min}，此点体现在渗滤水量设定中。

但是，传统 LR 模型属于稳态模型，模型假定和适用为理想条件。在大多数实际现场条件下，理想稳态条件几乎很难被观察到，因此，该模型在实际应用中受到大量质疑。诸多学者随后也提出了新的瞬态渗滤需求模型，这些模型正在被应用和评估，其中包括 TETrans 模型和 UNSATCHEM 模型。

Corwin 等讨论了与传统 LR 模型相关的 2 个受关注问题：a. 土壤中盐的沉淀和溶解；b. 优先流。传统 LR 模型没有考虑可溶性盐在土壤颗粒上沉淀和固相盐溶解到土壤水中的重要化学过程。可溶性盐沉淀到土壤颗粒上，导致植物根区土壤盐分降低，从而降低了冲洗多余土壤盐分所需的额外用水量。相反，固相盐向土壤水中的溶解会增加土壤剖面中溶解盐浓度，从而增加冲洗这些盐分的补充需水量。传统稳态 LR 模型不考虑优先流情况，优先流的存在实际上增加了额外冲洗盐分的需水量，因为优先流的存在导致一些水直接渗滤，而没有有效地冲洗预期的盐分。本研究结果表明，在设计和管理上仅仅满足 LR_{min}，仍然很难实现良好的盐质量平衡。但是，在本设计研究的水平衡计算中，应用 LR 模型可将土壤盐度控制在预期范围内。

（10）本研究启示

据报道，污水土地应用系统达到平衡（盐输入质量＝盐输出质量）的时间从一年到几年不等，甚至"在土壤淋溶不良和地下水位接近植物根区的污水应用区需要 15～30 年或更长时间"。另外，考虑长期（约 30 年）降水数据进行水平衡，同时水平衡中应用 LR 模型不需要进行平均渗滤频率分析，这种设计方法在工程应用中基本能够实现盐平衡。自 1988 年以来，盐质量平衡法已成功应用于美国西南部一些大型城市污水土地应用系统。在工程应用中，盐质量平衡法已经经受了时间考验，在美国西南部干旱和半干旱地区的农田灌溉工程实践中未见盐分累积问题。但是，为保险起见，建议进行长期（＞20 年）的研究，以调查污水土地应用场地的盐分质量平衡情况。在本研究 2 年期间，没有达到累积盐质量平衡，但土壤盐分水平可以接受，并且保持在对预期植物生长无害范围内。本次场地调查研究产生的一个问题是："土壤中盐分的短期累积是城市污水土地应用工程实践的一个主要问题吗?"本研究证明,在土地上施用更多的淡水,将溶解性盐从植物根区冲洗出来,是缩短盐分达到平衡时间的一种有效的实践或管理方法。另一方法是增加应用的污水量,以实现有利的累积盐质量平衡,或在类似于该调查地点的半干旱和干旱地区等待极端降雨事件的发生。

尽管盐质量平衡可用作植物根区盐化的指标,评价在灌溉实践或污水土地应用中渗滤水量的适当性,但是盐质量平衡不能用于评价植物根区的绝对盐度水平和盐度的空间分布。因此,建议在城市污水土地应用实践中监测场地中土壤盐度,但允许短期(<5年)盐分累积。

10.1.4.4　土壤化学特性影响

为节约干旱半干旱地区有限的淡水资源,本工程研究提出了综合质量平衡设计方法。但是,在场地条件下,还需要从土壤污染和土壤退化的角度对该设计方法进行进一步的分析评价。尽管已有少量场地研究报告记录了经处理的城市污水对土壤化学性质的影响,但是仍需要更多的研究信息,为优化城市污水土地应用系统设计、管理和运行提供参考,促进污水可持续回用,保护有限的淡水资源。

(1) 污水应用场地土壤

土壤物理特性数据见表 10-10。该场地土壤总体主要为砂质黏性壤土和黏质壤土。

表 10-10　研究场地土壤物理特性数据

深度/cm	砂土/%	黏土/%	粉土/%	密度/(g/cm³)	质地分类
0～15.2	58.4	21.6	20.0	1.43	砂质黏性壤土
15.2～30.5	51.6	28.9	19.4	1.38	砂质黏性壤土
30.5～45.7	44.7	36.6	18.8	1.33	黏质壤土
45.7～61.0	44.0	35.9	20.1	1.33	黏质壤土
61.0～91.4	44.6	36.2	19.2	1.33	黏质壤土
平均值	48.7	31.9	19.5	1.36	

(2) 土壤采样与分析

如前介绍,研究面积上布置 20 个土壤采样网格(图 10-13),每个网格为 9m×4.5m,采样深度为 91cm,采样重复数为 3 次,采样时间为研究开始前和结束后。分析土壤样品不同深度的 pH 值、硝酸氮、氨氮、TKN、电导率(EC)、Ca^{2+}、Mg^{2+}、Na^+、SAR。分析均按照美国土壤协会标准程序进行。

(3) 土壤 pH 值

本研究中应用污水的 pH 平均值为 8.1,正常可进行污水土地应用的污水 pH 值范围为 6.5～8.4。在 4 种土壤深度(0～15cm、15～30cm、30～60cm 和 60～91cm)中,土壤 pH 值均大于 7.0。2006 年和 2007 年所有四层土壤样品的平均 pH 值分别为 8.6 和 8.7。利用 Mann-Whitney 秩和检验,比较 2006 年和 2007 年 4 层土壤中 pH 值的中位数,结果表明,在两次采集的土壤样品中,从土壤表层到 91cm 深度土壤剖面 pH 值的中位数之间没有显著性差异($p=0.085$)。可以确定,本研究地点土壤为中度碱性。这种土壤 pH 值在世界上半干旱和干旱地区具有代表性。以往研究表明，这类土壤中，植物不易获得一些微量元素如 Fe、Zn、Cu 和 Mn 等。

（4）土壤 TKN

土壤 TKN 由有机氮和氨氮组成。TKN 分 4 层（0～15cm、15～30cm、30～60cm、60～91cm）进行分析。Mann-Whitney 秩和检验表明（$p = 0.537 > 0.05$），2006 年和 2007 年土壤剖面（0～91cm）的 TKN 中位数差异无统计学意义。2006 年和 2007 年土壤剖面平均 TKN 值分别为 0.0711g/100g 土壤和 0.0753gTKN/100g 土壤。两次土壤采样分析显示，第一层土壤中 TKN 高于其他层。2007 年土壤样品中，第一层土壤中 TKN 平均值（0.111g/100g 土壤）显著高于 2006 年土壤样品平均值（0.097g/100g 土壤）。在场地条件下，土壤剖面第一层 TKN 的增加是多因素共同作用的结果。与有机氮相关的氮转换形式包括矿化和固化；矿化是通过微生物分解将氮从有机形态转化为无机形态的过程；固化是植物和土壤微生物通过同化将氮从无机形态转化为有机形态的过程。矿化和固化速率取决于基质和环境条件，包括土壤 pH 值、土壤湿度、温度和土壤通气量。此外，土壤 C/N 比是土壤中 C 和 N 各自存在形式转换的重要参数。

（5）土壤硝酸氮

土壤硝酸氮分析土壤层深度同 TKN。2007 年各层土壤硝酸氮含量均低于 2006 年相同土壤层内含量。2007 年土壤硝酸氮中位数与 2006 年相比差异显著（$p < 0.001$）。2007 年土壤剖面平均硝酸氮为 0.524mg/kg 土壤，2006 年为 3.077mg/kg 土壤。2007 年土壤剖面不同层内硝酸氮平均值差异不显著（$p = 0.356$）。基于 Kruskal-Wallis 单因素方差分析，2006 年土壤剖面不同层内硝酸氮含量中位数间差异不显著（$p = 0.798$）。

由于要避免污水土地应用污染附近地表水和地下水，硝酸氮在城市污水土地应用系统设计、运行和管理中备受关注。美国国家环保署将公共供水中硝酸氮的最高污染水平（MCL）定为 10mg/L。因此，一般情况下，渗滤水中的硝酸氮浓度应小于 10mg/L。本研究表明，采用综合质量平衡法设计的污水土地应用系统场地中，渗滤水中硝酸氮平均浓度小于 10mg/L，对植物根区以下地下水无潜在的硝酸氮污染。但硝酸氮在土壤中具有很高的迁移率，很容易通过植物根区被渗滤水冲刷运移至土壤底层。硝酸氮在土壤中植物根区的去除机制还包括植物吸收、微生物固化和反硝化。

（6）土壤氨氮

2007 年土壤剖面氨氮中位数（1.505mg/kg 土壤）与 2006 年（1.530mg/kg 土壤）相比，差异显著（$p = 0.021$）。2007 年土壤剖面平均氨氮（1.807mg/kg 土壤）低于 2006 年（2.122mg/kg 土壤）。2006 年土壤剖面表层平均氨氮（3.415mg/kg 土壤）与 2007 年（2.032mg/kg 土壤）差异显著（$p < 0.001$）。此外，2006 年和 2007 年表层土壤氨氮均高于其他层。

土壤溶液中的铵带正电荷，氨氮很容易被吸附到带负电荷的黏土颗粒表面，因此氨氮比硝酸氮更易被用于植物和微生物的生长。在场地条件下，碱性土壤中的氨可挥发到大气中。由于本研究场地土壤为碱性，应用污水也为碱性，因此，除植物和微生物吸收氨氮外氨挥发也是研究场地上氨氮去除的重要机制。

（7）土壤盐分与电导率

电导率 EC 常用于表示水和土壤的盐度。在 3 层（0～30cm、30～60cm 和 60～91cm）土壤中，第一层 EC 中位数与第二层 EC 中位数之间差异无统计学意义（$p=0.665$），第二层 EC 中位数在研究开始和结束时差异无统计学意义（$p=0.126$）。但是，2007 年第三层的 EC 均值（2.400dS/m）和 2006 年第三层的 EC 均值（1.643dS/m）差异有统计学意义（$p=0.012$）。2007 年土壤样品中第三层（60～91cm）平均 EC 增加，原因为研究期间降水超过正常水平。这说明该土地应用系统具有良好的水力条件，渗滤水可将盐运移通过植物根区至土壤底层。

Kruskal-Wallis 单因素方差分析显示，本工程研究起始时土壤剖面中 EC 中位数（中位数=1.825dS/m）和工程研究结束时中位数（中位数=2.445dS/m）差异有统计学意义（$p=0.030$）。2007 年和 2006 年土壤剖面 EC 平均值分别为 2.761dS/m 和 2.393dS/m。研究表明，在所设计的植物根区（0～30cm），EC 平均值没有显著性差异。在本工程研究开始和结束时，土壤剖面中盐度低于阈值（8.5dS/m）。

（8）土壤钠

Mann-Whitney 秩和检验显示，本工程研究开始时土壤剖面中钠含量中位数（808mg/L）和本工程研究结束时钠含量中位数（826mg/L）差异不显著（$p=0.652>0.05$）。2006 年土壤剖面中钠的平均浓度为 880mg/L，2007 年为 840mg/L。尽管 2006 年表层土壤中的钠平均含量低于 2007 年的水平，但是二者中位数差异无显著性（$p=0.204$）。第二层和第三层土壤钠浓度变化不显著。这表明，采用水量平衡设计方法，在该污水土地应用系统中，土壤钠含量并无显著增加。在研究结束时，土壤表层钠含量下降，原因是研究期间尽管应用的污水量减少，但是降水比正常情况多，有足够的渗滤水将钠离子运移至土壤底层。研究表明，在该场地上离子下移容易实现。

（9）土壤钙

本工程研究开始时土壤剖面中钙离子浓度中位数（77mg/L）和结束时土壤剖面中钙离子浓度中位数（84mg/L）差异不显著（$p=0.251$）。2006 年土壤剖面中钙离子的平均浓度为 105mg/L，2007 年为 115mg/L。在城市污水土地应用系统中，总是期望土壤剖面中的 Ca^{2+} 浓度增加，因为 Ca^{2+} 浓度增加会减少土壤 Na^+ 含量增加造成的对作物的伤害。Ca^{2+} 可以通过水在土壤中的深层渗滤、植物吸收和在碱性土壤中沉淀去除。在本工程研究结束时，未发现土壤中 Ca^{2+} 含量显著下降，与开始时相比差异不显著。

（10）土壤镁

与土壤钙相似，2007 年土壤剖面中 Mg^{2+} 含量中位数（37mg/L）与 2006 年土壤剖面中 Mg^{2+} 含量中位数（34mg/L）相比，差异不显著（$p=0.464$）。但 2007 年土壤样品中 Mg^{2+} 平均浓度（68mg/L）略高于 2006 年（62mg/L）。在本工程研究开始和结束时，土壤 Mg^{2+} 的平均浓度在土壤剖面上表现出相似的分布样式，但在土壤深度上没有明显的变化。与土壤 Ca^{2+} 一样，土壤 Mg^{2+} 的增加可以减少土壤 Na^+ 引起的土壤颗粒分散导致的潜在危害。本工程研究的结果表明，在本研究场地上土壤 Mg^{2+} 在短期内没有显著变化。

(11) 土壤 SAR

当土壤总盐度相对较低时，土壤中 Na^+ 浓度过高会导致土壤物理性质退化，例如会引起黏土颗粒的膨胀和分散，导致土壤水入渗能力降低。当土壤剖面中钠含量增加时，土壤钙、镁含量的增加对土壤物理性质有保护作用。SAR 被研究者广泛接受，用于评价土壤剖面中钠含量相对较高所引起的潜在土壤退化。在本工程研究开始和结束时，土壤剖面中 SAR 平均值变化不显著（$p < 0.05$）。土壤剖面中 SAR 平均值在研究结束时为 17，在研究开始时为 18。SAR 在不同土壤层中也没有明显变化。结果显示，采用水质量平衡设计方法，在本污水应用场地短期运行内 SAR 未见不利影响。

但是，值得注意的是，该污水应用场地中土壤 SAR 值较高，为 17 或 18，这可能是由于在本研究之前污水应用场地土壤形成过程或长期灌溉和耕作方法所致。在污水应用过程中，土壤 SAR 升高表明土壤入渗能力和土壤导水能力可能会发生潜在的退化，从而导致地面径流量增大。因此，在该污水应用场地应高度关注 SAR 升高可能引起的土壤物理性质潜在退化。为降低土壤 SAR 值，减轻土壤剖面中相对高钠含量的潜在危害，可能需要在土壤中添加硫酸钙或酸性药剂对土壤进行改良。在本工程案例调查研究期间，该污水应用场地无污水地表径流产生，可能原因为，污水应用率仍低于土壤的水入渗率，同时高 SAR 引起的土壤水入渗能力降低被高土壤盐度引起的土壤入渗能力升高抵消。

10.2 城市污水土地应用系统运行中的反硝化

10.2.1 城市污水土地应用系统运行中反硝化测试目标与意义

应用污水中氮部分去除要依赖于反硝化过程，尤其在冬季无作物种植或者作物休眠时反硝化去除氮尤为重要。在综合质量平衡法设计城市污水土地应用系统时，如上所述，氮质量平衡中，往往需要确定系统中反硝化除氮量，尽管土壤反硝化机理已经基本明确，但是在工程实际中如何量化还需要进一步深入研究。本节将介绍在城市污水土地应用系统中反硝化场地研究的结果，以供设计工程师和管理人员参考。本工程研究目标为污水土地应用系统土壤中反硝化作用和其潜力。

10.2.2 城市污水土地应用系统反硝化测试

10.2.2.1 场地特征

本工程研究的城市污水土地应用场地有两个，均位于美国得克萨斯州西北部。

（1）利特莱菲尔德（Littlefield）场地

　　该场地和上节工程研究中场地相同。该地污水处理厂和污水土地应用系统于 2001 年建成。大部分污水被抽送到农场进行土地应用；少量污水经喷淋系统应用于污水处理厂内和周边城市的草坪。该处场地地形起伏，土壤顶层为砂壤土，下部为砂质黏壤土，两层土壤交际面位于地面下深度为 30cm 处。按美国的土壤术语，该地土壤为阿马里洛细砂壤土系列。污水应用过程中，无添加剂调节土壤。

　　研究期间为 2008 年 9 月 1 日至 2009 年 4 月 30 日，在此期间，污水应用量为 33.5cm，降水为 45cm，经污水应用的总氮为 $45\sim50kg/hm^2$。

　　（2）米德兰（Midland）场地

　　该地位于著名的美国德克萨斯州西北部采油区米德兰市附近。研究场地为一经中心枢纽喷淋系统布水的污水土地应用场地。该污水土地应用始于 1983 年，作物为大型百慕大草和何塞麦草的混合牧草。场地上地形主要由 1%～3% 的斜坡组成。按美国的土壤术语，该地土壤为春季壤质细砂土。土壤顶层为壤质砂土，下部为砂质壤土，两层土壤交际面位于地面下深度为 30cm 处。

　　研究期间为 2008 年 9 月 1 日至 2009 年 4 月 30 日，在此期间，污水应用量为 64cm。研究前 3 年，每年污水应用量平均为 75cm，年均降水为 37cm，降水主要发生在夏季。污水水质变化大，污水中总氮、硝酸氮和氨氮平均值分别为 21.6mg/L、15.7mg/L 和 0.4mg/L。研究前 3 年中每年约有 95kg 总氮经污水应用于该场地上。

10.2.2.2　土壤核采样

　　完整土壤核采样时间：得克萨斯州利特莱菲尔德污水土地应用场地，2008 年 9 月 18 日和 2009 年 1 月 28 日分别采样一次；得克萨斯州米德兰污水土地应用场地，2008 年 10 月 1 日和 2009 年 3 月 5 日分别采样一次。每次采样，采取完整土壤核数为：污水土地应用场地污水灌溉土壤样品 10 个，未经污水灌溉土壤样品 10 个。完整土壤核样品采自土壤剖面，采样深度为从土壤表面至 3m 深处。应用液压落锤式钻头采集土壤核样品，钻头内装塑料土壤采样管，直径 4.5cm，塑料管上有大量直径为 2mm 开孔。土壤核收集后进行土壤层划分，间隔为 30cm。土壤分样品取样方法为：顶部 30cm 又分成 2 个 15cm 厚土壤层，随后每 30cm 层内取 15cm 厚土壤样品，另外在靠近 3m 深度额外取 15cm 厚土壤样品。

10.2.2.3　土壤核反硝化孵化

　　该步骤目的是对城市污水应用区和非污水土地应用区深度为 300cm 土壤剖面中的实际反硝化速率与潜力进行量化和比较。考察的土壤反硝化限制因素包括 NH_4^+、NO_3^-、可溶性碳和充水孔隙空间。

　　反硝化测试方法依照 Ryden 等方法，具体程序为：将 15cm 土壤核放置于反硝化孵化罐，罐盖装有两个橡皮隔膜。工业级乙炔加入量为 5%～10%（体积比），用乙炔抑制技术测定反硝化。所有孵化罐置于环境培养箱在黑暗中 20℃ 孵化 24h。孵化结束时，抽取 10mL 气体样品，用气相色谱法测定 N_2O。利用本森系数法 [式(10-11)] 计算溶

解在土壤水中的 N_2O，并将计算值与测定的气体 N_2O 量相加，得到总 N_2O 产生量。

$$N_2O_w = N_2O_h \times b \times (\theta/HSV) \tag{10-11}$$

式中 N_2O_w——溶解于水的 N_2O 质量，g；

N_2O_h——N_2O 在顶部空间的质量，g；

b——本森系数，20℃时取值 0.63；

θ——容积水含量，L；

HSV——顶部空间体积，L。

气相色谱法使用岛津 GC-2014（日本东京岛津公司）测量 N_2O 浓度。以氮气（N_2）为载气，流速为 20mL/min。

10.2.2.4 反硝化酶活性和反硝化能力

在室温（22℃）下，用 Tiedje 法测定反硝化酶活性（DEA）。在上述土壤核孵化完成后，取出土壤核风干，过 2mm 土壤筛进行分析。将 25g 土壤置于 1L 锥形瓶中，加入 30mLC-N 溶液（50μgNO_3^--N/g 土壤，300μg$C_6H_{12}O_6$-C/g 土壤），以保证反硝化菌有足够浓度。充入氩气去除氧气后，再加入 5%～10%（体积比）乙炔气，抑制 N_2O 还原为 N_2。随后样品放置在旋转摇床上振荡 2h，每 40min 采样一次，用气相色谱法测定 N_2O 含量。

反硝化能力是在 C 源和 N 源充足的条件下，有足够时间产生反硝化所需活性酶，经反硝化过程，能还原的最大硝酸氮量。

为了测定反硝化能力，将孵化的土壤从摇床上的摇瓶中取出，用 1L 罐密封，并在环境温度下储存 48h。48h 后取 10mL 气体样品进行气相色谱分析。

10.2.2.5 表面通量

两个污水土地应用场地均测量了表面氮气通量。Littlefield 测试时间为 2009 年 4 月 7 日和 2009 年 5 月 11 日；Midland 测试时间为 2009 年 4 月 7 日和 2009 年 5 月 12 日。氮气通量测量采用 Matthias 法使用通气室技术。反硝化通量采用 Htchinson 和 Mosier 法测定。

每个污水土地应用场地内放置 5 对测量装置对污水灌溉和无污水灌溉土壤进行测量。不同时段采取气体样本，用气相色谱法分析 N_2O。气体样品收集后，在 0～15cm 土壤层采集土样，按美国土壤协会土壤物理和化学标准程序测定土壤中氨氮、硝酸氮、可溶解 C 和水容积含量。利用以下公式计算表面通量：

$$F = \Delta CV/(At) \tag{10-12}$$

式中 F——通量，$\mu g/m^2/min$；

ΔC——浓度变化，$\mu g/m^3$；

V——测试室体积，m^3；

A——测试室下地面面积，m^2；

t——时间，min。

10.2.3　污水土地应用系统反硝化测试结果与分析

10.2.3.1　Littlefield 污水土地应用场地

（1）土壤核反硝化

2008 年 9 月收集的污水灌溉土壤样品和无污水灌溉土壤样品测试结果表明，在两类土壤中，整个 3m 的土壤剖面中反硝化平均速率没有显著差异。土壤反硝化速率随深度变化显著。表层 0～15cm 土壤层中反硝化作用显著高于除 180～210cm 土壤层外的其他土壤层。180～210cm 深度土壤层反硝化速率显著高于除 0～15cm 和 210～240cm 土壤层外的其他土壤层。0～15cm、180～210cm 和 210～240cm 深度土壤层反硝化速率分别为 22.9μgN$_2$O-N/(kg 土壤·d)、14.4μgN$_2$O-N/(kg 土壤·d) 和 8.5μgN$_2$O-N/(kg 土壤·d)。所有样品的平均反硝化速率约为 6μgN$_2$O-N/(kg 土壤·d)。该值高于新西兰报道的污水土地应用场地上的平均反硝化速率，2.8μgN$_2$O-N/(kg 土壤·d)。但是新西兰污水土地应用场地上土壤中水填充孔隙（WFPS）小于 60%，平均气温为 11℃，这两个参数导致了新西兰污水土地应用场地土壤反硝化速率低于美国得克萨斯州 Littlefield 场地。

2009 年 1 月收集的土壤样品分析反硝化速率结果与 2008 年 9 月类似。污水灌溉土壤中，在 180～240cm 土壤层中的反硝化速率为 16μgN$_2$O-N/(kg 土壤·d)，高于其他土壤层中的反硝化速率，而其他土壤层反硝化速率范围为 5.5～9.2μgN$_2$O-N/(kg 土壤·d)。

2009 年 1 月收集的土壤样品中，反硝化速率在 0～15cm 土壤层低于 2008 年 9 月 0～15cm 土壤层。较低的气温、NO$_3^-$-N 或 WFPS 可能是反硝化速率下降的原因。土壤温度可影响土壤表面附近的反硝化，但不能解释随深度增加反硝化速率下降的现象，因为较深的土壤层中全年温度基本保持不变。1 月份 NO$_3^-$-N 浓度和 WFPS 均低于 9 月份。据报道，WFPS＜50% 时，土壤中反硝化进程会受到限制。而 1 月份，0～15cm 土壤层中 WFPS＜50%，而 9 月份，污水灌溉土壤和无污水灌溉土壤中 WFPS 均高于 50%。1 月份土壤中 WFPS 值在土壤层 0～120cm 较低，而在 9 月至翌年 1 月之间 WFPS 在 120～300cm 的土壤层中变化不大。1 月份土壤中 NO$_3^-$-N 浓度略低于 9 月份，可能是 1 月份 120～300cm 土壤层中反硝化速率低的原因。两次采样的土壤中，土壤 NO$_3^-$-N 浓度均小于 8mg/kg 土壤。据文献报道，土壤 NO$_3^-$-N 浓度小于 7mg/kg 土壤时，土壤 NO$_3^-$-N 浓度会限制反硝化进程。可能实地测出场地土壤 NO$_3^-$-N 浓度低，是导致反硝化速率低的原因。

本研究采用简单线性回归法评价了反硝化速率与常见反硝化限制因子，WFPS、NO$_3^-$-N 和水溶性有机碳（WSOC）之间的关系，结果显示反硝化速率与这些因子之间没有明显的相关性。本研究还尝试了多元回归（逐步回归、正回归和反向回归），所有回归分析结果同上。其他国家如新西兰等地污水土地应用场地研究中，结果类似。

由反硝化速率测试结果，可外推得到该场地在整个 300cm 深度土壤剖面上年反硝

化速率为 $80kgNO_3^- N/(hm^2 \cdot a)$。该值为当前在 Littlefield 污水土地应用场地上硝酸氮年负荷率的 2 倍。因此，如果该场地上运行管理合理，能防止大规模渗滤水发生时，可以增加应用污水中的硝酸氮，在不考虑植物对氮去除的情况下，仅依赖土壤中反硝化脱氮，也可避免渗滤水中硝酸氮对地下水的潜在污染。

（2）反硝化酶活性（DEA）

9 月份土壤样品 DEA 分析结果显示，土壤是否经过污水灌溉，对 DEA 影响效果不显著。土壤深度对 DEA 影响显著。0～15cm 土壤层中 DEA[$14400\mu gN_2O\text{-}N/$（kg 土壤 · d）]显著高于其他层，而 30～60cm 土壤层中 DEA[$547\mu gN_2O\text{-}N/$（kg 土壤 · d）]显著低于其他层。亨特等于 2004 年在使用猪粪污水灌溉的农田中，测量得到的 DEA 值范围为 $120\sim39840\mu gN_2O\text{-}N/$（kg 土壤 · d）。亨特等研究结果表明，DEA 最高值发生在土壤表面，并随深度下降，结果类似于本研究。

通常，在污水土地应用的土壤中，在 0～15cm 土壤深度范围内，DEA 值最高。在 15～300cm 土壤深度内，DEA 值会随深度下降，通常会至少降至 0～15cm 土壤层中 DEA 值的 1/2。据报道，大部分污水土地应用场地土壤中，随土壤深度增加，DEA 下降，到 150cm 深度时，反硝化菌数量显著减少，低于 150cm 深度，DEA 极低，甚至无法检出。原因主要为支持反硝化菌存活的土壤中碳源严重不足。但是在本研究场地，即使在深度为 300cm 的土壤层中，DEA 仍可检出，但是 DEA 在 15～300cm 土壤剖面中差异无显著性。

波尚等于 1980 年量化了支持反硝化菌活性所需的可溶性碳的浓度，并指出支持反硝化细菌种群所需的可溶性碳浓度为大于 40mg/kg 土壤。但是 Burford 和 Bremner 发现，在 WSOC 低至 14mg/kg 土壤浓度时，反硝化仍可发生。在本研究场地土壤样品中，WSOC 浓度始终大于 25mg/kg 土壤，该 WSOC 浓度表明，在本研究场地污水土地应用系统中，存在足够量的碳源支持深度为 300cm 土壤层中的反硝化菌活动。

（3）反硝化能力

9 月份土壤样品测试结果表明，污水灌溉与否对土壤反硝化能力（DC）作用不显著。但是土壤深度对反硝化能力作用显著。0～15cm 深度土壤层的反硝化能力显著高于其他深度土壤层。总体分析，在土壤剖面上，0～60cm 和 120～180cm 深度土壤层的反硝化能力较高。

2009 年 1 月份土壤样品测试结果表明，反硝化能力和 2008 年 9 月土壤样品类似。在整个 3m 深的土壤里，反硝化能力范围为 $25\sim117mgN_2O\text{-}N/$（kg 土壤 · d）。本研究中测试结果类似于 Lind 和 Eiland 报道的结果，即在葡萄糖底物激发下，土壤能进行反硝化，即使在 20m 深的土壤中，只要碳源充分，反硝化仍可进行。其他研究人员发现，在 150cm 以下的土壤中，反硝化能力会降至零，原因为所调查的土壤上只是使用低碳源的井水进行灌溉。

在 Littlefield 污水土地应用场地土壤中，反硝化能力和反硝化酶活性均随深度增加而下降，原因可能为反硝化菌数量随深度增加而减少。据报道，饮用水源灌溉的土壤也显示了类似的结果，在这些土壤中，土壤表层中的反硝化能力是 100～150cm 土壤层中的反硝化能力的 10～100 倍，原因为表层土壤中反硝化菌数量与土壤底层反硝化菌数量差距大。在本污水土地应用场地土壤中，表层土壤反硝化能力不超过最低层土壤反硝化能力的 4 倍，表明反硝化菌群数在整个 3m 的土壤剖面上差别远没有淡水灌溉的土壤中那么大。

碳供应常被认为是反硝化微生物生长和活性的限制因素。如前所述，WSOC 浓度在土壤剖面中始终大于 25mg/kg 土壤。该浓度值高于 Burford 和 Bremner 建议的反硝化限制值（16mg/kg 土壤）。因此，本研究场地土壤中的碳浓度很可能足以支持至少在 300cm 深度土壤中的反硝化微生物种群存活。

10.2.3.2　Midland 污水土地应用场地

（1）土壤核反硝化

同 Littlefield 污水土地应用场地土壤，2008 年 10 月采集的 Midland 污水土地应用场地土壤样品中，土壤反硝化速率随土壤深度变化显著。土壤反硝化速率在 210～270cm 深度范围内最高，显著高于 0～120cm 土壤层。土壤反硝化速率范围为 0.5～24.5μgN_2O-N/（kg 土壤·d）。在土壤顶部 150cm 范围内，土壤反硝化速率范围为 0.5～2μgN_2O-N/（kg 土壤·d）。这些反硝化速率数值类似于 Barton 等报道的在 Littlefield 污水灌溉的森林土壤中的反硝化速率数值，污水灌溉的森林土壤中反硝化速率平均值为 1μgN_2O-N/（kg 土壤·d）。Schwarz 等调查显示在污水应用的旱地土壤中，反硝化速率范围为 0.1～1.7μgN_2O-N/（kg 土壤·d）。

在 Midland 污水土地应用场地土壤中测得的反硝化速率与 Parkin 和 Meisinger 报道的低于 180cm 土壤层中的反硝化速率情况相反。他们在污水灌溉的 180cm 下的土壤层中没有发现反硝化进程，无论是在添加氨氮和葡萄糖还是不添加碳源和氮源的情况下，结果一致。他们将该结果归因于在土壤底层中由于碳源不足导致不存在反硝化菌群。很显然，在 Midland 场地土壤中，碳源和氮源足够维持反硝化菌群存活。在土壤分析中发现，所有深度土壤中，WSOC 浓度都高于 28mg/kg 土壤。在 Midland 和 Littlefield 污水应用场地土壤剖面中，WSOC 随深度增加而降低，超过深度 60cm 后其浓度保持不变。

2009 年 3 月土壤样品分析显示随深度增加，反硝化速率下降显著。反硝化速率范围为 1.1～128μgN_2O-N/（kg 土壤·d）。0～15cm 土壤层中反硝化速率最高。原因为采样时，土壤刚完成污水应用，土壤顶层中水分和反硝化菌群所需底物浓度最高。

简单线性回归分析，未见 WSOC、WFPS、氨氮或硝酸氮与反硝化速率之间有强相关性。Midland 污水应用场地土壤剖面中在 300cm 深处存在硬质碳酸钙层，形成地下水栖息水位，这也解释了在土壤较深层中出现高反硝化速率的原因。同 Littlefield 场地相比，Midland 场地上土壤中氨氮含量低于 5mg/kg 土壤，表明该场地可以接收更大的氮负荷而不会发生地下水氮污染。

（2）反硝化酶活性（DEA）

反硝化酶活性在大于 15cm 深度土壤层中类似于 Littlefield 场地。反硝化酶活性在污水灌溉的土壤剖面顶部 15cm 内显著高于其他深度，其值为 14.2mgN₂O-N/（kg 土壤·d）。但是在其他土壤层中，反硝化酶活性差别不显著，平均值为 5.5mgN₂O-N/（kg 土壤·d）（2008 年 10 月）和 2.3mgN₂O-N/（kg 土壤·d）（2009 年 3 月）。

巴顿等研究表明，反硝化酶活性在新西兰的污水土地应用土壤中呈季节性变化，但他们无法解释原因。其他研究表明，反硝化酶活性变化可归因于 WFPS 和碳含量变化。污水灌溉或降雨会激发反硝化酶的产生，原因为 WFPS 显著增加，同时碳源增加则增加了反硝化酶的产生量。污水土地应用提高了表层土壤 WFPS 和可溶解性碳的利用率，从而促进反硝化酶的大幅增加。在 3 月份的土壤样品中，采样时间为刚完成了污水应用系统，使 WFPS>60%，因此反硝化酶活性在顶部 15cm 土壤层中最高。

（3）反硝化能力

2008 年 10 月份和 2009 年 3 月份的土壤样品测试结果表明，土壤反硝化能力随土壤深度增加普遍减小。但是，在整个土壤剖面中，WSOC 浓度始终保持在 25mg/kg 土壤以上。通常认为，WSOC 浓度超过 14mg/kg 土壤时，WSOC 则不是限制土壤反硝化的因素。由于 WSOC 随深度而减少，反硝化菌群数量很可能会随着土壤深度增加而减少。2008 年 10 月和 2009 年 3 月，该污水土地应用场地 3m 深土壤剖面上，反硝化能力分别为 5.1～110mgN₂O-N/（kg 土壤·d）和 7.2～56.9mgN₂O-N/（kg 土壤·d）。

10.2.3.3 Littlefield 和 Midland 污水土地应用场地表面通量

经 SAS 软件中混合模型（MixedModel）测试，发现污水灌溉与否、乙炔添加与否以及污水灌溉和乙炔交互作用对两个污水土地应用场地表面通量无显著影响。

Littlefield 和 Midland 污水土地应用场地上，表面通量都很低。观察到的最高速率约为 4.3mgN₂O-N/（m²·d）。此外，测试结果差异性大，标准误差往往大于平均值。平均表面通量为 0.146mgN₂O-N/（m²·d）。

本次在两个污水土地应用场地表面通量测试结果与 Abao 等报道的结果一致。Abao 等调查了生长季节漫灌大米种植土壤上的表面通量，结果表明，表面通量一般小于 2mgN₂O-N/（m²·d）。他们的研究发现，N₂O 表面通量只有在氮肥施加或降雨事件之后才会增加，原因可能是反硝化不彻底的进程在农业操作或降雨后得以彻底完成。Aulakh 等用乙炔抑制法测定了反硝化表面通量，发现在饮用水灌溉的旱地土壤中，N₂O 表面通量远高于本研究土壤中的测量值。他们发现，当土壤 WFPS 为 62%～65% 时，反硝化通量为 8.4～24mgN₂O-N/（m²·d）；当土壤 WFPS 为 82% 时，反硝化通量为 179～208mgN₂O-N/（m²·d）。

这些结果表明，Littlefield 和 Midland 污水土地应用场地上反硝化表面通量较低则可能是由于土壤水分不足，无法进行反硝化。因为 WFPS 在两个采样期平均值为 24.5%，从未超过 50%。由于乙炔处理的土壤与未经乙炔处理的土壤之间，测量值没有明显的通量差异，所以在采样测量期间，WFPS 过低可能使得在本研究中的任何一个污水土地应用场地上无法产生显著的反硝化作用。

许多计算得到的表面通量值为负值，表明 N₂O 气体有可能进入土壤中并在其中移动。其他研究已表明，土壤有时会成为 N_2O 的汇。低土壤 NO_3^- 和高 WFPS 是土壤成为 N_2O 汇的有利条件。在本次研究场地上，所有测量中，WFPS 均低（＜50％ WFPS），表面通量的标准误差高，且通常大于平均计算值。此外，与其他研究相比，计算出的表面通量非常低，这些土壤成为 N_2O 的汇的可能性较小。负通量很可能是收集和测量接近周边环境本底 N_2O 值时本身存在内在变异性的结果。

10.2.3.4　表面通量与土壤属性

到目前为止，污水土地应用场地土壤 N_2O 表面通量与土壤核测量反硝化结果之间的相关性研究并没有得到广泛开展。极少量研究比较了这两种反硝化的结果。Aulakh 等研究结果为，从土壤表面测量的反硝化表面通量结果和从土壤中采取完整土壤核测量 N_2O 的结果之间存在良好的相关性。但是，他们的研究假定为，反硝化作用只发生在土壤最上面 7.5cm 的土壤层内，而土壤中的大部分 C 和 N 都位于该部分土壤层。他们指出，通过完整的土壤核进行的反硝化测量必须包括那些 C 和 N 充足的污水应用场地土壤深度。至今为止，对不同深度实测反硝化表面通量的对比研究尚未见报道。

由于土壤密度、土壤质地和土壤 WFPS 变化等因素的影响，土壤中 N_2O 等气体在土壤中的扩散很难准确预测。至今为止，依赖于土壤中 WFPS 的含量，已公布的 N_2O 和其他气体分子在干燥土壤中的平均扩散速率为：N_2O $1.26 \times 10^{-3} \, cm^2/min$；$O_2$ $1.00 \times 10^{-6} \, cm^2/min$；$CO_2$ $1.00 \times 10^{-12} \, cm^2/min$。按报道的扩散速率计算，$N_2O$ 从 100cm 深处土壤中扩散到土壤表面时间大致为：干燥粗质土壤，需要 1d 时间；水饱和细质土壤，则需要超过 2500 年。可见 N_2O 在土壤中扩散需求的时间范围相当大。污水应用、一般普通农业灌溉和降雨都会进一步将溶解的 N_2O 向下运移通过土壤剖面，并延长 N_2O 扩散到地表所需的时间。

由于在本实地调查研究的两个污水土地应用场地土壤中 WFPS 通常大于 50％，因此实地反硝化表面通量测得的 N_2O 中不可能包括土壤剖面深层土壤中的 N_2O，因而在这两个污水土地应用场地上 N_2O 表面通量测值与土壤核测量反硝化结果之间，无法建立强的相关性。在实际场地中，N_2O 或 N_2 从土壤深处到达土壤表面所需的滞后时间可能很长，经估算为几天到几年，这可能会降低反硝化表面通量与完整土壤核测量反硝化数据之间的强相关性。

10.3　城市养殖场废物处理后污水土地可持续应用系统

10.3.1　应用系统介绍

水是世界上宝贵的自然资源，因此必须要对水进行循环使用和再利用，以保护有限的淡水资源，促进社会和经济可持续发展。此外，为减少人类对化石燃料的依赖，世界各国学术界和工业界已做出了大量努力，一直在寻求和发展将生物质转化为生物能的高效措施和策略。目前，生物能源的主要技术是以玉米为主要原料生产乙醇，以大豆为主要原料生产生物柴油。生产的乙醇已成功地与汽油按一定比例混合，且广泛商业化用于常规车辆发动机燃料。世界上新兴生物能源技术是利用纤维素或木本生物质生产纤维素乙醇，常见纤维素或木本生物质包括玉米秸秆、木屑、麦草和柳枝等。但是，由于生产能源作物和随后的生物燃料所使用的水消耗量巨大，因此，通过将生物质转化为生物能源生产可再生能源这一技术路径的环境可行性备受质疑。除了能源作物的耗水量外，生产 1 个单位乙醇还需要 4～7 个单位水，而石油提炼中的水需求比例为 1：1.5。生物燃料精炼产生的废水含有较高的生化需氧量和盐度。由于生物燃料生产对水量和水质存在潜在的不利影响，近年来生物能源生产的可行性和可持续性一直受到质疑。

本工程研究提出了一种有效结合生物质生产和水资源节约的创新方法。该方法是在养殖场废物综合自然处理系统中收获生物质同时将处理后的污水进行土地应用。优点为生产生物质供生产生物能，同时节约淡水资源，以成本效益高的方式充分利用污水中的可用养分。在该系统中，可再生污水可以是城市、工业或农业污水处理后的出水。

养殖场废物和污水综合自然处理系统概念性模型如图 10-20 所示。在该系统中，养殖场粪便及污水被收集并运往综合兼性池（IFP）进行处理，用于甲烷气体生产，甲烷气体（沼气）是良好的清洁生物能源。养殖场粪便及污水中含有大量有机物和营养物质。如果处理不当，养殖场粪便及污水会严重污染附近水源。综合兼性池（IFP）出水氨氮含量很高，高浓度氨氮会对地表水生态系统中的大部分脊椎动物如鱼类造成毒害，因此，欲使综合兼性池（IFP）出水通过如图所述的高级水生生态系统，则必须先将氨氮浓度降低到适当水平。人工湿地系统和水生系统可进一步处理综合兼性池（IFP）出水。水生系统是用生长在水中或水下的水生植物处理污水。水生系统的污水达到一定水质时，可被回用于生产鱼虾等动物，这些水生产物既可用作牲畜饲料，也可用于生物能生产。也即该自然系统生产的水生生物可作为能源生产的生物质来源。处理后的污水可

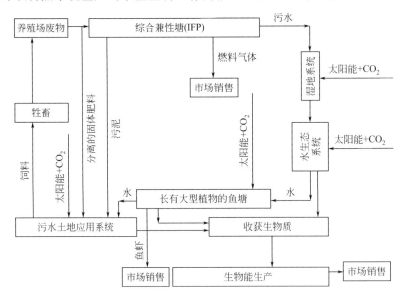

图 10-20　养殖场废物和污水综合自然处理系统概念性模型

用于灌溉地面能源作物，从而节省了通常用于此目的的淡水资源。在利用综合自然处理系统处理污废水时，可收获大量生物质。太阳能被植物捕获并储存在生物质中，温室气体二氧化碳通过生产生物质而得到利用和削减。最后，该系统产生的生物质可转化为电能或其他形式可消费的绿色能源。纵观整个系统，体现了可持续性理念，也高度符合联合国环境与发展目标。

　　植物由于有能力通过同化污水中的植物营养类污染物，有效降低污水中的有机物和悬浮物，因而在污水自然处理系统中得到大量使用，同时也可生产用于生物能源生产的生物质，在污水处理中实现生物质生产。国际水工业界普遍认为，在污水处理中使用水葫芦和浮萍是一种成本效益高、环境友好的方法。例如，美国得克萨斯州的里约洪多市就通过种植水葫芦处理该市市政污水，其处理设施的初始成本约为传统污水处理系统的20%。在本项目中，湿地系统和水生态系统中种植的植物包括水葫芦、浮萍、香蒲和结缕草，这些植物是世界各地自然水体中常见植物，水葫芦是一种多年生漂浮性水生植物，最初在南美洲的亚马逊发现，目前水葫芦广泛分布于全球多个国家和地区，如印度、孟加拉国、菲律宾、中国和美国的部分地区。浮萍是小型漂浮性水生植物，是最小和最简单的开花植物之一，在世界各地水体广泛分布。浮萍具有较高的繁殖率，在良好的水环境条件下其生物质重量可在两天甚至更短的时间内翻倍。香蒲的生物质具有较高的可转换为生物能潜力，在生物质能生产中具有重要的应用价值。它主要生长在除澳大利亚和南美洲以外的温带和热带地区，在中国属于常见河流生态作物。其在自然环境中的生长受水深、洪水持续时间和特定地点养分水平影响。尽管香蒲更喜欢高水分土壤条件，但是它可以在较宽泛的土壤水分条件下生长。在连续淹水条件下，香蒲的生物质产量要比在周期性淹水和周期性干旱条件下更高。结缕草是一种平卧草，在美国温带地区的各种开阔地均有分布，并且在水分适当时产量相对较高。尽管与水葫芦相比，结缕草的产量相对较低，为每公顷 2~4t 干重，但由于其生长条件灵活，因此是生物质能生产的可选植物。结缕草有长时间（>6 个月）忍耐缺水的能力，一旦水分充足则可恢复快速生长，在工程应用中适应性强。

　　水生植物是污水处理与能源生产的连接纽带，应用水生植物进行污水处理，是污水资源化的新思路，属于污水可持续处理方法。目前，水生植物生物质可通过气化有效地转化为电能，或经厌氧消化产生甲烷，或转化为甲醇或丁醇。通过污水处理生产生物能的生产率是生物质生产率、生物质能含量和转化过程效率的乘积。由于生物质能含量不具有很大的变异性，能源生产率主要取决于生物质生产速率。虽然水葫芦在水生植物中的能量含量并不是最高，但由于水葫芦具有较高的生物量产率，单位面积内产生的能量可能比其他水生植物多。

　　该系统中的污水出流可定义为退化水。退化水的概念最先由奥康纳等提出。由于普通淡水经过化学、物理和微生物处理，尽管水质符合出生标准，但是与饮用水相比，水的质量下降。在本书中，为保险起见，仍将该部分水视作污水。如前面章节所述，污水土地应用是一种环境友好的处理和处置方法，具有较好的环境效益、经济效益和社会效益。但是，污水土地应用不当会导致地下水和附近地表水氮污染和潜在的土壤退化，因此，污水土地应用有时会被一些研究人员质疑。例如，记录表明，由于经验不足，设计和管理不当，1987 年在美国得克萨斯州拉伯克市的城市污水土地应用场地下的地下水中发现高浓度硝酸盐，浓度高达 35.9mg/L。

正因为如此，位于美国得克萨斯州拉伯克市的得克萨斯理工大学一直致力于城市污水土地应用系统的设计与管理研究。如本章第一节，得克萨斯理工大学研究发展出新的系统设计方法，即包括水平衡、氮平衡和盐平衡在内的综合质量平衡法，目的是为消除或减少城市污水土地应用的潜在环境风险。该方法已经在位于美国得克萨斯州Littlefield 市城市污水处理厂进行了详细的实地工程研究。尽管在由该方法制定的污水应用制度下进行污水土地应用能高效节水 50％以上，且未发现潜在的地下水氮污染，也未观察到污水土地应用对土壤性质的不利影响。但是由于土壤和植物的多样性，有必要对不同土壤类型、不同植物、不同污水应用于在新设计方法设计下的土地系统进行进一步工程研究。

10.3.2 基于设计新方法的运行测试介绍

10.3.2.1 研究地点和系统

本研究地点位于美国得克萨斯州拉伯克的得克萨斯理工大学校园内。该研究在温室内外进行。该温室只包括养殖场废物和污水综合自然处理系统。该自然处理系统包括厌氧消化牲畜废物混合池（建于室外地下）、储存池（建于室外）、湿地系统长方形池（表面流湿地系统）和水生生态池（圆形，养殖动物为日本锦鲤和小龙虾）。牲畜废物为紧邻本大学养马场废物。厌氧消化的马粪污水出流，进入多级两池系列湿地系统进行处理，湿地系统植物在前端池主要为香蒲和后续池种植结缕草。湿地系统多级处理后的污水出流进入水生生态系统对污水进一步处理，水生生态系统池前端池种植水葫芦，后续池种植浮萍。水生生态系统出水用于污水土地应用工程研究。

污水土地应用设计研究采用两种不同于 Littlefield 的得克萨斯州常见土壤和草坪草。一种土壤为休斯敦附近黑色黏土，种植圣奥古斯丁草。圣奥古斯丁草为美国南部如得克萨斯州休斯敦等地常用暖季草坪草。该部分土壤和草形成的土壤核为未扰动土壤，也即在渗滤液采集装置安装时，草和土壤层保持原样，土壤系统样品采集地点位于休斯敦附近的哈里斯县。为模拟休斯敦的温度和湿度（相对湿度接近100％），6 个渗滤液收集装置埋设于温室北侧温度和湿度均可控的室内地下土壤中，布置方式见图 10-21。另外一种土壤为米德兰土壤，种植百慕大草坪草，该种草对土壤湿度适应性强，常用于干旱半干旱地区草坪草。由于得克萨斯米德兰市的气候特征接近于拉伯克，这部分渗滤水收集装置埋设于温室外土壤中，布置方式同休斯敦土壤和草。渗滤水收集装置中土壤核采集深度为 305mm，以满足草植物根区需求，渗滤水收集装置顶部与地面或土壤表面齐平（见图 10-21）。表 10-11 列出了这两种得克萨斯州典型草坪土壤起始物理和化学特性。

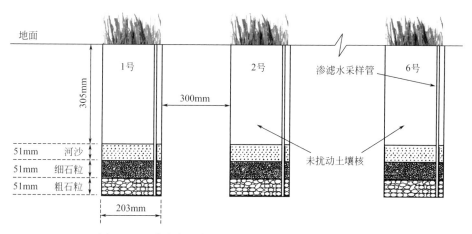

图 10-21　渗滤水收集装置侧面剖面图（3～5 号省略）

表 10-11　土壤起始物理和化学特性

来源	密度/(g/cm³)	砂土/%	黏土/%	粉土/%	质地分类	pH 值	EC_e/(dS/m)	硝酸氮/(mg/kg)
休斯敦	1.2	18.9	45.8	35.3	黏土	5.7	0.5	5.2
米德兰	1.6	81.4	8.8	9.8	壤质砂土	7.6	4	11.9

10.3.2.2　污水应用

从 2005 年 6 月至 2006 年 8 月 31 日，所有 12 个渗滤水收集装置均用自来水充分冲洗，将原有土壤水中盐分和不稳定物质冲淋至装置底部，并及时抽出。

渗滤水采集、水质分析以及数据收集工作从 2006 年 9 月 1 日开始，到 2008 年 2 月 27 日结束。研究期间，按综合质量平衡法制定污水应用制度（表 10-12），污水应用每 2 ～3d 进行一次。应用的污水取自温室内养殖场废物和污水自然处理系统。由于自然处理系统出流中总氮含量低，在污水应用前均需加入水溶性植物营养物，以满足草坪草的养分需求。灌溉水中的最终总氮浓度约为 25mg/L，该值是美国得克萨斯州西部城市污水自然处理系统二级出水总氮浓度范围内高值。

表 10-12　预设污水应用制度　　　　　　　　　　　单位：mm

项目	1	2	3	4	5	6	7	8	9	10	11	12
休斯敦土壤	58	62	95	128	148	148	159	157	144	116	84	69
米德兰土壤	48	53	86	101	97	78	114	98	70	60	52	46

综合质量平衡法考虑了植物生长和盐分淋洗的需求。蒸发蒸腾量（ET）值取自 Borrelli 等编著的《得克萨斯州作物耗水量和自由蒸发量手册》。温室外降水预设值采用美国国家气象资料中心数据库中拉伯克市的 30 年月平均值。对于这两种土壤，6 月、7 月和 8 月的渗滤水量预设为零，10 月、11 月和 12 月预设为 25mm，其余月份预设为 13mm。两种土壤年渗滤水比例设定为 11% 和 17%。渗滤水比例高于冲洗盐分的最低渗滤水比例要求。虽然夏季渗滤水量设定为零，但是夏季土壤中积累的盐分可在其他季节冲洗。

213

10.3.2.3 渗滤水采样

每月收集应用污水，并用压力真空泵和真空瓶组合装置采集渗滤水。测定渗滤水体积，并将水样运往实验室及时进行水质分析。研究期间，随机从休斯敦和米德兰市的填装渗滤水采样装置所用土壤的相同地点采集 6 个直径为 50mm 的土壤核样品，土壤核样品采集自土壤表面到 305mm 深度进行土壤分析，作为对照。在研究结束时，从土壤中挖掘出所有渗滤水采样装置，对其中土壤进行分析。

10.3.2.4 水质和土壤分析以及数据分析

氮素分析采用美国国家环保局标准程序进行，土壤分析方法采用美国土壤协会标准方法。数据分析方法同本章第一节。

10.3.3 运行测试结果与分析

10.3.3.1 水平衡

在调查结果分析中，系统实际水损失为 ET，ET 计算为水输入即污水应用量和降水之和与渗滤水之间的差值。在按照综合质量平衡法进行污水应用制度制定时，预设和实际应用的污水量在夏季和秋季相对较高。渗滤水实质上控制着系统中氮和盐的渗漏。结果显示，休斯敦土壤装置（温室内）中，水渗滤主要发生在秋季和夏季，而米德兰土壤装置（温室外）中，水渗滤发生在春季、秋季和冬季。渗滤水测量值和预设值之间存在差异。休斯敦土壤装置中差异非常小，原因为该装置处于温室内，温度和湿度可控制，且无降水。但是埋设于温室外的米德兰土壤装置中差异相对较大，原因为在综合质量平衡法制定污水应用制度时，采用的降水值为 30 年平均，而真实降水和该平均值之间存在差异，此外温度等气象条件变化导致计算时采用的 ET 值和真实 ET 值之间也存在差异。但是，如果慢速渗滤城市污水土地应用系统运行时间足够长，则计算时采用的 ET 值和降水值在长时间范围内在统计学上为合理值，因而在某长时间内，如 $20\sim30$ 年或更长时间内，整个系统中累积水渗滤量和经综合质量平衡法预设量应该接近。

10.3.3.2 氮平衡

应用的污水中，总氮、硝酸氮、氨氮浓度范围分别为 $23\sim25$mg/L、$0.4\sim1.8$mg/L 和 $0.02\sim1.60$mg/L。休斯敦土壤装置渗滤水中，总氮、硝酸氮、氨氮浓度范围分别为 $0\sim11$mg/L、$0\sim7.5$mg/L 和 $0\sim0.22$mg/L；米德兰土壤装置渗滤水中，总氮、硝酸氮、氨氮浓度范围分别为 $1\sim17$mg/L、$0.2\sim10.8$mg/L 和 $0\sim0.18$mg/L。所有采样期间内，只有米德兰土壤渗滤水中硝酸氮在 1 月份出现过一次略微大于 10mg/L。结果表明，在绝大多数采样期间，在两种土壤中都没有潜在的硝酸氮污染。

本研究中，应用污水氮形式主要为有机氮，原因为污水中添加的植物营养物主要氮形式为有机氮。两种土壤中，渗滤水中总氮浓度始终低于应用污水中总氮浓度。测试结果表明，氮固化经由草坪草和细菌发生，同时也发生了反硝化脱氮。反硝化是冬季植物氮吸收低甚至为零时去除污水氮的主要机理。反硝化脱氮取决于许多环境因素，包括土壤水分、碳源和氮源、好氧和厌氧条件、土壤质地和气候条件。在一些采样期间，渗滤水中硝酸氮浓度高于应用污水中的硝酸氮浓度，这是氮从有机氮分解矿化为氨氮、从氨氮到硝酸氮的硝化作用、从硝酸氮到 N_2 和 N_2O 反硝化等过程净反应结果。除一个采样期外，其余采样期间渗滤水中氨氮浓度均低于所有应用污水中的氨氮，表明硝化和氮固化除氮的速度比有机氮矿化产生氨的速度快。

2007 年冬季和 2008 年春季，米德兰土壤渗滤水中总氮和硝酸氮浓度均高于休斯敦土壤渗滤水中总氮和硝酸氮浓度。结果表明，休斯敦土壤中植物氮吸收与反硝化联合脱氮效果高于米德兰土壤。在这些期间，埋设于温室内休斯敦土壤装置中圣奥古斯丁草一直保持生长，但是温室外百慕大草处于冬季干旱休眠阶段，由于温室内植物和土壤微生物生长环境条件较好，因而温室内休斯敦土壤中植物脱氮和反硝化作用较强。

由氮质量平衡计算可知，休斯敦土壤系统中氮质量去除率高于 74％，但是米德兰土壤系统中除一个采样期外在各采样期间氮质量去除率高于 82％。非渗滤氮损失主要为土壤微生物和植物对氮固化、反硝化和土壤氮储量。氮质量平衡表明，两次较高的硝酸氮渗滤发生在米德兰土壤系统中，原因为冬季草处于休眠阶段，土壤缺水以及冷天气不利于反硝化除氮。

10.3.3.3 盐平衡

应用污水中，由电导率表达的盐分范围为 $1.147 \sim 1.847 dS/m$，平均值为 $1.578 dS/m$。休斯敦土壤中渗滤水由电导率表达的盐分范围为 $3.004 \sim 11.580 dS/m$，平均值为 $4.609 dS/m$。米德兰土壤中渗滤水由电导率表达的盐分范围为 $3.387 \sim 15.530 dS/m$，平均值为 $4.984 dS/m$。污水应用后，土壤中和渗滤水中盐浓度增加，主要是由于水蒸腾蒸发散失引起盐浓度升高。

渗滤水中盐质量在 4 个采样期内均高于应用的盐质量。盐质量平衡计算表明，在短期调查时间范围内，盐分在这两种土壤中累积。因此，需要对土壤盐度进行评价。圣奥古斯丁草对土壤盐分耐受性为 $4.0 dS/m$；百慕大草则为 $8.5 dS/m$。研究结束时，对整个土壤剖面分析结果表明，休斯敦土壤和米德兰土壤中平均盐度分别为 $3.833 dS/m$ （$n=12$）和 $2.992 dS/m$（$n=12$）。说明盐分累积对这两种草坪草生长没有负面影响。研究开始时，休斯敦土壤平均盐度为 $0.5 dS/m$（$n=6$），米德兰土壤平均盐度为 $4.0 dS/m$（$n=6$）。土壤盐分在休斯敦土壤中显著增加（$p<0.0001$），而在米德兰土壤中则无显著变化（$p=0.109$）。这可能归因于土壤质地差异。由于休斯敦土壤排水能力差，当用高盐度水灌溉时，土壤盐度则会增加。当米德兰土壤初始盐度高于灌溉水时，土壤盐度无增加趋势，因为壤土通常具有良好的排水能力。

10.4 城市污水土地可持续应用系统中的氮

10.4.1 工程系统运行中氮测试对设计的意义

在城市污水土地应用系统设计和管理中，由式（10-2）可知，准确量化土壤氮非常重要。土壤氮包括 TKN 和硝酸氮。在土壤中，由于土壤颗粒带负电荷，土壤水溶液中硝酸根离子也带负电荷，硝酸根离子较易随土壤水下渗通过植物根区。因此，土壤氮储存形式主要为 TKN，一般评价土壤肥分指标为 TKN。在城市污水土地应用场地中，由于场地调查花费大，程序复杂，耗时长，人工需求多，土壤 TKN 数据非常有限。如前所述，场地中土壤反硝化能力也是城市污水土地应用系统设计和管理需要考虑的重要因素。尽管大量研究已经揭示了土壤反硝化机理，但是在实际工程设计和运行管理中，估计反硝化氮损失依然非常困难。反硝化机理复杂，涉及环境因素多，同时在工程实际运行中并非所有环境参数均可直接测量，导致对反硝化脱氮估计变得困难。一般而言，设计工程师和场地管理人员可相对较易地测试或获得平均气温、土壤湿度（水分）、土壤质地以及应用污水的水量和水质等数据。

在实质上，城市污水土地应用系统设计和管理主要依赖于经验和场地数据。因此需要获得更多的实际工程场地数据供系统设计和管理参考。

10.4.2 典型工程应用系统运行中 TKN 和反硝化测试

10.4.2.1 研究场地与污水

研究场地位于美国得克萨斯州拉伯克市东部，气候条件为半干旱，年最高平均温度、最低平均温度和日平均温度分别为 23.5℃、8.3℃ 和 15.9℃，年平均雨水为 487mm，平均降雪为 23mm。拉伯克城市污水应用场地总面积为 2400hm²，布水方式自 1986 后由漫灌系统转换为中心枢纽喷淋系统，共灌溉 31 个圆形场地，单个场地面积大小为 7.7～76.9hm²。日平均污水应用量为 48264m³。应用的污水符合美国二级污水出水标准，城市市政污水收集后经拉伯克市东南污水处理厂进行处理，该污水处理厂处理能力为 119240m³/d。应用污水中，TN、TKN、总溶解性固体、氨氮、硝酸氮和电导率平均值分别为 20mg/L、5.9mg/L、1418mg/L、4.8mg/L、13.2mg/L、2.395μS/cm。该慢速渗滤城市污水土地应用系统种植的作物包括苜蓿、冬小麦、玉米、小麦草、百慕大牧草、意大利黑麦草等。

10.4.2.2 TKN 测试

研究时间长度为 1 年，从头年 7 月开始至次年 6 月结束。选择研究场地为 6 号、9 号和 13 号场地，分别种植苜蓿、小麦和干草饲料草轮作、百慕大牧草。三块场地接收污水土地应用时间为 10 年、14 年和 69 年。6 号、9 号和 13 号场地土壤类型分别为阿马里洛（Amarillo）细砂壤土、阿卡夫（Acuff）壤土和阿马里洛细砂壤土混合土壤、由阿卡夫（Acuff）壤土、埃斯特卡多黏性壤土、弗里诺娜壤土和曼斯克黏性壤土组成的混合土壤。

每月在以上场地上污水土地应用系统运行时，收集应用的污水水样，在得克萨斯理工大学土木与环境工程系实验室分析总氮、硝酸氮、氨氮和 TKN。每月底在场地上收集土壤样品，收集深度为 0～15cm（深度 1）和 46～61cm（深度 2），进行土壤 TKN 分析。

10.4.2.3　反硝化测试

反硝化调查于头年 8 月底和次年 1 月底和 5 月底在 3 号、16 号和 35 号场地上进行，调查前，这 3 个场地已经接收污水超过 10 年以上。3 号、16 号和 35 号场地土壤类型分别为阿马里洛（Amarillo）细砂壤土、阿卡夫（Acuff）壤土和埃斯特卡多黏性壤土，种植的作物分别为百慕大牧草、百慕大牧草和意大利黑麦草混合牧草、百慕大牧草和意大利黑麦草混合牧草。每个场地上随机采集土壤核 15cm 长，直径为 3.18cm，采样收集深度为 0～15cm（深度 1）和 46～61cm（深度 2）。采样数均为 10 个，采样方法和反硝化测试方法同 10.2 部分类似，但是反硝化微生物孵化是在污水土地应用场地原相同取样地点完全在实地条件下完成，也即孵化时土壤孵化罐或瓶要埋设于原来位置。

10.4.3　结果与分析

10.4.3.1　TKN

研究期间，月平均气温为 5～27℃，最高和最低月平均温度发生在 8 月和 12 月。6 号和 13 号场地在 11～翌年 2 月期间 ET 值相对较低，原因为作物生长慢甚至停止。场地 9 中，3～7 月 ET 值相对较高，原因为混合种植的小麦和干草饲料牧草总的生物质生长快。年总降水为 511mm，月平均降水为 43mm。6 月降水最高，达 215mm，11 月、1 月和 2 月降水最低，接近 1mm 甚至为零。3 号、16 号和 35 号场地月平均应用的污水量分别为 102mm、105mm 和 75mm。6 号场地上水渗滤主要发生在 3 月、4 月和 6 月；9 号场地上水渗滤主要发生在 9 月至翌年 3 月；13 号场地上水渗滤主要发生在 10 月、12 月和翌年 6 月。土壤 TKN 调查结果见表 10-13。

表 10-13　土壤 TKN 调查结果（深度 1 为 0～15cm；深度 2 为 46～61cm）

单位：mg/kg（干土）

月份	6 号场地		9 号场地		13 号场地	
	深度 1	深度 2	深度 1	深度 2	深度 1	深度 2
7	280±53	283±83	286±47	309±28	538±55	474±44
8	285±45	309±76	352±43	428±33	621±59	433±41
9	279±61	355±52	269±37	319±27	393±43	332±33
10	271±70	311±48	285±56	292±23	356±36	298±23
11	267±44	268±57	297±68	261±21	320±35	245±24
12	214±38	259±45	310±41	308±25	368±23	313±33
1	629±81	783±83	431±43	398±41	646±71	381±41
2	342±41	498±92	398±39	335±33	387±41	280±23
3	303±33	420±66	363±41	513±52	365±29	431±41
4	282±28	412±57	330±36	321±35	494±43	392±35
5	301±21	333±35	526±53	544±47	452±34	408±37
6	272±13	355±37	431±51	305±29	700±81	406±36

6 号场地种植苜蓿，在两个土壤深度内，土壤 TKN 呈现了类似的变化样式，深度

2 中土壤 TKN 略高于深度 1。土壤 TKN 从 7 月至 11 月变化不大，12 月降至最低值，但是在翌年 1 月又上升为最高值，随后逐渐呈下降趋势，趋于稳定值。1 月土壤 TKN 高的原因可能为作物生长停止，低温导致反硝化和氨气挥发降低，以及无渗滤水发生导致无氮渗漏损失。土壤 TKN 从 1 月至 6 月逐渐降低，是气温逐渐升高以及植物和微生物对氮摄取逐渐随温度升高而增加的综合结果。

9 号场地作物为小麦和干草饲料牧草轮作，土壤 TKN 并没有表现出像 6 号场地一样的峰值，且在两个深度土壤内的变化范围一致。结果表明，采用作物轮作，土壤 TKN 随时间变化不明显。

13 号场地作物为百慕大草坪草。土壤 TKN 在浅层土壤中高于深层土壤。土壤 TKN 在两个深度的一致性不如 9 号场地。峰值发生在 1 月份，可能原因为植物处于缓慢生长期。

10.4.3.2 反硝化

应用污水在 3 个场地上氮成分无显著差异。3 个场地上土壤湿度和反硝化速率见表 10-14。统计学分析表明，8 月份，在 3 个场地上土壤反硝化速率中位数无显著差异，但是土壤水分的中位数有显著差异。调查结果显示，低反硝化速率和土壤水分相关，低土壤水分会限制反硝化速率。另外，不同深度土壤反硝化速率中位数无显著差异。

表 10-14　场地上土壤湿度和反硝化速率

场地		3 号场地		16 号场地		35 号场地	
		土壤湿度 /%	反硝化速率 /[gN/(hm² · d)]	土壤湿度 /%	反硝化速率 /[gN/(hm² · d)]	土壤湿度 /%	反硝化速率 /[gN/(hm² · d)]
8 月	平均值	5.28	1.54	3.94	0.46	7.36	1.31
	CV	28%	116%	16%	323%	19%	111%
	最小值	3.80	-0.50	3.20	-0.60	5.60	0.00
	最大值	9.20	5.00	4.80	3.10	10.00	4.20
1 月	平均值	17.07	124.5	16.25	174.27	20.77	209.99
	CV	15%	96%	18%	101%	15%	48%
	最小值	14.50	−0.10	10.20	2.10	14.10	200.40
	最大值	22.00	286.20	19.90	513.60	24.60	228.20
5 月	平均值	17.31	523.71	18.49	905.18	19.39	2229.22
	CV	8%	71%	6%	85%	4%	40%
	最小值	15.60	90.50	16.50	105.20	18.20	1062.60
	最大值	20.00	1275.80	20.10	2725.00	20.60	4306.70

1 月份，尽管气温最低，但是反硝化速率高于 8 月份。场地调查结果显示，即使在冬季，如果其他场地条件适当，依然能够实现相对较高的反硝化速率。

5 月份，调查发现，土壤水分高的场地上反硝化速率显著高于其他两个场地。其他两个场地土壤中水分含量无显著性差异，则反硝化速率也无显著性差异。

尽管 5 月份，场地土壤水分和 1 月份无显著差异，但是各场地上反硝化速率均高于 1 月份，原因为气温明显高于 1 月份。另外调查还发现，土壤颗粒细，则反硝化速率会高。

和其他报道类似，该城市污水土地应用场地上反硝化速率的变异性相对较高。氧气条件是限制土壤反硝化速率的因素，在本次调查研究中，土壤水分明显未达到饱和，表明土壤孔隙中既存在水也存在空气，氧气条件并未达到最佳水平，因此本次调查中，土壤反硝化速率并未达到最大值。

本次调查研究表明，城市污水土地应用系统设计和管理中，在冬季，当作物生长缓慢甚至停止时，氮去除可以完全通过提高反硝化速率实现。在温暖季节，经由反硝化实现氮损失可不必设计或控制为高值，除氮任务可以大部分或甚至全部由作物完成。

参 考 文 献

[1]　Ayers R S，Westcot D W. Water quality for agriculture [M]. Italy：United Nations FAO，1976.

[2]　Clifford Fedler，John Borrelli，Runbin Duan. Manual for Designing Surface Application of OSSF Wastewater Effluent [R]. USA：Texas Commission on Environmental Quality（TCEQ），Austin，Texas，USA，2009.

[3]　Clifford Fedler，Runbin Duan. Design and Operation of Land Application Systems from a Water，Nitrogen，and Salt Balance Approach [R]. Texas Commission on Environmental Quality（TCEQ），Austin，Texas，USA，2009.

[4]　Corwin D L，Rhoades J D，Simunek J. Leaching requirement for soil salinity control：Steady-state versus transient models [J]. Agriculture Water Management，2007，90：165-180.

[5]　John Borrelli，Clifford Fedler，John Gregory. Mean crop consumptive use and free water evaporation for Texas [R]. USA：Texas Water Development Board，Austin，TX，1998：Project Report No. 95-483-137.

[6]　Karmeli D，Salazar L L，Walker W R. Assessing the spatial variability of irrigation water applications [R]. USA：U. S. Environmental Protection Agency. Robert S. Kerr Environmental Research Laboratory，Ada，OK，1978.

[7]　Runbin Duan，Clifford Fedler. Denitrification Field Study at a Wastewater Land Application Site [J]. Journal of Irrigation and Drainage Engineering，2016，142（2）：05015011-1-05015011-4.

[8]　Runbin Duan，Clifford Fedler. Preliminary field study of soil TKN in a wastewater land application system [J]. Ecological Engineering，2015，83：1-4.

[9]　Runbin Duan，Clifford Fedler. Salt Management for Sustainable Degraded Water Land Application under Changing Climatic Conditions [J]. Environmental Science & Technology，2013，47（18）：10113-10114.

[10]　Runbin Duan，Clifford Fedler，George Huchmuth. Tuning to Water Sustainability：Future Opportunity for China [J]. Environmental Science and Technology，2012，46（11）：5662-5663.

[11]　Runbin Duan，Clifford Fedler. Nitrogen and Salts Leaching from Two Typical Texas Turf Soils Irrigated with Degraded Water [J]. Environmental Engineering Science，2011，28（11）：787-793.

[12]　Runbin Duan，Fedler CB，Sheppard CD. Field Study of Salt Balance of a Land Application System [J]. Water，Air，& Soil Pollution，2011，215（1-4）：43-54.

[13]　Runbin Duan，Clifford Fedler. Nitrogen mass balance for sustainable nitrogen management at a wastewater land application site [J]. ASABE International Annual Meeting Paper：2011，Paper Number：1110649.

[14]　Runbin Duan，Sheppard CD，Clifford Fedler. Short-Term Effects of Wastewater Land Application on Soil

Chemical Properties [J]. Water, Air, & Soil Pollution, 2010, 211 (1-4): 165-176.

[15] Runbin Duan, Clifford Fedler, Sheppard CD. Nitrogen Leaching Losses from a Wastewater Land Application System [J]. Water Environment Research, 2010, 82 (3): 227-235.

[16] Runbin Duan, Clifford Fedler. Performance of a Combined Natural Wastewater Treatment System in West Texas, USA [J]. Journal of Irrigation and Drainage Engineering, 2010, 136 (3): 204-209.

[17] Runbin Duan, Clifford Fedler. Field Study of Water Mass Balance in a Wastewater Land Application System [J]. Irrigation Science, 2009, 27 (5): 409-416.

[18] Runbin Duan, Clifford Fedler. Quality and Quantity of Leachate in Land Application Systems [J]. ASABE International Annual Meeting Paper: 2007, Paper Number: 074079.

[19] Welzmiller J. T., Matthias A D, White S, Thompson T L. Elevated carbon dioxide and irrigation effects on soil nitrogen gas exchange in irrigated sorghum [J]. Soil Sci. Soc. Am. J., 2008, 72: 393-401.